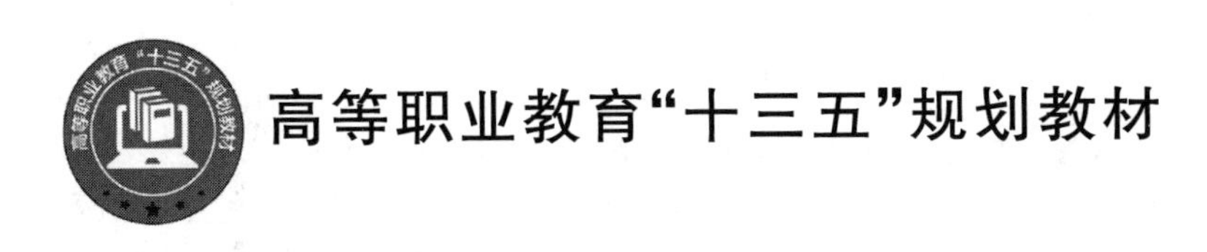

宽带接入技术一体化教程

主　编　李慧敏
副主编　黄春华　黎保元　罗轶蕾

北京邮电大学出版社
www.buptpress.com

内容简介

本书将接入网基本原理、接入网设备应用、接入网故障维护与企业实际工作岗位有机结合，以工作任务为导向，强调主流接入技术，紧跟网络发展。本书共分为四个项目：项目一介绍接入网以及以太接入网；项目二介绍光纤接入技术；项目三介绍无线接入技术；项目四介绍广电接入技术和5G接入技术。本书以宽带接入技术为教学载体，以相关职业技能要求为教学依据，在满足科学性和实用性的基础上，分别设置了相应的项目任务。每个任务包括以下几个环节：任务描述→任务分析→任务目标→专业知识链接→任务实施→任务成果→任务思考与习题。

本书可以作为高职高专通信类专业的教材，可以作为通信类专业技能实训与教学的实验教材，也可以作为接入网维护人员、接入工程技术人员的参考书。

图书在版编目(CIP)数据

宽带接入技术一体化教程 / 李慧敏主编. -- 北京 ：北京邮电大学出版社，2020.1(2022.7 重印)
ISBN 978-7-5635-5986-2

Ⅰ.①宽… Ⅱ.①李… Ⅲ.①宽带接入网—高等职业教育—教材 Ⅳ.①TN915.6

中国版本图书馆 CIP 数据核字(2020)第 013655 号

策划编辑：彭 楠　**责任编辑：**徐振华 王小莹　**封面设计：**七星博纳

出版发行：北京邮电大学出版社
社　　址：北京市海淀区西土城路 10 号
邮政编码：100876
发 行 部：电话：010-62282185　传真：010-62283578
E-mail：publish@bupt.edu.cn
经　　销：各地新华书店
印　　刷：保定市中画美凯印刷有限公司
开　　本：787 mm×1 092 mm　1/16
印　　张：15.75
字　　数：406 千字
版　　次：2020 年 1 月第 1 版
印　　次：2022 年 7 月第 3 次印刷

ISBN 978-7-5635-5986-2　　**定价：**39.00 元

前　言

宽带网络是国家经济社会发展的重要基础，随着信息社会的发展，快速增长的新型网络业务和层出不穷的网络应用场景不断对现有网络架构造成冲击。电子商务、物联网、移动互联网、能源互联网、高清视频、云计算等新型网络应用对网络带宽的需求提出了更高的要求，作为用户接入网络资源的“入口”，接入网面临着巨大的带宽需求压力和管控压力。为了应对高带宽、多业务、新场景、易运维等需求，建设高速、高效、灵活、开放、智能的宽带接入网，已经成为宽带建设者的重要任务。中国的宽带建设已经步入了全新的发展时期，尤其在中西部农村地区，更是普遍加快了宽带提速的建设速度。在通信行业快速发展的带动下，专业技能的更新和岗位的转换，使得对各岗位人才的需求日益增加，尤其是对技能应用型人才的需求，不但要求其具有扎实的专业理论基础，还要求其具备相应的职业素质和职业技能，能够服务于行业生产实际操作的一线岗位。

本书编写体例采用任务驱动方式的项目课程体系，以宽带接入技术为教学载体，涵盖了当前宽带建设中的主流宽带接入技术，并为每个项目分别设置了对应的项目任务。每个项目任务包括以下几个环节：任务描述→任务分析→任务目标→专业知识链接→任务实施→任务成果→任务思考与习题。本书作为通信类各专业的技能实训与教学实践类教材，应用职业分析方法，将典型工作任务纳入教材，与企业对实际工作岗位的要求有机结合，提炼了在教学活动中所需的教学材料和行动指南，可以切实提升学习者的实践技能，同时保证了教学实施的可操作性。

本书的项目一的任务一由罗铁蕾老师编写，项目一的任务二由李慧敏老师编写；项目二的任务一、任务二由黎保元老师编写，项目二的任务三、任务四由黄春华老师编写；项目三、项目四由李慧敏老师编写。全书由李慧敏老师主编。本书的编写得到了四川邮电职业技术学院科技培训公司的谭东老师和相关通信企业专家、技术骨干的大力支持。本书的素材来自大量的参考文献和相关企业的产品资料，编者在此一并表示衷心感谢！

由于编者水平有限，书中难免有疏漏与不足之处，在此恳请读者批评指正。

编　者

目　　录

项目一　宽带接入网

随着通信技术的飞速发展和演变，人们对电信业务多样化的需求不断提高，接入网、传送网和交换网成为支持当前电信业务的三大基础网络。接入网(Access Network，AN)是指核心网络到用户终端之间的所有链路和设备，其距离一般为几百米到几千米，因而形象地被称为“最后一公里”，负责将终端用户接入核心网中，并将各种电信业务透明地传送到用户。

本项目主要内容是认识多种宽带接入技术。通过本项目两个任务的操作与实践，可了解当今主流的宽带接入技术，掌握接入网的定义、以太网组建等内容。

本项目知识结构如图1-1所示。

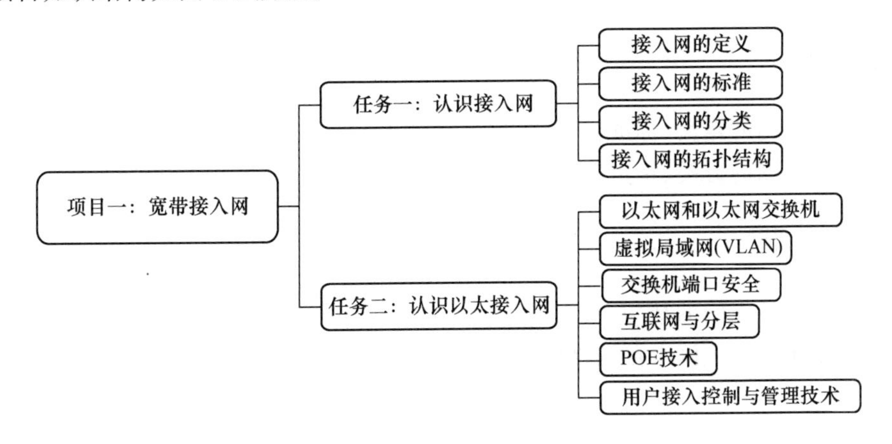

图1-1　项目一的知识结构

(1) 认识接入网

基础技能包括在不同的实际组网中指出接入网的范围和类型。

专业技能包括正确绘制不同接入技术的网络拓扑图。

(2) 认识以太接入网

基础技能包括掌握计算机网络基础知识，可熟练操作绘图软件。

专业技能包括认识不同网络互联设备、正确连接网络设备、配置和管理网络设备等。

任务一　认识接入网

任务描述

小李是电信装维工程师，过年回家时亲戚们遇到通信方面的问题都来问小李，如“为什么我家的电脑上不了网，手机却可以上网”等问题。那么，我们的计算机、手机、PAD 等终端设备是怎样连接到互联网上的呢？它们之间有什么区别呢？小李该如何给亲戚朋友们科普这些基本的接入网知识呢？

任务分析

终端设备并不是直接与互联网(Internet)相连的，中间会经过一系列设备、线路等，这些中间设备和线路最终构成了接入网。最初的接入网就是将用户话机连接到电话局的交换机上，提供以语音为主的业务。那时，用户接入部分仅仅是交换网络的最后延伸，是某些具体接入设备的附属设施，并不是一个完整的网络部件。近年来，随着用户业务类型及用户规模的剧增，需要有一个综合语音、数据以及视频的接入网络来实现用户的接入需求。经过多年的发展，接入网已经发展成为一个相对独立、完整的网络。

虽然不同的用户终端都能接入互联网中，但是接入网络中的方式通常是不同的。小李结合多年的电信工作经验，现场给亲戚朋友们上了一堂生动形象的接入网知识普及课。

任务目标

一、知识目标

(1) 掌握接入网的定义、标准。
(2) 掌握接入网的分类、特点。

二、能力目标

(1) 能够画出接入网的结构。
(2) 能够指出实际组网中接入网的位置并能说出常用的接口及业务。

专业知识链接

一、接入网的定义

1. 电信的定义

电信是指利用有线、无线、光或其他电磁系统，对符号、信号、文字、图像、声音或其他性质的信息进行传输、发送或接收。

2. 电信网的定义

电信网是指由一定数量的节点和传输链路按照规定的协议实现两点或多点之间通信的网络。如图 1-2 所示，一个电信网从水平方向看，由用户部分、接入网部分和核心网部分组成。上网用的终端设备属于用户部分，用户部分可以是单独的设备，也可能是由多个用户设备构成的用户驻地网。从局端到用户之间的所有设备组成接入网，接入网负责将电信业务透明地传送到用户，即用户通过接入网的传输，能够灵活地接入不同的电信业务节点。交换网和传输网属于核心网，互联网也属于核心网部分，因此，通俗地说，接入网就是把用户接入核心网的网络。

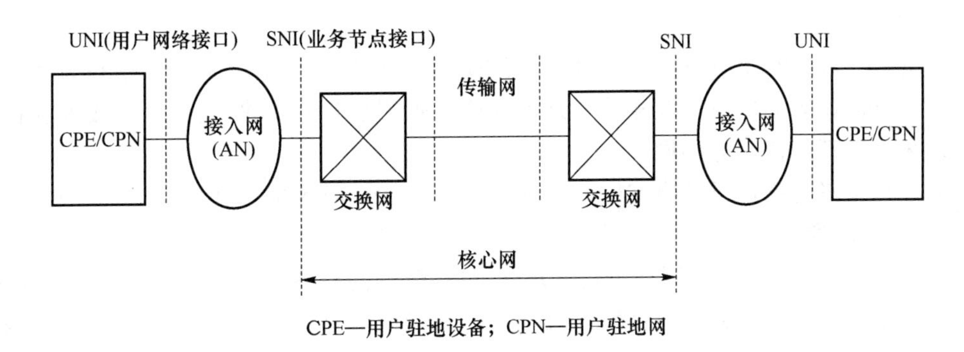

图 1-2　电信网组成示意图

二、接入网的标准

在 1975 年，英国电信首次提出了接入网的概念；1979 年 ITU-T（国际电联电信标准化部门）开始制定有关接入网的标准；1995 年电信网接入标准 ITU-T G.902 建议书发布，接入网标准的出台，使接入网真正成为独立的网络；2000 年 IP 接入网标准 ITU-T Y.1231 建议书发布，将接入网的发展推进到一个新的阶段，IP 接入网可以提供数据、话音、视频和其他多种业务，满足融合网络的需要，如今的接入技术几乎都基于 IP 接入网。

1. ITU-T G.902

（1）G.902 接入网的定义

在 G.902 建议书中，接入网是由业务节点接口（Service Node Interface，SNI）和用户网络接口（User-Network Interface，UNI）之间的一系列实体（诸如线缆装置和传输设施等）组成的，它是一个为电信业务提供所需传送承载能力的一个实施系统。

（2）G.902 接入网的接口

G.902 接入网的覆盖范围可由三个接口来界定：SNI、UNI 和管理维护接口 Q3，如图 1-3 所示。

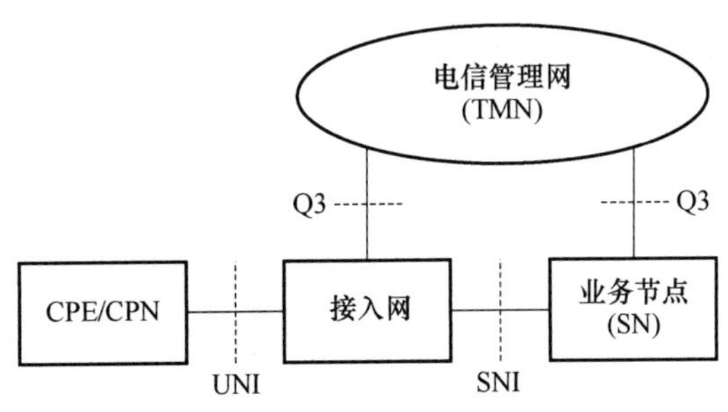

图 1-3　G.902 接入网的界定

① UNI

UNI 位于接入网的用户侧，是用户和接入之间的接口。用户终端通过 UNI 连接到接入网，接入网通过 UNI 为用户提供各种业务服务。

用户网络接口的物理类型有 Z 接口（如专用小交换机 PBX 和模拟用户线的接口等，可给话机提供直流馈电）、ATM 接口（物理速率可达 155 Mbit/s）、E1/CE1 接口（物理速率为 2 Mbit/s 或 $N\times64$ kbit/s）、FE/GE 接口等。

② SNI

SNI位于接入网的业务节点侧，是接入网和业务节点之间的接口，是业务节点通过接入网向用户提供电信业务的接口。业务节点是提供具体业务服务的实体，是一种可接入各种交换类型或永久连接型电信业务的网元。

业务节点接口的物理类型有E1接口、STM-1接口、STM-4接口、FE/GE/10GE接口等。

③ 管理维护接口Q3

管理维护接口Q3是接入网与电信管理网、电信管理网与各被管理部分连接的标准接口。接入网作为电信网的一部分，通过管理维护接口Q3与电信管理网相连，便于电信管理网实施管理。

(3) G.902接入网的功能

G.902接入网有五个基本功能，包括用户接口功能(UPF)、业务接口功能(SPF)、核心功能(CF)、传送功能(TF)、接入网系统管理功能(AN-SMF)，各种功能模块之间的关系如图1-4所示。

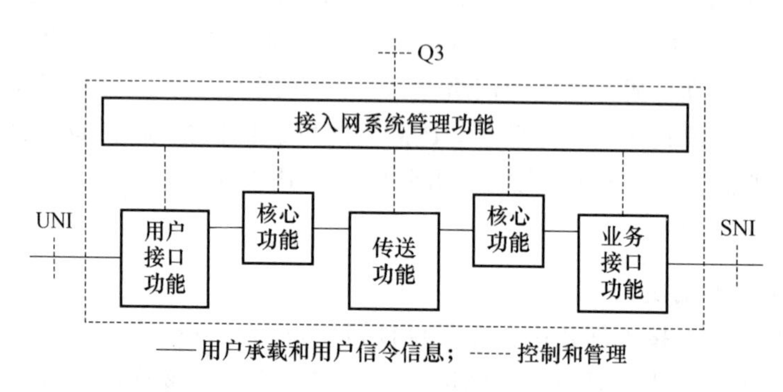

图1-4 接入网功能模块之间的关系

① 用户接口功能：将特定UNI的要求与核心功能和管理功能相适配。

② 业务接口功能：将特定SNI的要求与公用承载通路相适配，以便进行核心功能处理，并选择有关的信息用于AN-SMF的处理。

③ 核心功能：处于UPF和SPF之前，承担各个用户接口承载通路或业务接口承载通路的要求与公用承载通路的适配。

④ 传送功能：为接入网中不同地点之间公用承载通路的传送提供通道，同时为相关传输媒质提供适配功能。

⑤ 接入网系统管理功能：通过Q3接口或中介设备与电信管理网接口连接，协调接入网各种功能的提供、运行和维护。

(4) G.902接入网的特点

① G.902接入网具有复用、连接、传输等功能，无交换和计费功能，不解释用户信令。

② G.902接入网的UNI和SNI只能静态关联，用户不能动态选择SN。

③ G.902接入网与核心网相互独立，但是核心网与业务绑定，不利于更多的业务提供者参与。

④ G.902接入网受制于电信网的结构，没有关于用户接入管理的功能。

ITU-T G.902建议是关于接入网的第一个总体标准，它确立了接入网的第一个总体结构，对接入网的形成具有关键性的作用。当互联网技术的理念、框架还远未深入影响通信技术界时，ITU-T G.902 接入网的功能体系、接入类型、接口规范等就已适用于电信网络；当关于 IP 接入网的总体标准 ITU-T Y.1231 问世以后，人们将 ITU-T G.902 建议称为“电信接入网总体标准”。

2. ITU-T Y.1231

（1）Y.1231 接入网的定义

随着互联网的发展，现有电信网越来越多地用于 IP 接入。ITU-T Y.1231 建议书给出了 IP 接入网的定义：IP 接入网是指由网络实体组成，可提供所需接入能力的一个实施系统，用于在一个“IP 用户”和一个“IP 服务者”之间提供 IP 业务所需的承载能力。

（2）Y.1231 接入网的总体结构

Y.1231 接入网的总体架构如图 1-5 所示。

IP 接入网位于用户驻地网和 IP 核心网之间，提供 IP 远端接入和 IP 传输接入功能。用户驻地网可以是小型办公网络，也可以是家庭网络，可能是运营网络，也可能是非运营网络；IP 核心网是 IP 服务提供商的网络，可以包括一个或多个 IP 服务提供商。

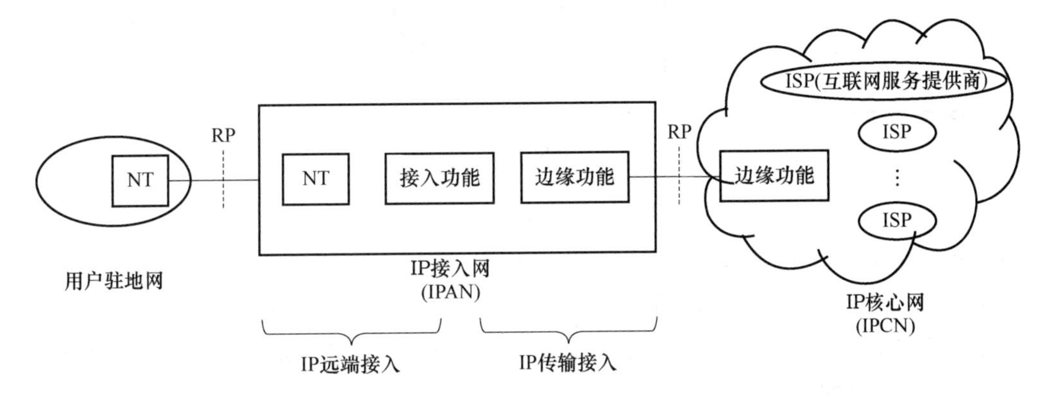

图 1-5　IP 接入网的总体架构

从图 1-5 可以看出，IP 接入网与用户驻地网、IP 核心网之间的接口由统一的参考点 RP 界定。RP 是一种抽象、逻辑接口，适用所有 IP 接入网，它在 Y.1231 标准中未有具体定义。在具体的接入技术中，由专门的协议描述 RP，不同接入技术对 RP 有不同的解释。

（3）Y.1231 接入网的功能

Y.1231 接入网具有 IP 传送功能、IP 接入功能和 IP 接入网系统管理功能，各功能模块之间的关系如图 1-6 所示。

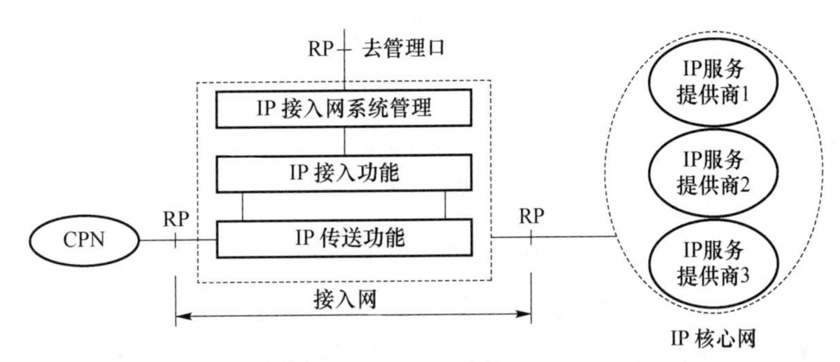

图 1-6　IP 接入网的功能模型

① IP 传送功能：承载并传送 IP 数据包。IP 传送功能与 IP 业务无关。

② IP 接入功能：对用户接入进行控制和管理，如 ISP 的动态选择、IP 地址动态分配、NAT（网络地址转换）、授权、认证、记账等；

③ IP 接入网系统管理功能：系统配置、监控、管理。

（4）IP 接入方式

从 IP 接入网的功能参考模型角度出发，IP 接入方式分为直接接入方式、PPP 隧道接入方式、IP 安全协议接入方式、IP 路由器接入方式和 MPLS 接入方式。

① 直接接入方式

直接接入方式采用 IP over PPP 技术或 IP over PPPoE 技术，协议封装如图 1-7 所示。

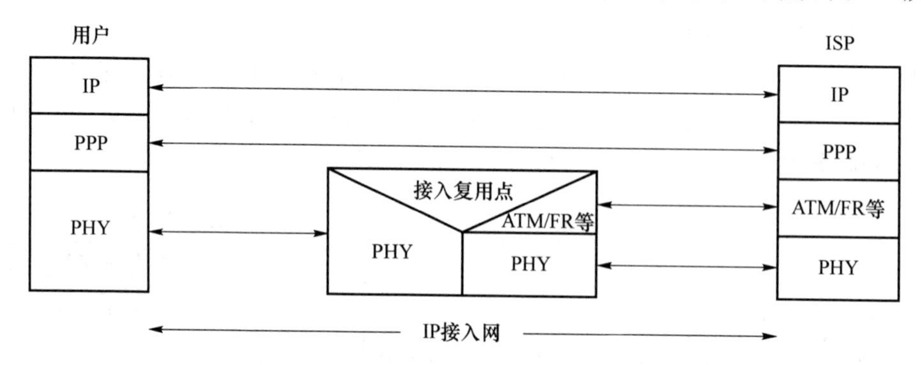

图 1-7　IP 直接接入方式

用户经点到点协议直接接入 ISP，下层传输系统可以由若干段不同传送机制串接组成。中间的接入网节点为接入复用点，来自多个用户的 PPP 分组，可经由下一段的 ATM 或 FR 复用后传送到 ISP。接入复用点不处理 PPP 协议，仅提供 ATM、FR 等的第二层复用传送功能，这称为第二层复用接入方式。

② PPP 隧道接入方式

来自用户的 PPP 分组到达接入复用点后被重新包装，在它的外面再加上一层封装，封装后的分组作为净荷装入 IP 包，再经过第二层链路传送到 ISP，协议封装如图 1-8 所示。

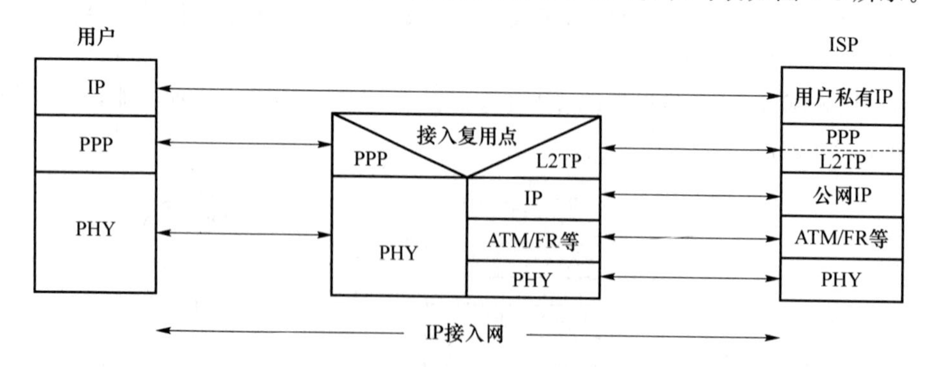

图 1-8　PPP 隧道接入方式

PPP 终结于 ISP，接入网内部节点并不处理 PPP 协议，只是将其重新封装后通过隧道传送至远端 ISP。在 PPP 分组外面加上一层封装的处理称为隧道协议，IETF 定义了 3 种 PPP 隧道协议：PPP 隧道协议（PPTP）、第二层转发-协议（L2FP）和第二层隧道协议（L2TP）。图 1-8

采用的是 L2TP 隧道协议。

③ IP 安全协议接入方式

使用 IP 安全协议取代 PPP 隧道协议进行封装，将用户分组转送至远端 ISP，协议封装如图 1-9 所示。

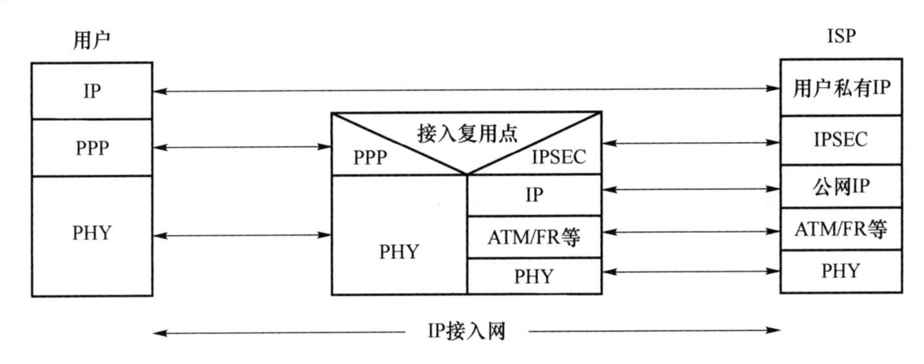

图 1-9　IPSEC 隧道接入方式

接入复用点打开 PPP 分组，执行 PPP 协议，取出其中的 IP 包，再封装进 IPSEC 分组中。IPSEC 传送的不是第二层 PPP 分组，而是第三层用户 IP 分组，所以 IP 安全协议又称为第三层隧道协议。IP 安全协议具有完备的加密和认证机制，可保证远程 ISP 接入的安全性，并且可以保证不同厂商产品的互连互通。

④ IP 路由器接入方式

接入网复用点含路由器功能，将用户 IP 分组转发至 ISP，PPP 协议终止于接入网复用点，协议封装如图 1-10 所示。

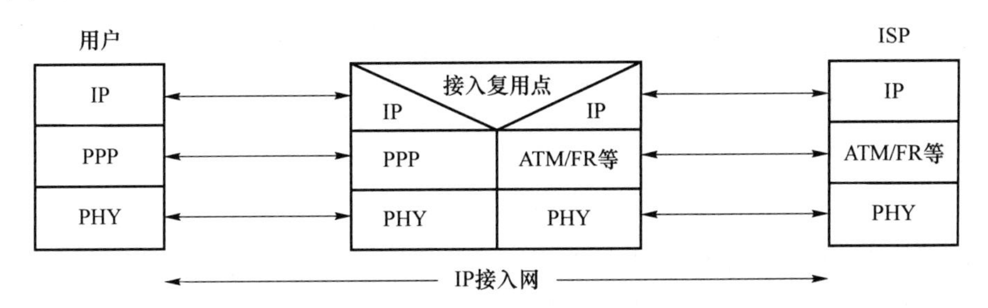

图 1-10　IP 路由器接入方式

这种接入方式相当于将边缘路由器外移至接入网，用户可以灵活地选择某个 ISP，路由器移至接入网相当于 IP 网向用户侧推进。

⑤MPLS 接入方式

接入复用点是一个 MPLS 交换机或具有 MPLS 功能的路由器，使用 MPLS 技术实现 IP 分组的选路和转发，此种接入方式实际是一种路由器接入方式，协议封装如图 1-11 所示。

MPLS 接入复用点打开 PPP 分组，取出其中的 IP 包，贴上 MPLS 标签，然后将其装入下层传输系统中并转发给 ISP ，这是一种 IP 隧道方式，PPP 协议终止于 MPLS 接入复用点。

(5) Y. 1231 接入网的特点

① Y. 1231 接入网具有复用、连接、传输功能，还具有交换和计费功能，可解释用户信令。

② Y. 1231 接入网的用户可以自己动态地选择 IP 服务提供者。

③ Y. 1231 接入网、核心网与 ISP 之间完全独立，用户可以获得更多的 IP 服务。

④ Y. 1231 接入网具有独立且统一的用户接入管理模式，便于运营和对用户的管理，适应

于各种接入技术。

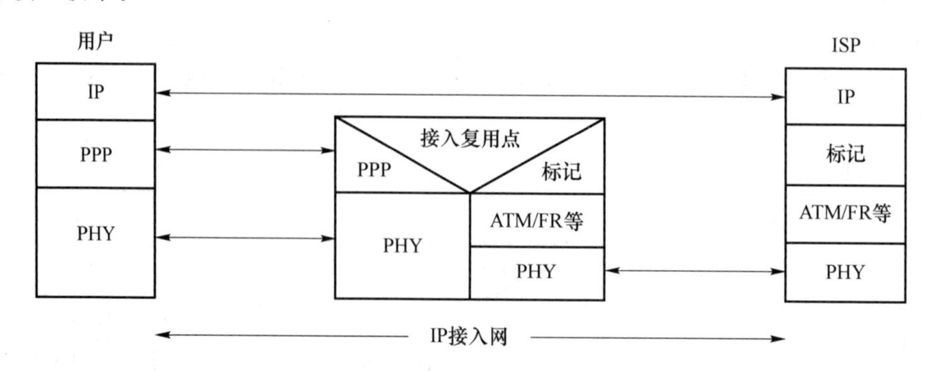

图 1-11　MPLS 接入方式

三、接入网的分类

接入网的分类方法多种多样,可以按传输介质、拓扑结构、使用技术、接口标准、业务带宽、业务种类等进行分类。按所用的传输介质的不同进行分类,接入网可以划分为有线接入网、无线接入网和综合接入网,如图 1-12 所示。

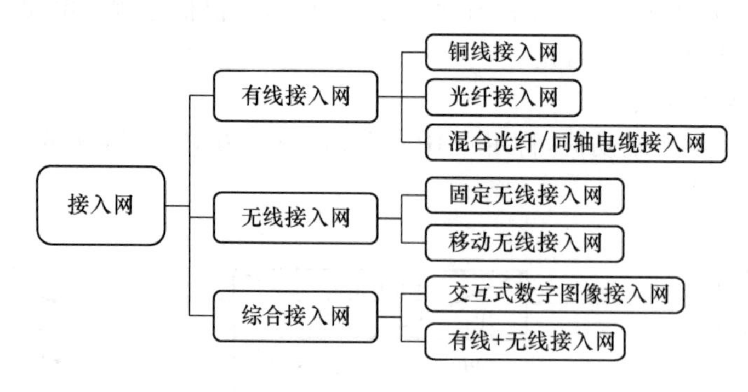

图 1-12　接入网分类

不同的接入网需要用到不同的传输技术。铜线接入网通常可分成数字用户线(DSL)接入网、电缆调制解调器(Cable Modem)接入网等;光纤接入网(Optical Access Network,OAN)通常可分为有源光网络(AON)和无源光网络(PON);无线接入网通常接入可分为固定无线接入网和移动无线接入网;综合接入网要涉及多种电信传输技术。

四、接入网的拓扑结构

接入网的拓扑结构对接入网的网络设计、功能配置和可靠性等有重要影响。接入网主要的拓扑结构有星型结构、总线型结构、环型结构、树型结构等,如图 1-13 所示。

1. 星型拓扑结构

星型拓扑结构实际上是点对点的方式,存在一个特殊的枢纽点。

星型拓扑结构的优点是结构简单,各用户之间相对独立,保密性好,维护方便,故障定位容易,适合于传输成本较低的应用场合;缺点是所需链路代价较高,组网灵活性较差,对中央节点的可靠性要求极高。

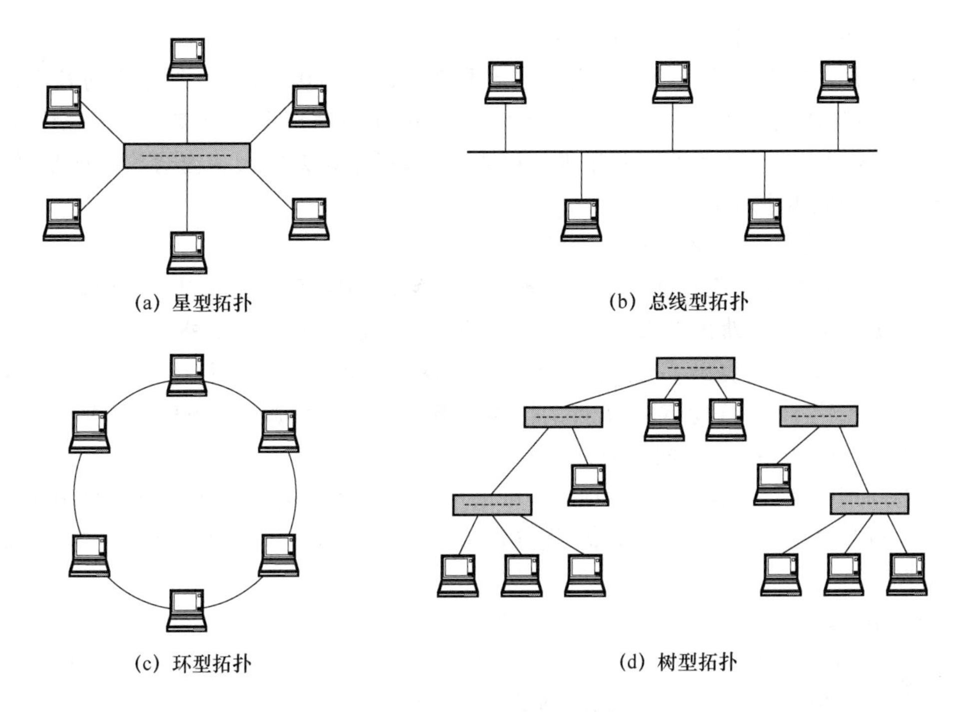

图 1-13　接入网的拓扑结构

2. 总线型拓扑结构

当涉及通信的所有点串联起来并使首末两个点开放时就形成了链型结构，当中间各个点可以有上下业务时称为总线型拓扑结构，也称为 T 型拓扑结构。

总线型拓扑结构的优点是共享主干链路，增删节点容易，彼此干扰小；缺点是保密性差，适合分配式业务。

3. 环型拓扑结构

当通信的所有节点首尾相连地串联起来，没有任何节点开放时就形成了环型拓扑结构。

环型拓扑结构的优点是可以实现自愈，即无须外界干预，网络可在较短的时间内自动从失效故障中恢复所传业务，可靠性很高；缺点是单环所挂用户数量有限，多环互通较为复杂，不适合 CATV(有线电视)等分配型业务。

4. 树型拓扑结构

树型拓扑结构类似于树枝形状，呈分级结构，在交接箱和分线盒处采用多个分路器，将信号逐级向下分配，最高级的端局具有很强的控制协调能力。

树型拓扑结构的优点是适合单向广播式业务；缺点是功率损耗大，双向通信难度大。

五、接入网的特点

① 接入业务种类多，业务量密度低。

接入网的业务需求种类繁多，除可接入交换业务外，还可接入数据业务、视频业务以及租用业务等，但是与核心网相比，其业务量密度很低，线路占用率低，经济效益差。统计结果显示，核心网中继电路的占用率通常达 50%以上，而住宅用户电路的占用率仅在 1%以下，两者对比鲜明。

② 网径大小不一,成本与用户有关。

接入网只是负责在本地交换机和用户驻地网之间建立连接,但是由于覆盖的各用户所在位置不同,造成接入网的网径大小不一。例如,市区的住宅用户可能只需 1～2 km 长的接入线,而偏远地区的用户可能需要十几千米的接入线,其成本相差很大。而对核心网来说,每个用户需要分担的成本十分接近。

③ 线路施工难度大,设备运行环境恶劣。

接入网的网络结构与用户所处的实际地形有关系,一般线路沿街道铺设,铺设时经常需要在街道上挖掘管道,施工难度较大。另外,接入网的设备通常放置于室外,要经受自然环境甚至人为的破坏,这对设备提出了很高的要求。接入网设备中的元器件性能恶化的速度通常比一般的室内设备快 10 倍,这就对元器件的性能和极限工作温度提出了相当高的要求。

④ 网络拓扑结构多样,组网能力强大。

接入网的网络拓扑结构具有多种形式,可以根据实际情况进行灵活多样的组网配置。其中环型结构可带分支,并具有自愈功能,优点较为突出。在具体应用时,应根据实际情况进行针对性选择。

⑤ 接入网具有特殊性,它还具备如下特征。

- 综合性强。接入网是迄今为止综合技术种类最多的一个网络。例如,传送部分就综合了 SDH、PON、ATM、HFC 和各种无线传送技术等。
- 直接面向用户。接入网是一个直接面向用户的敏感性很强的网络。其他网络发生问题时,有时用户还感觉不到,但接入网发生问题,用户肯定会感觉到。
- 接入网是和其他业务网关系最为密切的网络,是本地电信网的一部分,和本地网的其他部分关系密切。
- 接入网是一个快速变化发展的网络,一些可用于接入网的新技术还将不断出现,因此,我们对接入网的认识、接入网的作用、接入网的建设方法都存在一个变化的过程。
- 接入网是一个对适应性要求较高的网络。比起其他网络,接入网对各方面适应性的要求都比较高。例如,对于容量的范围、接入带宽的范围、地理覆盖的范围、接入业务的种类、电源和环境的要求等,这些在其他业务网中不存在的问题,在接入网中都变成了问题。

总之,接入网的数字化、宽带化、智能化和移动化已成为未来通信技术发展的方向之一,接入网正朝着 IP 化、光纤化和无线化的方向发展。

任务实施

一、调研接入网的接口

① 调研接入网与用户终端之间的接口

(1) 电话终端

传输介质:____________________

接口:____________________

(2) 手机终端

传输介质:____________________

接口:____________________

(3) 计算机终端

传输介质：______

接口：______

(4) 电视机终端

传输介质：______

接口：______

(5) 家庭网关

传输介质：______

接口：______

② 调研接入网与核心网连接时的接口

______

______

二、识别宽带接入技术

图 1-14 是宽带端到端网络示意图，即用户终端到各网站服务器的连接图。通过该图，我们可以了解网络访问的全过程。

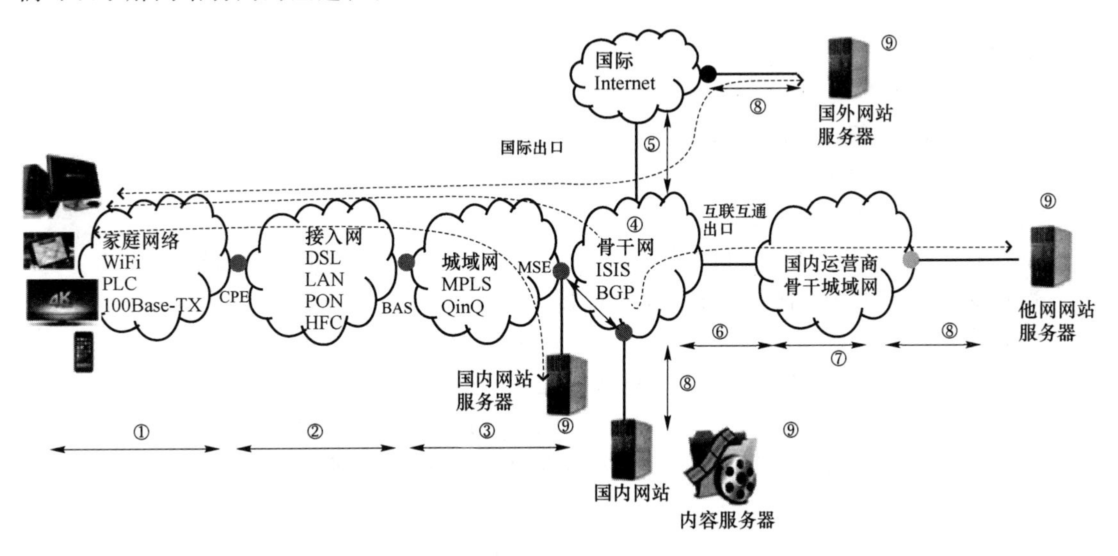

图 1-14　宽带端到端网络示意图

下面对图 1-14 进行说明。

① 表示用户驻地网。

CPN 可以是企业网络，可以是普通家庭网络，也可以是商户网络，是通过无线路由器、电力猫等设备构建的网络。

② 表示接入网。

CPE(称为客户终端设备或客户前置设备)作为接入网用户端设备，OLT(光线路终端)、CMTS 等作为接入网局端设备。

若接入方式为 DSL，则 CPE 为 ADSL Modem，局端设备为 DSLAM 或 OLT；若接入方式为 PON，则 CPE 为 ONU(光网络单元)，局端设备为 OLT；若接入方式为 LAN(局域网)，则

CPE 为交换机，局端设备为 OLT 或交换机；若接入方式为 HFC，则 CPE 为 Cable Modem 或 EOC，局端设备为 CMTS 或 OLT。

③④ 表示某运营商骨干城域网。

从县城到市里、从市里到省里的机房里的设备设施为运营商的城域网。宽带接入服务器(BAS)、MSE 边缘路由器都属于城域网设备。

⑤ 表示某运营商的国际出口，用于访问国外网络中的服务器。

⑥ 表示某运营商到其他运营商的互联接口。

⑦ 表示其他运营商骨干城域网。

⑧⑨ 表示相关服务器的访问。

任务成果

(1) 完成调查接入网接口类型的报告一份。

(2) 完成调查宽带端到端网络的接入方式的报告一份。

(3) 完成任务工单一份。

任务思考与习题

一、单选题

1. "最后一公里"可理解为(　　)

A. 局端到用户端之间的接入部分　　B. 局端到用户端之间的距离为 1 公里

C. 数字用户线为 1 公里　　D. 用户接入环路为 1 公里

2. 电话机与信息插座的插头为(　　)

A. RJ45　　B. RJ11　　C. 交叉线　　D. 直连线

3. G.902 定义的接入网是传统意义上的接入网，区别于(　　)定义的 IP 接入网。

A. CCITT　　B. ITU-T　　C. Y. 1231　　D. TMN

4. IP 接入网位于 IP 核心网和用户驻地网之间，它由(　　)来定界的。

A. RP　　B. Q3　　C. UNI　　D. SNI

5. G.902 电信接入网位于本地程控交换机(LE)和用户驻地网之间，它由(　　)来定界的。

A. RP　　B. Q3、UNI、SNI

C. UNI、SNI　　D. SNI、RP、UNI、Q3

6. Y.1231 定义的 IP 接入网包含(　　)或选路功能。

A. UNI　　B. SNI　　C. 交换　　D. Q3

7. IP 接入方式可分为 IP 直接接入方式、PPP 隧道接入方式、IP 安全协议接入方式、IP 路由器接入方式和(　　)接入方式。

A. LMDS　　B. Bluetooth　　C. GPRS　　D. MPLS

二、多选题

1. 属于 G.902 描述的接入网范畴的有(　　)。

A. 解释用户信令　　B. 由 UNI、SNI 和 Q3 接口界定

C. 不具备交换功能　　D. UNI 与 SNI 的关联由管理者设置

2. 属于 Y.1231 描述的接入网范畴的有(　　)。

A. 解释用户信令　　B. 由 UNI、SNI 和 Q3 接口界定

C. 不具备交换功能　　D. 用户可自主选择不同的 ISP

3. G.902 规范描述的接入网主要特征有(　　)。

A. 复接功能　　B. 交换功能

C. 用户认证和记账功能　　D. 不解释用户信令

4. Y.1231 规范描述的接入网的主要特征有:(　　)

A. 具有复接功能　　B. 具有交换功能

C. 具有用户认证和记账功能　　D. 用户可以动态选择 ISP

三、简答题

1. 从 IP 接入网功能参考模型的角度出发,IP 接入方式主要有 IP 直接接入方式、PPP 隧道接入方式、IP 安全协议接入方式、IP 路由器接入方式和 MPLS 接入方式,请思考这些 IP 接入方式的区别。

2. 当互联网从信息互联网发展到万物互联网,再发展到价值互联网时,接入网在其中会扮演什么样的角色呢? 未来会出现什么样的新宽带接入技术呢?

任务二　认识以太接入网

任务描述

老王开茶楼已经十多年了,把茶楼从一间小铺面的茶馆逐渐扩大为拥有两层楼的茶楼。茶楼的监控系统随着时间的推移,从数字监控系统到现在的网络监控系统 ,从模拟摄像机到现在的网络摄像机,从数字硬盘录像机(DVR)到现在的网络硬盘录像机(NVR)。最近老王又开了两家连锁分店,需要将分店与总店的监控系统整合在一起,形成一个分级管控系统,每个分店只能自己看自己的监控,而老王具有最高权限,可以查看所有监控。

任务分析

老王的茶楼总店原来主要部署的是数字硬盘录像机模拟监控系统。随着网络技术、存储技术、视频处理技术的发展,视频监控系统向 IP 化、数字化、集成化演进。老王需要将所有连锁店的监控系统整合,在总店搭建了一套监控平台〔包含监控管理中心、IPSAN(IP 存储网络)、媒体转发设备等〕,将各个连锁店的监控 NVR/DVR 都加入中心平台,从而对其进行管理,总店与分店形成上下级的关系,最终形成一个分级管控的监控系统。

任务目标

一、知识目标

(1) 能够了解安防基础知识。

(2) 能够掌握 IP 网络相关技术。

(3) 能够掌握以太网接入技术。

二、能力目标

(1) 能够进行组网需求分析、组网方案的设计。

(2) 能够正确连接局域网设备、安防监控设备。

(3) 能够正确配置相关设备。

专业知识链接

一、初识监控

1. 模拟监控

模拟监控一般由视频信号采集、信号传输、切换和控制、显示与录像几部分组成。

(1) 视频采集:一般由“模拟摄像机+云台系统”构成,完成图像采集功能。

(2) 信号传输:包括各类线缆、连接器、信号收发器和信号放大器,负责将摄像机的信号传输到显示与记录设备。

(3) 切换和控制:包括矩阵、控制键盘等,完成视频录像的切换和前端设备的控制。

(4) 显示:由监视器、画面分割器等显示设备构成。

(5) 录像:完成监控点的视频图像存储功能,最初由盒式磁带录像机(VCR)构成。

2. 数字监控

DVR 替代了 VCR 标志模拟监控时代进入数字监控时代。DVR 是集音视频编码压缩、网络传输、视频存储、远程控制、界面显示等功能于一体的计算机系统。数字监控常见的部署方案是“模拟矩阵+DVR”或 DVR 虚拟矩阵。

3. 网络监控

在中心部署 NVR,在前端监控点部署网络摄像机(IP Camera,简称 IPC),监控点与中心 NVR 之间通过网络相连。监控点的视频、音频及告警信号经 IPC 数字化处理后,以 IP 码流的形式上传到 NVR,由 NVR 进行集中录像存储、管理和转发。

(1) IPC

IPC 主要完成原始视频的采集和压缩,并将视频通过网络传输到后端的存储和管理设备。IPC 一般由镜头、图像传感器、声音传感器、A/D 转换器、音视频编码控制器、网络服务器、外部报警、控制接口等部分组成。

(2) NVR

NVR 不受物理位置限制,负责从网络上抓取视频音频流,然后进行存储或转发。NVR 监控方案完全基于网络的全 IP 视频监控解决方案,布线简单,易于部署和扩容。

(3) 网络监控系统的结构

小型网络监控系统的结构如图 1-15 所示。

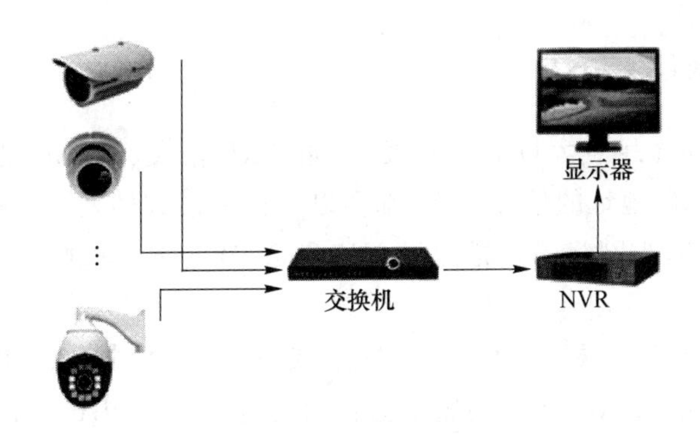

图 1-15　小型网络监控系统结构

二、以太网与以太网交换机

1. 以太网与交换机

模拟监控系统逐渐被淘汰的一个重要原因：以太网技术和 IP 技术得到空前发展，且在后续的通信进程中还会不断焕发新的蓬勃生机。

以太网是一种分组通信技术，它的分组称为“以太网帧”或“MAC 帧”，负责在以太网线缆中承载各种数据的传输。以太网常见的传输线缆为网线和光纤，网线承载电信号，而光纤承载光信号。

以太网交换机负责在局域网内连接各个设备，如 NVR、DVR、IPC、路由器、计算机、服务器等。所有这些设备都各自拥有全球唯一的 MAC 地址(即硬件地址)，并通过 MAC 地址进行通信。

2. 以太网交换机转发原理

以太网交换机通过查看每个端口接收的帧的源地址，迅速建立一个端口(Port)和 MAC 地址的映射关系，并存储在 CAM 表(内容可寻址存储器)里，从而形成一张 MAC 地址表(如图 1-16 所示)，然后根据这张 MAC 表转发数据帧。在 MAC 地址表中，每个表项都需要包含 MAC 地址和设备端口号。

以太网交换机的转发原理：如果 MAC 地址表中存在该以太网帧的目的 MAC 地址，则该帧从对应的端口转发出去；如果不存在，则对除了入端口外的其他所有端口转发该帧。

```
          Mac Address Table
-------------------------------------------

Vlan    Mac Address       Type        Ports
----    -----------       --------    -----

   1    0001.c79c.0527    DYNAMIC     Fa0/7
   1    0009.7c8a.ac00    DYNAMIC     Fa0/7
   1    0050.0fc7.40d9    DYNAMIC     Fa0/2
   1    00e0.f995.bb33    DYNAMIC     Fa0/1
```

图 1-16　以太网交换机的 MAC 地址表

仔细观察图 1-16 的 MAC 地址表，我们会发现两个问题：一是除了 MAC 地址和端口外，还有 VLAN 这个表项；二是具有不同 MAC 地址的设备的数据帧可以从同一个端口转发。

三、虚拟局域网(VLAN)

在二层网络中往往充斥着大量的广播报文,如 ARP 报文、DHCP 报文等,并且如果交换机上收到未知目的 MAC 地址的单播报文,都会以广播的形式转发。广播报文会被连接在交换机上的所有设备收到,当网络中这样的报文过多时,就会干扰这些设备的 CPU 工作,影响正常的业务处理性能。

VLAN 的主要作用就是限制广播报文。通过划分 VLAN,VLAN 内部设备产生的广播报文就不会广播到其他 VLAN,自然也就不会影响其他 VLAN 内部的设备,从而大大降低了广播风暴发生的概率。

VLAN 交换机对以太网帧的转发是基于 VLAN 标签的,VLAN 标签被嵌入以太网帧的头部,图 1-17 所示为 IEEE 802.1Q 帧的格式。

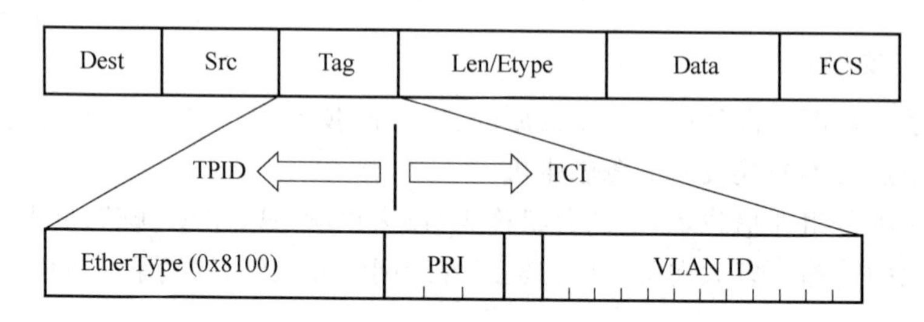

图 1-17　IEEE 802.1Q 帧的格式

将 IEEE 802.1Q 帧和以太网帧进行比较,可发现 802.1Q 帧多出 4 字节 TAG 字段。这 4 字节的标签头包含了 2 字节的标签协议标识(TPID)和 2 字节的标签控制信息(TCI),其中 TCI 中包含了 12 bit 的 VLAN ID,用于标识该以太网帧属于哪个 VLAN。用户通常可以配置的 VLAN ID 为 2～4094(1 为系统默认 VLAN ID,一般用作管理 VLAN)。

四、交换机端口安全

我们在部署以太接入网时,通常需要控制用户的安全接入。交换机距离用户往往最近,很容易受到攻击。交换机的端口安全特性(Port Security)通过 MAC 地址表记录连接到交换机端口的以太网 MAC 地址,并只允许某个 MAC 地址通过本端口通信,其他 MAC 地址发送的数据包通过此端口时,端口安全特性会阻止它。使用端口安全特性可以防止未经允许的设备入网,也可以防止 MAC 地址泛洪造成 MAC 表填满,从而增加网络的安全性。

交换机的端口安全主要有两种类型:一是限制交换机端口的最大连接数,通过限制交换机端口下 MAC 地址的数量,可以防止用户进行恶意 ARP 欺骗;二是针对交换机端口进行 MAC 地址和 IP 地址的绑定,严格控制用户的接入,防止常见的对内网的网络攻击。

① 安全地址(Secure MAC Address)

在交换机端口上激活了 Port Security 后,该端口就具有了一定的安全功能,如限制端口连接的最大 MAC 地址数量或者限定端口所连接的特定 MAC 地址。如果违例了,就需要通过安全地址来执行过滤或限制动作。例如,将交换机某个端口允许的最大 MAC 地址数量设置为 1 且为该端口设置一个安全地址,那么这个端口将只为该 MAC 地址所属的 PC 服务,即只有源 MAC 地址为安全地址的数据帧能够进入该接口。

② 安全地址获取方式

在交换机端口上激活了 Port Security 后，端口关联的安全地址表项可以通过以下三种方式获取。

- 在端口下使用手工配置静态安全地址表项(Secure Configurecl)。
- 使用端口动态学习到的 MAC 地址来构成安全地址表项(Secure Dynamic)。
- 将动态学习到的 MAC 地址变成黏滞 MAC 地址(Secure Sticky)。

当交换机端口 down 掉后，静态配置的安全地址表项依然保留，所有动态学习的 MAC 安全地址表项将清空，而粘滞 MAC 地址因为粘住动态地址而形成"静态"表项，所以仍能保留。

③ 惩罚(Violation)

当在一个激活了 Port Security 的端口上，MAC 地址数量已经达到了最大安全地址数量时，若又收到了一个新的数据帧，而这个数据帧的源 MAC 并不在这些安全地址中，那么将会启动惩罚措施。主要有三种惩罚方式。

- Protect：丢弃包且不计数违例次数。
- Restrict：丢弃包且要计数违例次数，还要发送一个 Trap 通知。
- Shutdown：丢弃包且要计数违例次数，还要关闭端口并发送一个 Trap 通知。

【工作小任务 1】使用 Packet Tracer 模拟仿真软件配置以太网交换机的端口安全属性，控制用户安全接入。交换机网络拓扑如图 1-18 所示。最大安全地地址默认为 1，安全地址采用动态获取，违规操作采用关闭端口。

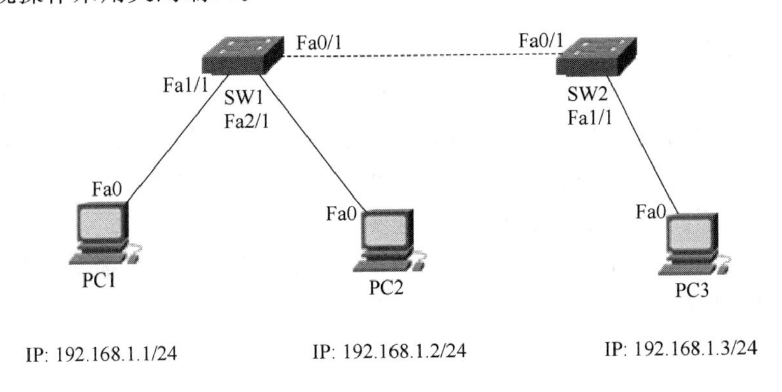

图 1-18 交换机网络拓扑

第一步：开启端口安全。

```
SW1(config-if)# switchport mode access
SW1(config-if)# switchport port-security
```

第二步：设置最大安全地址数目。

```
SW1(config-if)# switchport port-security mac-address sticky //粘连模式
```

第三步：设置违规相应动作。

```
SW1(config-if)# switchport port-security violation shutdown //端口关闭
```

备注：当一个安全端口处在 error-disable 状态时，你若要恢复正常，则必须在全局下输入"errdisable recovery cause psecure-violation"命令(PT 模拟器不支持)，或者你可以手动输入 shut(将端口 Down 掉)，然后再 no shut(将端口激活)。

第四步：查看当前端口安全设置情况。

```
SW1 # sh port-security
```

第五步：查看端口安全地址表。

```
SW1 # sh port-security address
```

第六步：查看启用了端口安全的接口详情。

```
SW1 # sh port-security interface f1/1
Port Security                  : Enabled              //启用了端口安全
Port Status                    : Secure-up            //当前端口状态
Violation Mode                 : Shutdown             //违规响应动作
Aging Time                     : 0 mins
Aging Type                     : Absolute
SecureStatic Address Aging     : Disabled
Maximum MAC Addresses          : 1                    //最大安全地址数
Total MAC Addresses            : 1
Configured MAC Addresses       : 1
Sticky MAC Addresses           : 1
Last Source Address:Vlan       : 00D0.BAD5.D653:1
Security Violation Count       : 10                   //违规计数器
```

五、互联网与分层

当人们有了资源共享的需求时，就不再满足局限于局域网中了，于是就出现了互联网。局域网技术多样复杂，寻址不只是依赖于 MAC 地址。路由器的出现就是为了互联这些不同技术的局域网。每个局域网内部的信息传输靠物理地址寻址，该地址仅在本地有效，如果要实现跨局域网的信息传输就需要更高层次的地址寻址。TCP/IP 协议栈定义了应用层、传输层、网络层、网络接口层，不同层次的协议分别处理这些不同的地址。

在"NVR + IPC"构成的监控系统中，我们在 NVR 人机界面上点播了一路前端 IPC 的实况视频，其网络的处理过程如下。

- IPC 应用层的视频流处理程序对视频压缩编码，并交付给 TCP 发送程序。
- IPC 传输层的 TCP 发送程序将 TCP 封装后交付给 IP 包发送程序。
- IPC 网络层的 IP 包发送程序将 TCP 报文封装成 IP 包，然后查找路由表，找到网关的 IP 地址和出接口，将 IP 包交付给以太网帧发送程序。
- IPC 链路层的以太网帧发送程序通过查找 ARP 表后完成对 IP 包的以太网帧封装，然后以太网帧从正确的接口被发送出去。
- NVR 从链路层收到以太网帧，剥掉以太网帧封装。
- NVR 通过 IP 包接收程序剥掉 IP 封装。
- NVR 通过 TCP 接收程序剥掉 TCP 封装。
- NVR 视频解码程序处理收到的视频包。

六、POE(以太网供电)技术

我们发现，一些基于 IP 的终端设备〔如 IPC、IP 电话机、无线接入点(AP)等〕，只需要通过一根网线就可以工作，这是怎么实现的呢？原来这是 POE 技术的功劳。

POE 技术是一种可以在以太网链路中通过网线同时传输电力和数据的技术，有 IEEE 802.3af 标准和 IEEE 802.3at 标准，前者单端口最大输出功率为 15.4 W，后者单端口最大输出功率为 30 W。

一个完整的 POE 系统由供电设备(PSE)、受电设备(PD)和电源接口(RJ45 接口)构成，如图 1-19 所示。

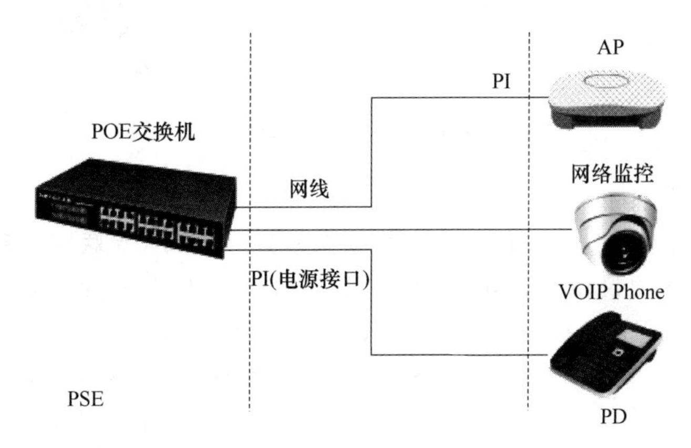

图 1-19 POE 系统构成

以太网供电过程如下。

- 检测阶段：开始时，POE 设备在端口输出很小的电压，直到其检测到线缆终端连接的是标准的受电端设备。
- 分类 PD 设备：当检测到 PD 之后，POE 设备会分类 PD，评估 PD 所需的功率损耗。
- 开始供电：在启动期内(≤15 μs)，PSE 设备开始从低电压向 PD 供电，直至提供 48 V 的直流电源；
- 稳定供电：PSE 为 PD 提供稳定可靠的 48 V 的直流电，满足其功率消耗。
- 断电：当 PD 从网络上断开时，PSE 就会快速地(一般在 300～400 ms)停止供电，并重新检测线缆的终端。

七、用户的接入控制与管理技术

以太网作为接入网需要考虑用户的接入控制与管理，即考虑用户的登记注册、认证授权，考虑用户数据的安全性，考虑用户的计费，考虑用户业务的带宽控制，等等。

1. AAA

AAA 是指认证(Authentication)、授权(Authorization)、计费(Accounting)三种安全功能，是对网络安全的一种管理方式，用来控制允许什么人访问网络服务器，以及允许使用何种服务。

(1) 认证：验证用户的身份与可以使用的网络服务。

(2) 授权：依据认证结果开放相关网络服务给用户。

(3) 计费：记录用户对各种网络服务的用量，并提供给计费系统。

AAA 一般采用客户端/服务器结构，如图 1-20 所示，AAA 基本模型中分为用户、网络接入服务器(NAS)、认证服务器三个部分。

图 1-20 AAA 基本模型

2. RADIUS 服务

AAA 是一种管理框架,可以使用多种协议来实现。IETF(互联网工程任务组)的 AAA 协议主要是 RADIUS 协议和 DIAMETER 协议(RADIUS 协议的升级版本)。

RADIUS 表示远程认证拨号用户服务(Remote Authentication Dial in User Service),采用客户机/服务器结构,规定了 BAS/NAS 和 AAA 服务器之间传递用户认证和计费信息的方式,保护网络不受未经授权访问的干扰。RADIUS 协议最初仅是针对拨号用户的 AAA 协议,后来随着用户接入方式的多样化发展,RADIUS 协议也开始适应多种用户接入方式。

RADIUS 包括三个组成部分。

(1) 协议

基于 UDP/IP 层定义了 RADIUS 的帧格式和消息传输机制,还定义了认证端口为 1812,计费端口为 1813。

(2) 服务器

RADIUS 服务器运行在中心计算机或工作站上,维护相关的用户认证和网络服务访问信息,负责接收用户连接请求并认证用户,然后给客户端返回所有需要的信息(如接受/拒绝认证请求等)。

(3) 客户端

RADIUS 客户端一般位于网络接入服务器设备上,可以遍布整个网络,负责传输用户信息到指定的 RADIUS 服务器,然后根据从服务器返回的信息进行相应处理(如接受/拒绝用户接入等)。

3. 接入认证方法

(1) 不认证

不认证即对用户非常信任,不对其进行合法检查,为了网络和接入用户的安全考虑,一般不采用这种方式。

(2) PPPoE 认证

PPPoE 认证是在以太网上承载 PPP(点到点)协议,即把 PPP 报文封装在以太网帧内,通过一个远端接入设备接入因特网,并对接入的每一台主机进行控制、计费。PPPoE 认证主要有两个阶段:PPP 发现阶段和 PPP 会话阶段。PPPoE 运行过程如图 1-21 所示。

① PPP 发现阶段

当一个主机希望发起一个 PPP 会话时,必须通过发现阶段去确认对端的以太 MAC 地址,并建立一个 PPPoE 的会话标识。发现阶段分为四个步骤。

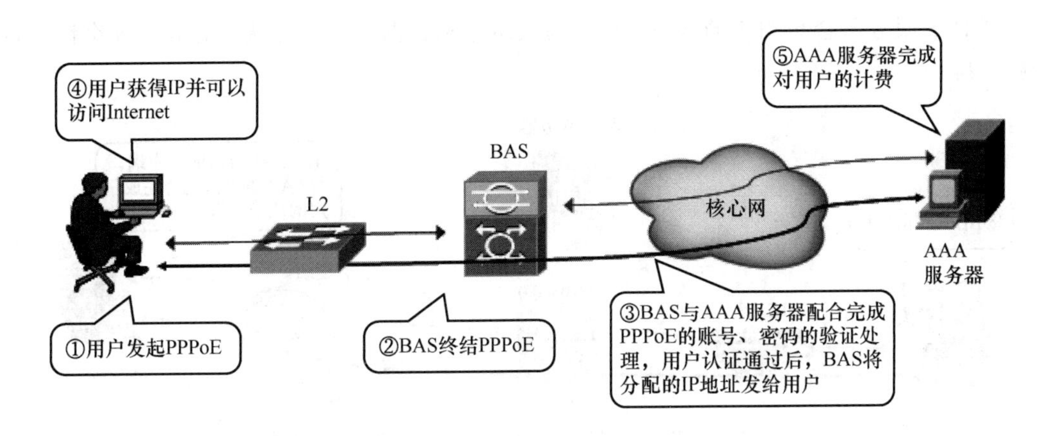

图 1-21　PPPoE 运行过程

步骤一：主机在本以太网内广播一个 PADI(PPPOE Active Discovery Initial)包，在此包中包含主机想要得到的服务类型信息。

步骤二：以太网内所有接入服务器在收到这个初始化包后，相关接入服务器发回 PADO (PPPOE Active Discovery Offer)包。

步骤三：主机可能收到多个服务器的 PADO 包，通过 PADO 包的内容，依据一定的条件从发回 PADO 包的接入服务器中挑选一个，并向它以单播方式发回一个会话请求包 PADR (PPPOE Active Discovery Request)，在这个包中再次包含所想得到的服务信息。

步骤四：被选定的接入服务器收到会话请求包 PADR 后，就开始准备进入 PPP 会话阶段。

② PPP 会话阶段

PPP 会话阶段也称 PPP 数据传输阶段。在这个阶段双方在这点对点的 PPPoE 逻辑链路上传输 PPP 数据帧，PPP 数据帧封装在 PPPoE 数据报文中，PPPoE 数据报文封装在以太网帧的数据域中传输。PPP 会话阶段分为三个步骤。

步骤一：在 PPP 链路创建阶段，利用 LCP(链路控制协议)创建链路。链路的一端设备通过 LCP 向对方发送配置信息报文；另一端返回配置确认报文，完成了配置信息交换后 PPP 链路建立。

步骤二：在 PPP 认证阶段，客户端会将自己的身份发送给远端的接入服务器(BAS/NAS)认证。最常用的认证协议有口令验证协议(PAP)和挑战握手验证协议(CHAP)。

步骤三：在网络协商阶段，PPP 将调用在链路创建阶段选定的网络控制协议(NCP)。选定的 NCP 将解决 PPP 链路之上的高层协议问题，例如，使用 IP 控制协议(IPCP)可以向拨入用户分配动态地址。

(3) WEB 认证

WEB 认证又称为网页强制认证，即 PORTAL 认证。在用户上网时，必须在门户网站进行认证，只有认证通过后才可以使用网络资源。PORTAL 认证系统由客户端、接入设备、PORTAL 服务器与 RADIUS 服务器组成，WEB 认证流程如图 1-22 所示。

不同的组网方式下，PORTAL 认证方式分为两种：二层认证方式和三层认证方式。

① 二层认证方式

当客户端与接入设备直连(或两者之间只有二层设备存在)时，接入设备能够学习到用户的 MAC 地址，将 MAC 地址封装到 RADIUS 属性中，再发送给 RADIUS 服务器，认证成功后，RADIUS服务器会将用户的MAC地址写入缓存和数据库。二层认证方式的安全性高，但组网不灵活。

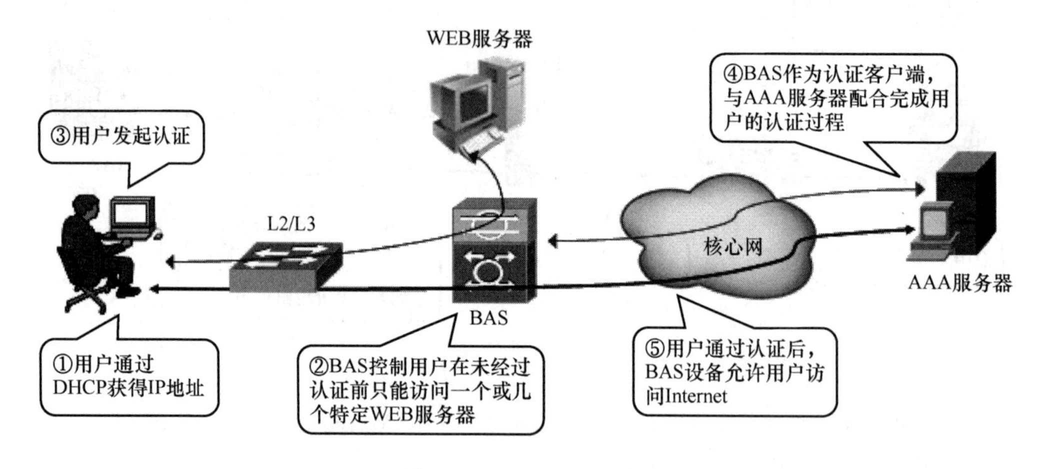

图1-22　WEB认证流程

② 三层认证方式

当接入设备部署在汇聚层或核心层时，在认证客户端和接入设备之间存在三层转发设备，此时接入设备不一定能获取到认证客户端的MAC地址，所以将用IP地址唯一标识用户。三层认证方式组网灵活，但安全性不高。

(4) 802.1X认证

802.1X可以看作是以太网端口安全的延伸，作为一个基于端口的网络访问控制标准，它为LAN接入提供点对点式的安全接入。

802.1X认证基于C/S模式，客户端要访问网络必须先通过认证服务器的认证。802.1X认证的最终目的就是确定一个端口是否可用。对于一个端口，如果认证成功，那么就"打开"这个端口，允许所有的报文通过；如果认证不成功，那么就使这个端口保持"关闭"，只允许802.1X的认证报文EAPOL(Extensible Authentication Protocol over LAN，基于区域网的扩展认证协议)通过。802.1X端口接入控制方式有基于端口的认证和基于MAC的认证。

① 基于端口的认证

当该端口下的第一个用户认证成功后，其他接入的用户无须认证就可以使用网络资源，但是当第一个用户下线后，其他用户也会被拒绝使用网络资源。

② 基于MAC的认证

该端口下所有接入用户均需要单独认证，某个用户下线不会影响其他用户使用网络资源。图1-23给出了在接入层交换机上实施802.1X接入控制的应用。

在该应用中，接入层交换机的上联口配置成非受控口，使之能正常地与服务器进行通信，通过上联口已认证用户可以访问网络资源；与用户连接的端口配置成受控口，以实现对接入用户的控制，用户必须通过认证才能访问网络资源。802.1X协议是一个二层协议，用户通过认证后，认证流和业务流实现分离。当用户进入三层IP网络后，需要解决用户IP地址分配、三层网络安全等问题，因此单靠以太网交换机结合802.1X认证无法全面解决城域以太接入的可运营、可管理以及接入安全性等方面的问题。

【工作任务2】用户通过PPPoE方式接入运营商网络，由RADIUS服务器负责用户接入控制。用Packet Tracer仿真，PPPoE网络拓扑结构如图1-24所示，用户账号为test，密码为123。

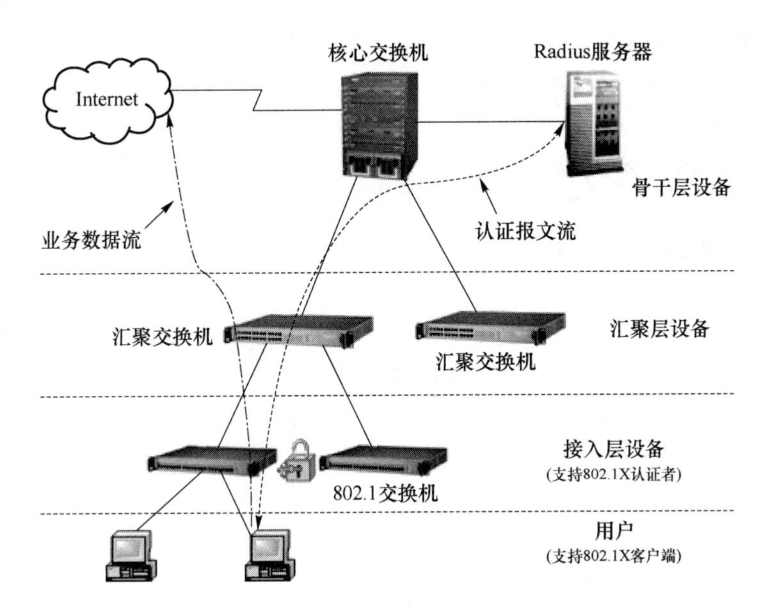

图 1-23　实施 802.1X 接入控制的应用

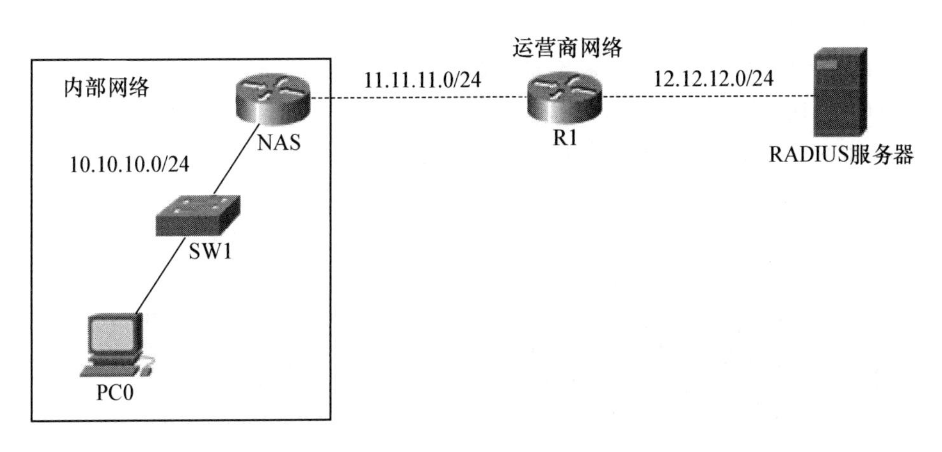

图 1-24　PPPoE 网络拓扑结构

第一步:配置 NAS。

```
//启用 AAA 功能
aaa new-model
//对基于 PPP 协议的一些网络应用进行认证,使用 RADIUS 服务器来认证
aaa authentication ppp default group RADIUS
// aaa 通过 RADIUS 授权给网络
aaa authorization network default group RADIUS
vpdn enable                         //启用虚拟拨号网络的功能
vpdn-group xn-pppoe
  accept-dialin                     //接受拨入
    protocol pppoe                  //使用 PPPoE 协议
    virtual-template 1              //建立虚拟模板
```

```
interface Virtual-Template 1                //配置虚拟模板
  ip unnumbered FastEthernet0/0
  peer default ip address pool pppoe-user
  ppp authentication chap
interface fa0/0
  ip add 10.10.10.1 255.255.255.0
  pppoe enable
interface fa0/1
  ip address 11.11.11.1 255.255.255.0
ip local pool pppoe-user 10.10.10.2 10.10.10.254    //定义本地 IP 地址池
ip route 0.0.0.0 0.0.0.0 11.11.11.2
RADIUS-server host 12.12.12.2 auth-port 1645 key tongxin    //定义 RADIUS
```

第二步：配置 R1。

```
interface FastEthernet0/0
  ip address 12.12.12.1 255.255.255.0
interface FastEthernet0/1
  ip address 11.11.11.2 255.255.255.0
ip route 10.10.10.0 255.255.255.0 11.11.11.1
```

第三步：配置 RADIUS 服务器(如图 1-25 所示)。

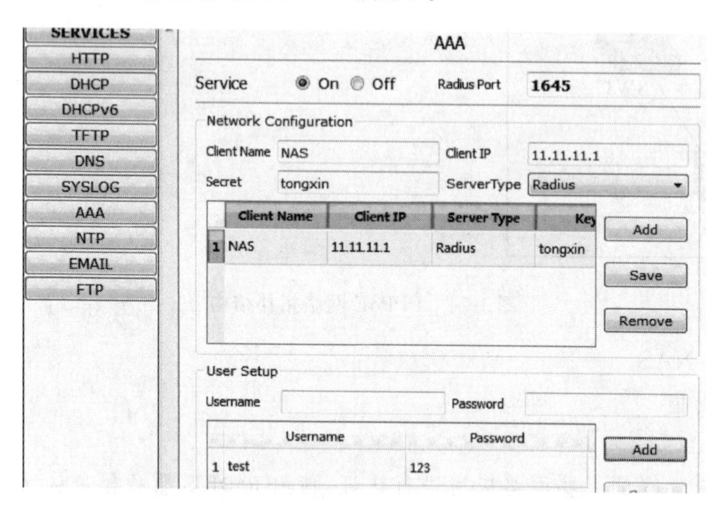

图 1-25　RADIUS 服务器的配置

第四步：PC0 使用"PPPoE Dialer"进行拨号。

第五步：使用"IPCONFIG"命令检查 PC0，然后获取 IP 地址，如图 1-26 所示。

图 1-26　获取的 IP 地址

任务实施

一、任务实施流程

在本次任务中小王需要将茶楼分店 1、分店 2 和总店进行网络互联，对分店安装安防系统，并且将总店原有的部分设备一起集成到整个安防网络中。任务实施流程如图 1-27 所示。

图 1-27　任务实施流程

二、任务实施

1. 需求分析

(1) 前端需求

老王的茶楼连锁店前端监控场景主要分布在茶楼大厅、过道、收营台、大门外，估算需要 45 个网络高清枪型摄像机，摄像机的分辨率为 720p，码流为 2 Mbit/s，具备智能编码、智能控制、智能侦测等功能。海康威视监控摄像头 DS-2CD1201-I3 支持 IEEE802.3af 标准的 POE 功能，最大图像分辨率为 1280×720，压缩输出码率可达 8 Mbit/s。

(2) 存储需求

前端网络高清视频图像通过 NVR 进行存储，现前端需要 45 个分辨率为 720p、码流为 2 Mbit/s的高清 IPC，要求视频存储时间为 30 天，以海康威视 DS-7816NB-K1/C 16 路 NVR 计算硬盘容量。

DS-7816NB-K2 最大接入 16 路 IP 通道，按照主码流为 2 Mbit/s、子码流为 0.5 Mbit/s 计算，每个店需要 15 路接入，需要的接入带宽为$(2+0.5)\times 15 = 37.5$ Mbit/s，这没有超出该 NVR 80 Mbit/s 的接入带宽。每台 NVR 所需的存储空间为 $15\times 2\times 3\,600\times 24\times 30\div(8\times 10^{12}) = 9.72$ TB，DS-7816NB-K2 16 路 NVR 提供 2 个 SATA(串口硬盘)接口，每个 SATA 接口可支持最大 6 TB 容量的硬盘，这样每个 NVR 配置 2 个 6 TB 的硬盘就可以满足存储空间的需求。

(3) 网络需求

各店通过普联(TP-LINK)TL-SL1218MP 16 口百兆 POE 交换机接入 IPC，总店另外需要使用 TP-LINK TL-SG5218 16 口全千兆三层核心交换机，用于与视频综合平台做链路汇聚，并负责各个接入交换机的接入。

(4) 管理平台需求

监控平台包含监控管理中心平台、媒体转发设备，它负责各个连锁分店的监控 NVR 管理。

2. 网络方案设计

(1) 网络结构

根据需求分析,制订了网络方案,如图 1-28 所示。

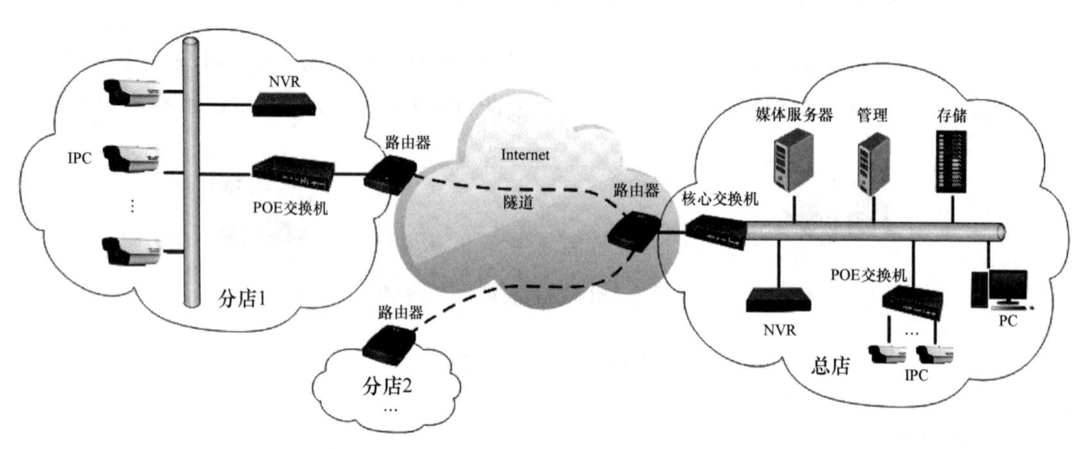

图 1-28 监控网络结构

(2) 监控设备配置清单

监控设备配置清单如图 1-29 所示。

网络视频监控系统设备清单						
序号	名称	品牌	型号	参数	单位	数量
前端部分						
1	网络高清摄像机	海康威视	DS-2CD1201-I3	100 万 1/4"态 CMOS ICR 日夜型筒型网络摄像机(含支架)	台	45
存储部分						
2	NVR	海康威视	DS-7816NB-K2	16 路,80 Mbit/s 接入带宽,支持 HDMI 输出、VGA 输出、音频输出,录像分辨率为 5MP/3MP/1080p/UXGA/720p/VGA,支持 2 路硬盘安装	台	3
3	监控硬盘	希捷	ST6000VX0023	6 TB,7 200 转 256M SATA3 监控级硬盘	台	6
网络部分						
4	核心交换机	普联	TL-SG5218	有 16 个百兆/千兆以太网 RJ45 端口,支持三层路由协议、完备的安全防护机制、完善的 ACL/QoS 策略和丰富的 VLAN 功能,易于管理维护	台	1
5	接入 POE 交换机	普联	TL-SL1218MP	有 16 个百兆以太网 RJ45 端口,具备 POE 供电能力,支持 802.3af/at,还有 2 个千兆 RJ45 口	台	3
其他部分						
6	管理平台	联想工作站				
7	服务与软件	微软服务器操作系统、数据库、视频监控软件、流媒体转发服务等				
8	机柜等辅材	标准机柜、网线、视频线等				

图 1-29 监控设备配置清单

3. 设备安装

（1）安装 IPC。

在前端摄像机到接入 POE 交换机的距离不超过 100 m 的情况下，使用网线来传输。根据安装场点进行网线敷设施工，所有 IPC 都采用墙壁安装方式。海康网络摄像机 DS-2CD1201-I3 提供的接口如图 1-30(a)所示，IPC 与交换机的连接方式如图 1-30(b)所示。

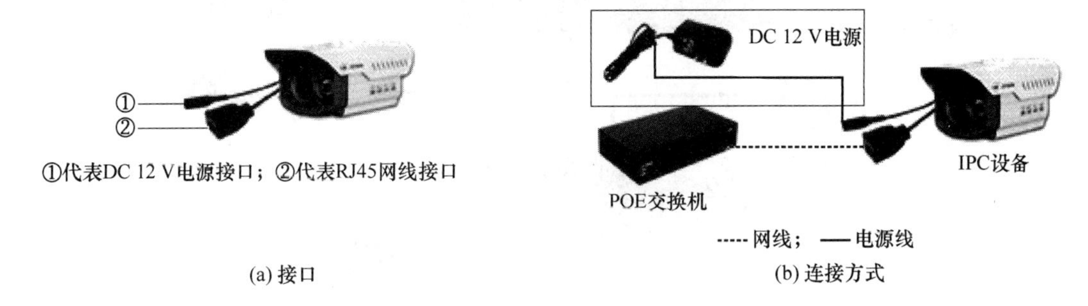

图 1-30　摄像机提供的接口和 IPC 与交换机的连接方式

（2）安装 NVR。

① NVR 接口

海康威视 DS-7816NB-K2 的接口如图 1-31 所示，接口说明如表 1-1 所示。

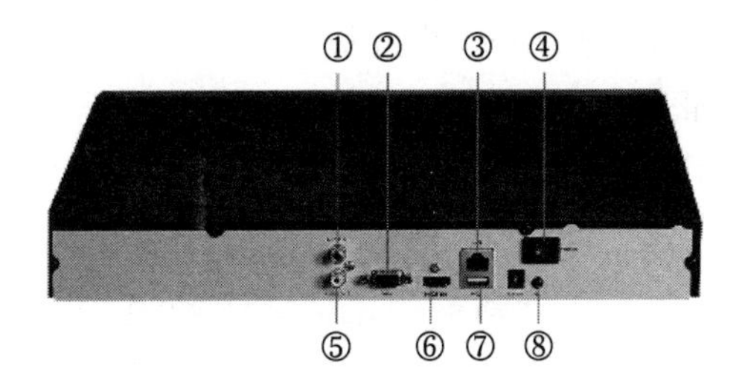

图 1-31　海康威视 NVR 接口

表 1-1　海康威视 DS-7816NB-K2 的接口说明

序号	接口说明
①	音频输入
②	VGA 接口，用于连接监视器或显示器视频输出设备
③	LAN 网线接口，RJ45 10 M/100 M 自适应以太网口
④	电源开关
⑤	音频输出，RCA 接口(线性电平，阻抗为 1 kΩ)
⑥	HDMI 接口，与 VGA 同源
⑦	USB 接口，2 个
⑧	接地端

② NVR 的安装方法

如图 1-32 所示，在装有硬盘的 NVR 设备上接入其视频输出设备，如监视器、显示器或大型液晶显示屏等；接入鼠标；安装好的 NVR 设备和 IPC 设备的网线同时接入在 POE 交换机的网口上，使 NVR 和 IPC 在局域网环境下连接；POE 交换机通过与路由器连接接入广域网环境。最后打开 NVR,按照设置向导进行配置。

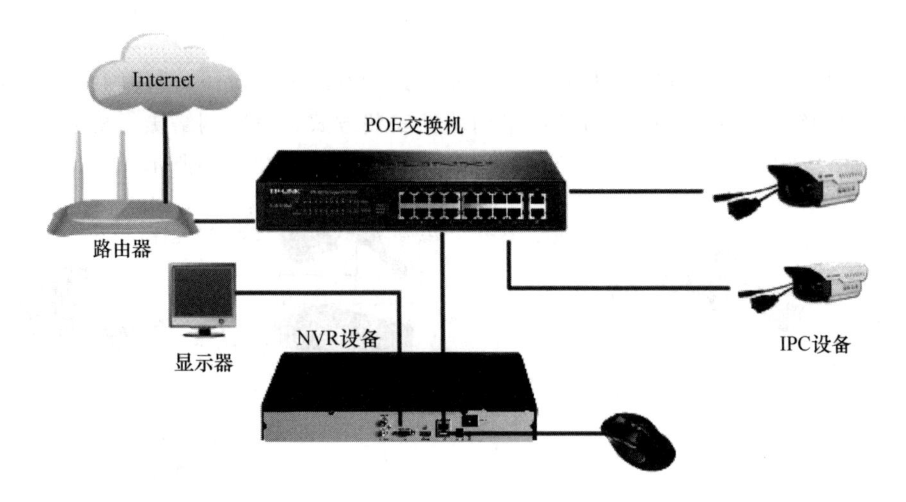

图 1-32　NVR 与其他设备的连接

任务成果

（1）对不同监控设备、网络设备进行对比,形成设备选型表。

（2）对用户需求进行分析,形成用户需求分析报告。

（3）根据用户需求和设备选型进行网络组网方案的指定。

（4）根据网络组网方案进行设备的安装施工、调测。

任务思考与习题

一、单选题

1. VLAN 的优点不包括(　　)。

A. 限制网络上的广播　　B. 增强局域网的安全性

C. 增加了网络连接的灵活性　　D. 提高了网络带宽

2. 以太网常用的用户接入管理协议不包括(　　)。

A. PPPoE　　B. IEEE 802.1X　　C. PORTAL　　D. DNS

3. 下面哪些不是计算机局域网的特点(　　)。

A. 短距离　　B. 长距离　　C. 高速率　　D. 低误码率

4. IP 网常用设备包括网络交换机、接入服务器、光纤收发器和(　　)。

A. 路由器　　B. 电话机　　C. 传真机　　D. 打印机

5. (　　)协议用于发现设备的硬件地址。

A. IP　　B. RARP　　C. ICMP　　D. ARP

6. 192.168.2.0/26 的子网掩码是(　　)。

A. 255.255.255.0　　B. 255.255.255.128

C. 255.255.255.192　　D. 255.255.255.240

7. 201.1.0.0/21 网段的广播地址是(　　)。

A. 201.0.0.255　　B. 201.1.7.255

C. 201.1.1.255　　　　D. 201.1.0.255

8. 下列对 VLAN 描述不正确的是（　　）。

A. VLAN 可以有效控制广播风暴

B. 交换机的 VLAN 1 无法删除

C. 主干链路 TRUNK 可以提供多个 VLAN 间的通信

D. 由于包含了多个交换机，所以 VLAN 扩大了冲突域

9. 路由器工作在 OSI 参考模型的（　　）。

A. 物理层　　B. 数据链路层　　C. 网络层　　D. 应用层

10. 一个交换机端口可以看作是一个（　　）。

A. 管理域　　B. 冲突域　　C. 自治域　　D. 广播域

二、多选题

1. 交换式以太网具有以下特点（　　）。

A. 点对点信道　　　　B. 需要 CSMA/CD 协议

C. 共享信道　　　　D. 不需要 CSMA/CD 协议

2. 工作组以太网用于接入网环境时，需要特别解决的问题有（　　）。

A. 以太网远端馈电　　　　B. 接入端口的控制

C. 用户间的隔离　　　　D. 用户接入的身份验证

3. 用户接入管理模型中包含的实体是（　　）。

A. 用户　　B. NAS　　C. 接入服务器　　D. AAA 服务器

4. 以太网接入的用户接入管理协议通常有（　　）。

A. PPPoE　　B. IEEE 802.1X　　C. AAA　　D. VPN

5. PPP 协议具有两个子协议，其中 LCP 子协议的功能为（　　）。

A. 建立数据链路　　　　B. 协商网络层协议

C. 协商认证协议　　　　D. 进行链路质量监测

三、简答题

1. 在监控网络中，经常会出现 IP Camera、编码器设备、在远端私网的视频客户端需要接入总部监控中心的情形。如果监控协议本身支持 NAT 穿越，则可以实现访问，即 IPC 或 VC（视频客户端）为私网地址，监控中心为公网的 IP 地址，这适用于私网→公网模式；如果双方都在私网内部，由于私网间通信不能直接穿透公网，所以需要通过 VPN（虚拟专网）隧道技术实现访问。请你思考这两种方式的不同之处。

2. 如果采用 VPN 隧道技术，有哪些隧道技术可以实现不同私网之间的互访呢？

项目二　光纤接入技术

我国在“十一五”规划中曾明确提出，要大力发展高速宽带信息网，因此光纤接入网的建设一直受到重视；在“十二五”规划中，“宽带战略”已经从部门行动上升为国家战略，以加快建设光纤宽带网络作为着力点之一，在短期内完成宽带用户数、家庭普及率、FTTH（光纤到户）用户数、覆盖家庭数、接入带宽等各方面的提升；在“十三五”规划中，特别强调加快高速宽带网络建设，打通入户“最后一公里”，进一步加快光纤接入网和无线接入网的建设。由此可见，光纤接入手段已经成为有线接入的主流发展趋势。

本项目主要内容是光纤接入技术，通过四个任务的操作与实践，了解当今主流的宽带光纤接入技术，重点掌握光纤接入网的原理、组网、设备、业务放装、业务开通和业务维护等内容。

本项目知识结构如图 2-1 所示。

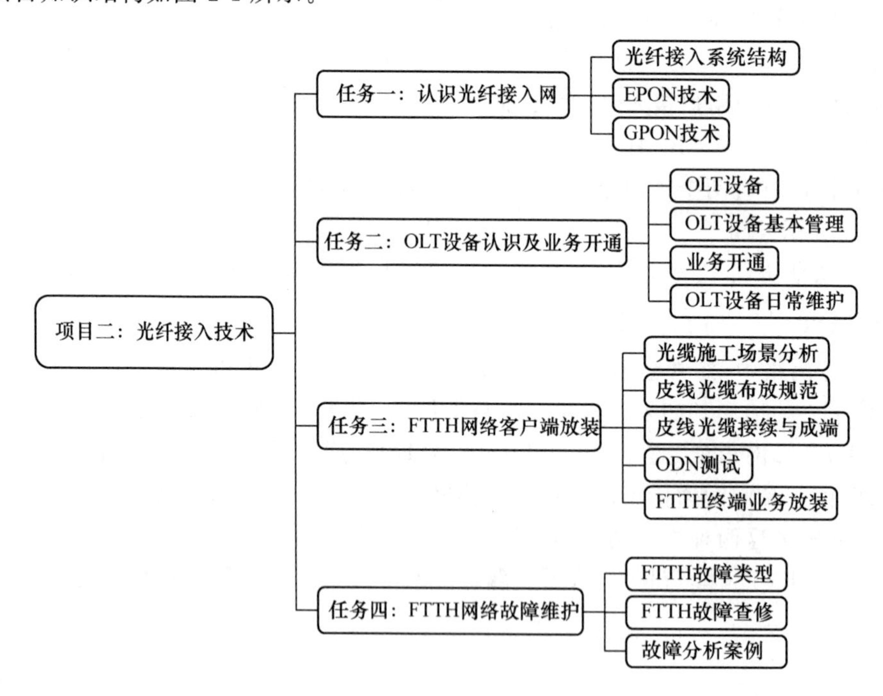

图 2-1　项目二知识结构

（1）认识光纤接入网

基础技能包括识别有源与无源光纤接入网，认识 PON 系统的结构及功能，区分 EPON（以太网无源光网络）和 GPON（千兆无源光网络）。

专业技能包括使用相关勘查工具进行 FTTX 网络勘查，正确绘制 PON 网络设备连接图。

(2) OLT 设备认识及业务开通

基础技能包括认识 OLT 设备在网络中的位置及功能，能识别不同厂商的 OLT 设备，认识 OLT 设备的单板功能、单板接口及单板指示灯。

专业技能包括能使用不同方式登录 OLT 设备进行配置管理，能对 OLT 进行不同业务的开通，能进行 OLT 设备的日常维护。

(3) FTTH 网络客户端放装

基础技能包括能正确选择皮线光缆入户的方式、进行皮线和尾纤的熔接、正确测试 ODN (光分配网)链路的光功率、计算全程的光衰等。

专业技能包括能规范布放 FTTH 入户光缆、熟练操作光纤熔接设备和 PON 网络测试仪、正确放装 FTTH 终端业务等。

(4) FTTH 网络故障维护

基础技能包括能正确使用各种测试仪器仪表、各种测试分析软件和测试命令等。

专业技能包括能够收集 FTTH 故障现象、合理分析故障原因、定位并排除故障等。

任务一　认识光纤接入网

任务描述

光纤接入是有线宽带接入的首选方式，认识光纤接入网是从事通信行业的工程建设、系统维护、市场服务等工作岗位必须具备的基本职业能力。

在本次任务中，首先要求通过系统学习光纤接入网的基础理论知识，对目前电信运营商广泛采用的 EPON 、GPON 组网技术有全面的认识，能总结并比较 EPON、GPON 的技术特征；其次通过现场查勘 FTTX 实训基地，完成一张 FTTX 组网图纸的绘制，要求具体描绘出 FTTX 实训基地中的组网设备、箱体、线缆、光器件等的连接方式，并分析各种 FTTX 的应用模式 。

任务分析

本次任务的要求是认识光纤接入网。任务从光纤接入网的基础理论知识入手，包括光纤接入的基本概念，PON 系统的组成、拓扑结构、传输技术、应用类型以及不同 PON 技术的工作原理等，同时在此基础上比较 EPON 和 GPON 的技术特征，从标准、协议、帧结构、传输技术、传输速率、传输效率等方面进行，最后的比较结果以表格形式呈现。

要绘制 FTTX 实训基地的组网图，可以选择按上行或下行方向进行查勘，理清设备线缆间的连接关系，准确记录设备的名称，标注接口的板卡和线缆类型。分析实训基地共搭建了几种 FTTX 应用类型，并采用相关绘图软件绘制组网图。

任务目标

一、知识目标

(1) 掌握光纤接入网的概念及分类。

(2) 掌握 PON 网络结构及各部分功能。

(3) 熟悉光缆线路、ODN 箱体及常用光器件的应用。

(4) 理解 EPON、GPON 的基本原理。

二、能力目标

(1) 能够识别光接入网的网络结构和设备形态。

(2) 能够完成光接入网的拓扑图绘制。

(3) 能够识别 FTTX 的不同应用场景。

专业知识链接

一、光纤接入系统结构

(一) 光纤接入网

1. 光纤接入网的概念

光纤接入网是指在接入网中用光纤作为主要传输介质来实现信息传送的网络形式,或者说是业务节点或远端模块与用户设备之间全部或部分采用光纤作为传输介质的一种接入网。

2. 光纤接入网的特点

(1) 多业务承载。针对个人接入,光纤接入网可以提供超高带宽的高清视频体验;针对企业接入,它可以提供高业务质量保证、高可靠性、高安全性要求的专线承载业务;针对基站回传业务,它可以达到高精度时钟传送、高可靠性接入的要求。

(2) 大容量、广覆盖。网络层次简化、网络结构扁平化、"大容量、少局所"的建设方式意味着光纤接入网的用户数量将更多,交换容量将更大,传输距离将更远。

(3) 多场景接入。带宽需求、接入介质、接入点位置、机房、供电、运维、监管政策等众多的因素,使得光纤接入网具备 FTTC(光纤到街)、FTTB(光纤到楼)、FTTH、FTTO(光纤到办公室)、FTTM(光纤到基站)等多种接入场景。

(4) 高可靠性。通过板件、线路和网络三个层面的端到端冗余保护实现业务故障的快速倒换,为用户提供永远在线的高可靠性业务体验。

3. 光纤接入网的分类

光纤接入网根据接入网室外传输设施中是否含有源设备,可以划分为 PON 和 AON。

(1) AON

AON 内含有源器件,采用电复用器分路,是主干网传输技术在接入网的延伸。根据传输技术的不同,AON 又可分为基于 SDH 的 AON、基于 PDH 的 AON、基于 MSTP 的 AON 和基于 PPPoE 的 AON,现网主要采用基于 SDH 的 AON。

AON 的优势主要体现在传输距离远、用户信息隔离度好、技术成熟等方面,但传输系统中的有源电复用器需供电及提供机房,系统维护成本较高,目前 AON 主要用于专线接入。

(2) PON

PON 系统是一种纯介质网络,采用光分路器分路,是电信运营商大力推行的宽带接入技术。与 AON 相比,PON 具有以下优势。

① 体积小，设备简单，安装维护费用低，投资相对较小。

② 设备组网灵活，拓扑结构可支持树型、星型、总线型、混合型、冗余型等网络拓扑结构。

③ 设备安装方便，室外型设备可直接挂在墙上或放置于“H”杆上，而室内型设备需要用专门的接入机房放置相关设备。

④ 适用于点对多点通信，仅利用无源分光器就可实现光功率的分配。

⑤ PON是纯介质网络，彻底避免了电磁干扰和雷电影响，适合在自然条件恶劣的地区使用。

⑥ 扩容简单，不涉及设备改造，只需升级设备软件，硬件设备一次购买，长期使用。

目前基于PON的实用技术主要有GPON、EPON/GEPON等，其主要差异在于采用了不同的二层技术。

（二）PON

PON由OLT、光分配网和光网络单元组成，采用树型拓扑结构，如图2-2所示。OLT放置在中心局端，分配和控制信道的连接，并有实时监控、管理及维护功能。ONU放置在用户侧，OLT与ONU之间通过无源光合路器/分路器连接。

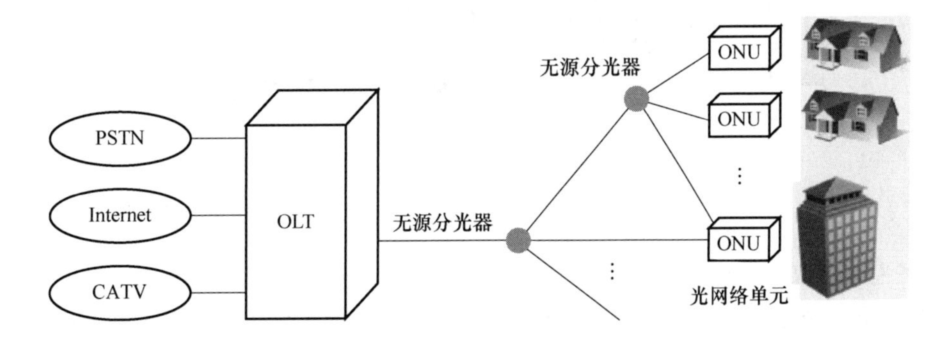

图2-2　PON系统组成

1. OLT

OLT的作用是为FTTX提供网络侧与本地交换机及本地内容服务器（如软交换/IMS、因特网路由器、视频播放服务器等）之间的接口，并且OLT可以经过ODN与用户侧的ONU通信。OLT一方面将承载的各种业务信号按照一定的信号格式送入接入网，以便向终端用户传输；另一方面将来自终端用户的信号在局端汇聚，并按照业务类型分别送入各种业务网中。

OLT局点部署会影响整个ODN网络规划、网络升级与网络资源利用率，合理的OLT部署可节省光缆资源，加快铜缆网络向全光网络的演进。OLT一般有以下几种部署方案：

① OLT放置在中心机房节点：全距离覆盖，最大限度发挥PON技术传输距离远的特点，适合于初期FTTH用户较少的情况。

② OLT放置在现有的模块局接入点：覆盖距离适中，维护方便，发挥了PON技术传输距离远的特点，非常适合大规模的FTTH部署。

③ OLT放置在新建小区接入点：覆盖距离较短，维护较方便，适用于在FTTH全面应用后对远离现有局点的新建区域用户的全面覆盖。

④ 公众客户OLT的部署应遵循“大容量、少局所”的原则，尽量将OLT设置在中心机房，部分用户密度较大或传输距离较远的区域可适度下沉至模块局。

⑤ 对政企业务的承载，应坚持“相对集中、适度下移”的原则，原则上不为政企客户新建OLT，依靠对现有OLT的扩容来解决问题。

目前电信运营商PON网络中采用的OLT设备主要有华为公司的MA5800、MA5680T、MA5683T，中兴公司的C300、C220、C200，烽火公司的AN5516等。具体设备介绍在后续任务学习。

2. 光分配网

ODN是OLT和ONU之间的光传输物理通道，通常由光纤、光缆、光连接器、光分路器以及安装连接这些器件的配套设备〔如ODF(光纤配线架)、光缆接头盒、光缆交接箱，光缆分纤/分光箱等〕组成。如图2-3所示，ODN网络以树型结构为主，包括主干段、配线段和入户段，段落间的光分支点分别为光分配点、光分纤点和光用户接入点。

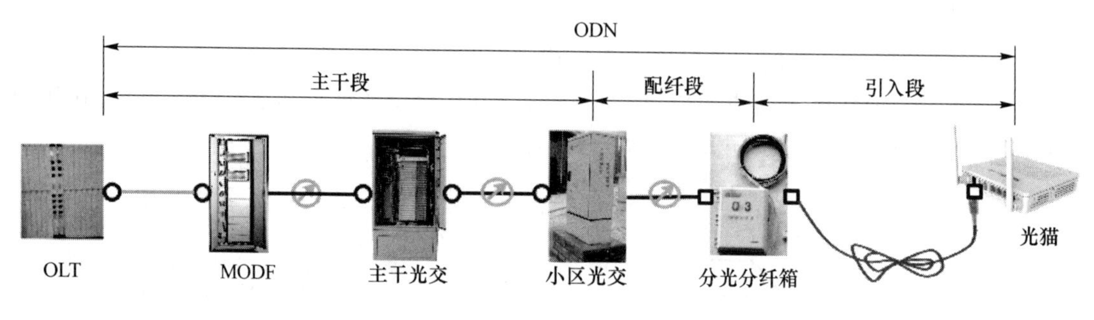

图2-3 ODN组成示意图

(1) 光总配线架(MODF)

ODF主要是用于光通信设备之间的连接与配线，面向的是传输层。随着FTTH的实施，ODF将面向接入层用户，取代原有的MDF(总配线架)，线路故障和用户端设备故障将会增多，这给维护部门带来很大的压力。ODF的使用可以提供在线测试口，实现在线测试和集中测试，降低维护工作量，同时也方便跳线、操作、架间连接和线缆管理。

MODF具有直列和横列成端模块，直列侧连接外线光缆，横列侧连接光通信设备，如图2-4所示。

(a) 横列成端模块

(b) 直列成端模块

图2-4 MODF

MODF 具备水平、垂直、前后走纤通道，可以通过跳纤进行通信路由的分配连接，进行大容量跳纤维护管理，它主要用于机房内设备光缆与室外光缆的集中成端、连接调度和监控测量。

（2）光缆交接箱

传统光缆交接箱和免跳接光缆交接箱如图 2-5 所示。光缆交接箱是为主干层光缆、配线层光缆提供光缆成端、跳接的交接设备。光缆引入光缆交接箱后，经过固定、端接、配纤，再使用跳纤进行光纤线路的分配和调度。根据应用场合不同，光缆交接箱分为主干光缆交接箱和配线光缆交接箱，主干光缆交接箱用于连接主干光缆和配线光缆；配线光缆交接箱用于连接配线光缆和引入光缆，一般采用免跳接光缆交接箱，内装有盒式或插片式光分路器，光分路器的尾纤直接跳接到相应用户的托盘端口，免跳接。

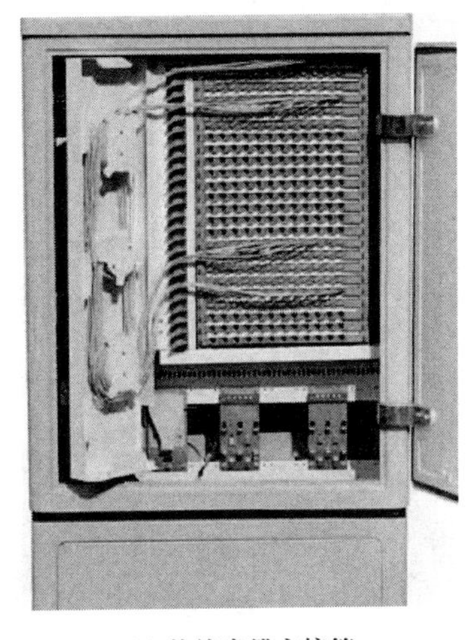

(a) 传统光缆交接箱

(b) 免跳接光缆交接箱

图 2-5　光缆交接箱

免跳接光缆交接箱可以更方便地实现光缆的成端、光纤的跳接与调度、尾纤余长的收容、光分端口的扩容，降低产品成本，减少故障环节，节省光功率预算，更广泛地应用于工程建设中。

（3）光缆分纤箱/分路箱

光缆分纤箱通常是指连接配线光缆与入户皮线光缆的连接设备，通常安装于弱电竖井、别墅区汇集点等位置，用以实现市话光缆与皮线光缆的接续、存储、分配等功能，箱体容量分为 24 芯和 48 芯，外观结构如图 2-6 所示。

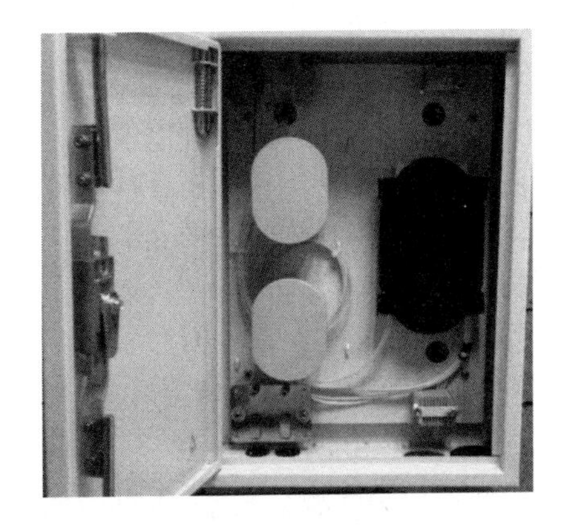

图 2-6　光缆分纤箱

在光缆分纤箱的基础上加一个光分路器，就得到了光缆分路箱，光缆分路箱通常安装在室外墙壁、架空电杆、楼道、弱电竖井等位置，内部安装有二级分光器，用以实现市话光缆和皮线光缆的成端、二级光口分配等功能，箱体容量分为 16 芯和 32 芯，外观结构如图 2-7 所示。

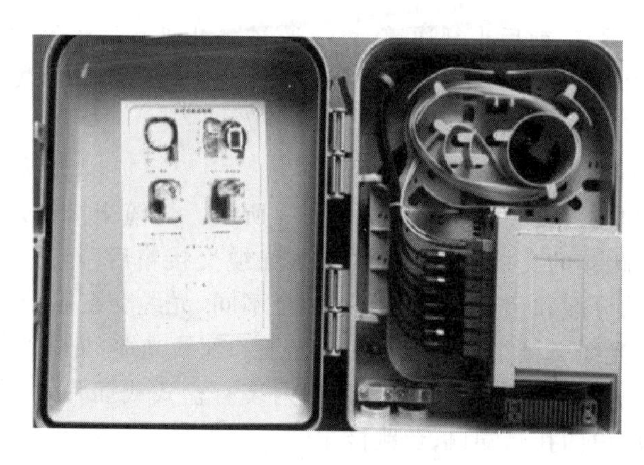

图 2-7　光缆分路箱

(4) 光缆接头盒

光缆接头盒是相邻光缆间提供光纤分配、密封和机械强度连续性的接续保护装置，用于各种结构的光缆在架空、管道、直埋等敷设方式上的直通和分支连接，盒内有光纤熔接、盘储装置，其质量直接影响光缆线路的质量和光缆线路的使用寿命。从外形结构上看，光缆接头盒有帽式和卧式，主要用于室外，如图 2-8 所示。目前在 FTTH 网络部署中，最常用的是同侧进出光缆的帽式接头盒和两侧进出光缆的卧式接头盒。

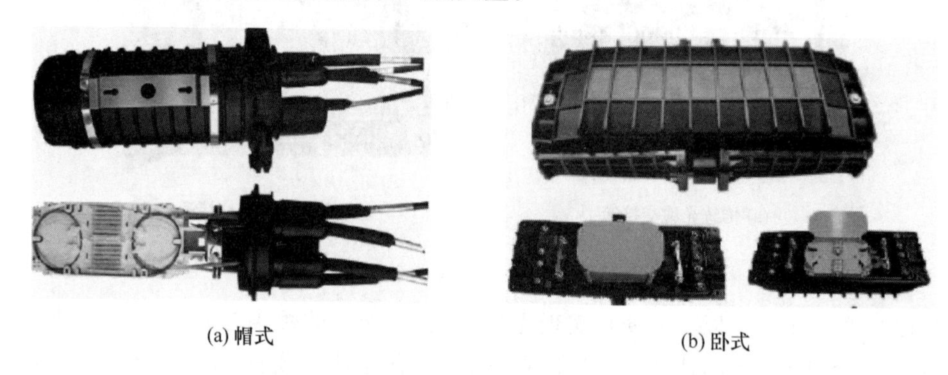

(a) 帽式　　(b) 卧式

图 2-8　光缆接头盒

(5) 光分路器

光分路器是用于实现特定波段光信号的功率耦合及再分配功能的光无源器件，连接 OLT 和 ONU，可以均匀分光，也可以不均匀分光。光分路器可以实现 1∶2 到 1∶128 的分光比。

根据封装方式的不同，光分路器可分为插片式分光器、盒式分光器、微型分光器、机架式分光器、托盘式分光器等，如图 2-9 所示。

图 2-9(a)为插片式分光器，端口为适配器型，一般安装在光缆分光箱内或者使用插箱安装在光纤配线架、光缆交接箱内。

图 2-9(b)为盒式分光器，端口为带 SC、FC、LC 等不同插头尾纤型，一般安装在托盘、光缆分光分纤盒、光缆交接箱内。

图 2-9(c)为微型分光器，体积小，端口为不带插头尾纤型或带插头尾纤型，一般安装在光缆接头盒的熔纤盘内，可实现反光功能。

图 2-9(d)为机架式分光器，端口为适配器型，一般安装在 19 英寸(1 英寸＝2.54 cm)的标准机柜内。

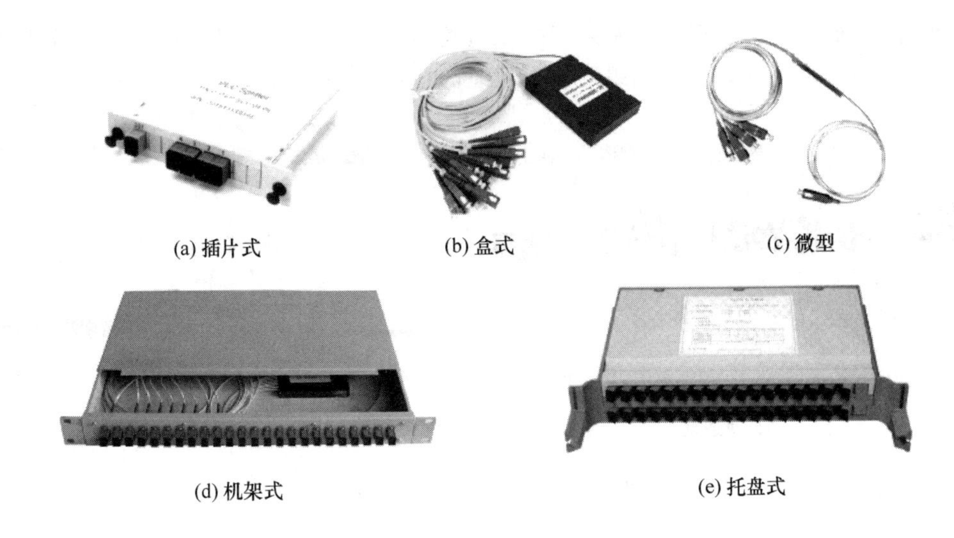

(a) 插片式　(b) 盒式　(c) 微型

(d) 机架式　(e) 托盘式

图 2-9　光分路器

图 2-9(e)为托盘式分光器，端口为适配器型，一般安装在光纤配线架、光缆交接箱内。

(6) 光纤连接器

光纤连接器有光纤活动连接器和光纤现场连接器。

光纤活动连接器主要用于光缆线路设备和光通信设备之间可以拆卸、调换的连接处，一般用于尾纤的端头，由两个插针和一个耦合管组成，可实现光纤的对准连接。常用的光纤活动连接器的插针为陶瓷材料，端面有平面型端面 FC、微凸球面型端面 UPC、角度球面型端面 APC；常用的光纤活动连接器的连接类型有圆形螺纹头 FC、大方卡接头 SC、圆形卡接头 ST、小方卡接头 LC，如图 2-10 所示。

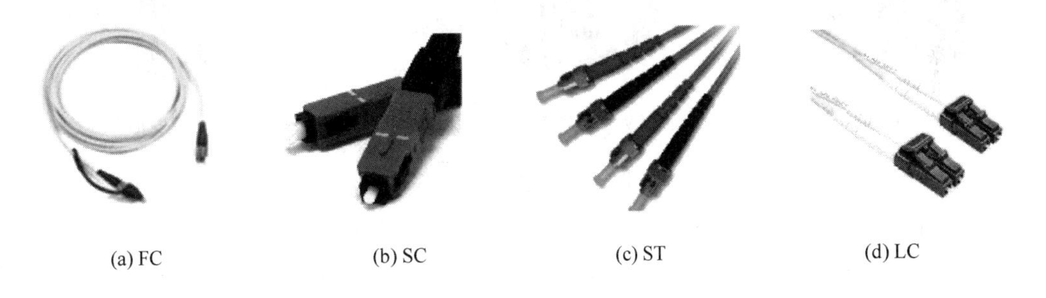

(a) FC　(b) SC　(c) ST　(d) LC

图 2-10　光纤活动连接器插针端面

光纤现场连接器分为机械式连接器和热熔式连接器，一般用于入户光缆的施工和维护。热熔式连接器是将光缆与尾纤分别开剥后通过熔接机热熔对接，对接完后使用熔接盘进行固定保护；机械式连接器分为预置型和直通型，预置型光纤连接器是在接头插芯内预埋一段光纤，光缆开剥、切割后与预埋光纤在连接器内部 V 型槽内对接，V 型槽内填充有匹配液；直通型光纤连接器是在光缆开剥、切割后直接从尾端穿到连接器顶端，连接器内部无连接点，如图 2-11 所示。

(7) 光纤和光缆

光纤接入网的主干段、配线段常选用 G. 652D 类单模光纤，入户段常选用 G. 657A2 类单模光纤。G. 657A2 光纤的弯曲半径可达 5～10 mm，抗老化能力强，满足 G. 652 D 光纤的全部传输特性，可与现网存在的大量 G. 652 D 光纤实现平滑对接。

光纤接入网的主干段、配线段常采用的光缆类型有层绞式光缆、骨架式光缆、带式光缆和中心束管式光缆，而引入段常采用蝶形引入光缆，如图 2-12 所示。

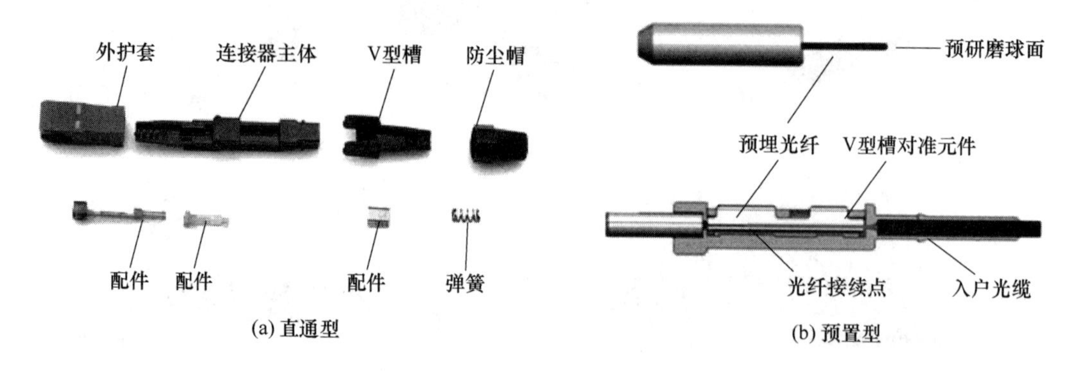

图 2-11 机械式光纤现场连接器

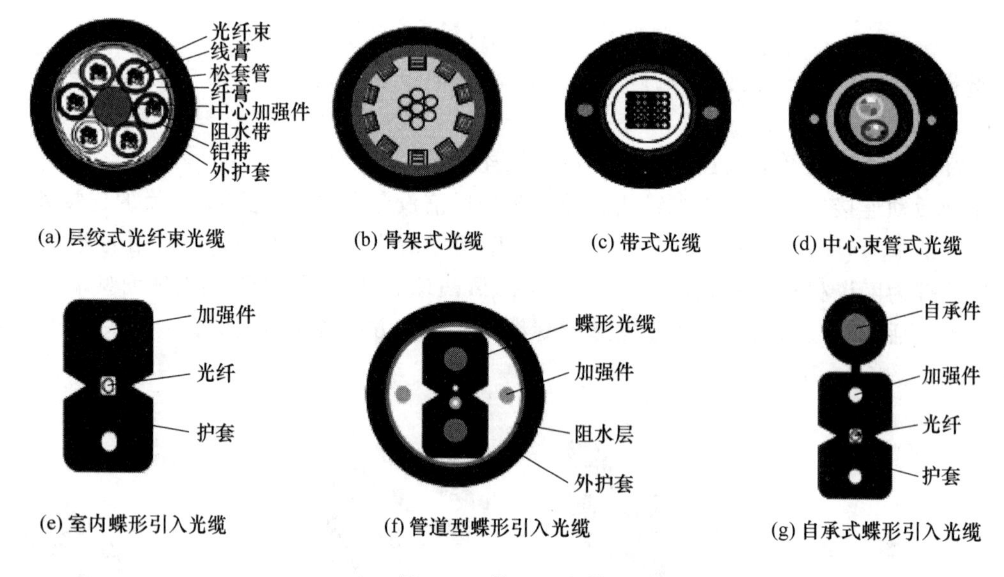

图 2-12 接入网光缆

总之，ODN 会直接影响整个 FTTX 网络的综合成本、系统性能和升级潜力等指标。ODN 组网时应从用户的分布情况、带宽需求、地理环境、管道、现有光缆线路的容量和路由、系统的传输距离、建网的经济性、网络的安全性和维护的便捷性等多方面综合考虑，选择合适的组网模式。

建议 ODN 网络架构以树型为主，采用一级或二级分光方式，光分路比的选择则综合考虑 ODN 传输距离、PON 系统内带宽分配等因素。

3. ONU

ONU 位于用户和 ODN 之间，其主要功能是终结来自 ODN 的光纤、处理光信号，并为用户提供业务接口。ONU 提供的接口包括连接 OLT 的 PON 接口、以太网接口、WAN 口、USB 口、连接电话的 POTS 接口等。根据应用场景和业务提供能力的不同，ONU 设备分为 3 种类型，如图 2-13 所示。

图 2-13(a)为单住户单元型(SFU)ONU，主要用于 FTTH 场合，常用于单独家庭用户，具有1～4个以太网接口，支持以太网/IP 业务。

图 2-13(b)为家庭网关单元型(HGU)ONU,主要用于 FTTH 场合,常用于单独家庭用户,具备家庭网关功能,具有 1～4 个以太网接口、1 个 WAN 接口、1～2 个 POTS 接口、WLAN 接口和至少 1 个的 USB 接口,支持远程管理,支持以太网/IP 业务、VoIP(IP 电话)业务和 IPTV(互联网电视)业务。

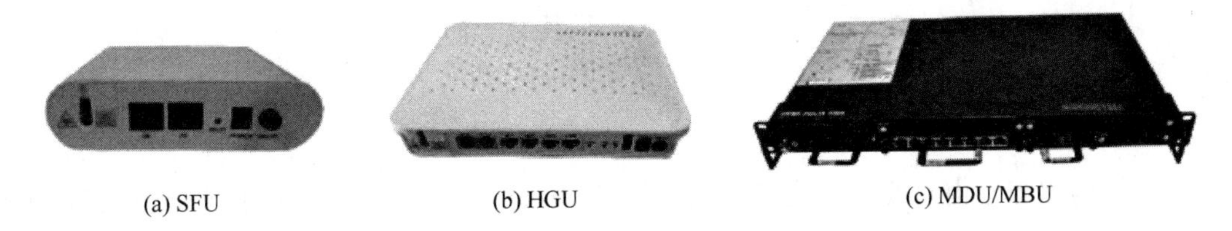

(a) SFU　　(b) HGU　　(c) MDU/MBU

图 2-13　光网络单元

图 2-13(c)为多住户/商户单元型(MDU/MBU)ONU,主要用于 FTTB 和 FTTC 场合,常用于多个住宅/企业用户,具有多个以太网接口、ADSL 接口和 E1 接口,支持以太网/IP 业务、TDM 业务、VoIP 业务等。

(三) PON 的拓扑结构

PON 系统的拓扑结构取决于 ODN 的结构。通常 ODN 可归纳为单星型、树型、总线型和环型四种基本结构(也就是 PON 的四种基本拓扑结构)。相比较而言,树型结构投资成本低,安全性和可靠性较好,适合大规模组网,是最常用的拓扑结构。

1. 单星型结构

单星型结构是指用户端的每一个 ONU 分别通过一根或一对光纤与端局的同一 OLT 相连,形成以 OLT 为中心向四周辐射的星型连接结构,如图 2-14 所示。

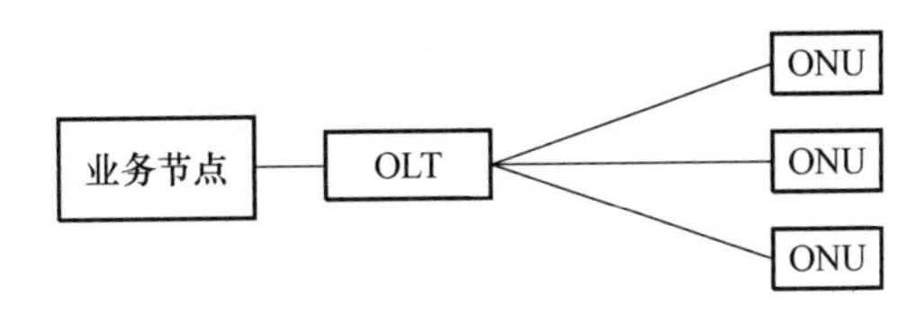

图 2-14　单星型拓扑结构

2. 树型结构

在 PON 的树型结构(也称为多星型结构)中,连接 OLT 的第一个光分支器(OBD)将光分成 N 路,每路通向下一级的 OBD,例如,最后一级的 OBD 将光分为 M 路并连接 M 个 ONU,如图 2-15 所示。

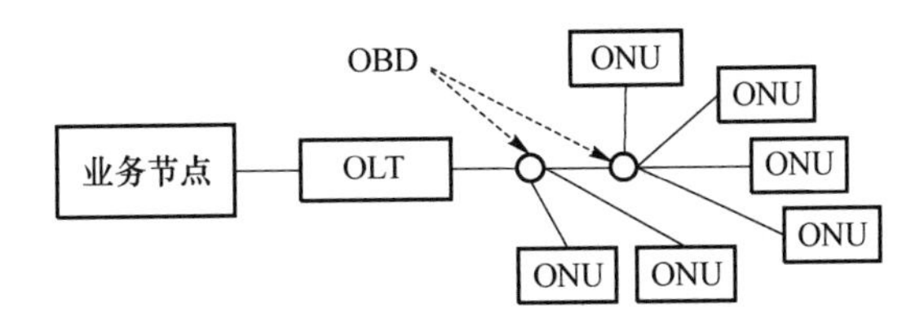

图 2-15　树型拓扑结构

3. 总线型结构

总线型结构的 PON 通常采用非均匀分光的光分路器沿线状排列,如图 2-16 所示。

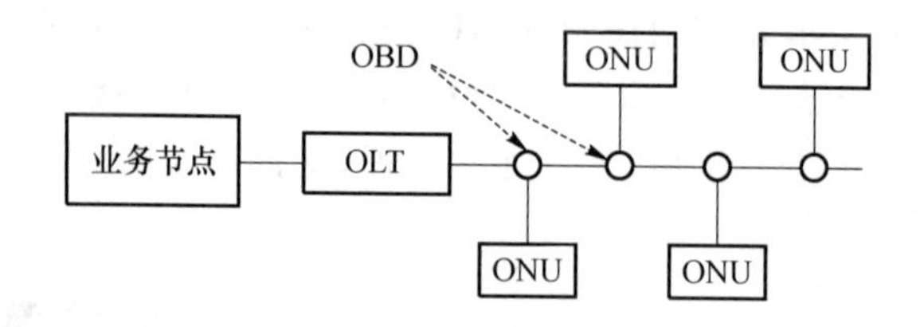

图 2-16　总线型拓扑结构

4. 环型结构

环型结构相当于由总线型结构组成的闭合环，环型结构可以实现网络自愈，可以提高可靠性，但是连接性能比较差，适合于较少用户的接入场景，如图 2-17 所示。

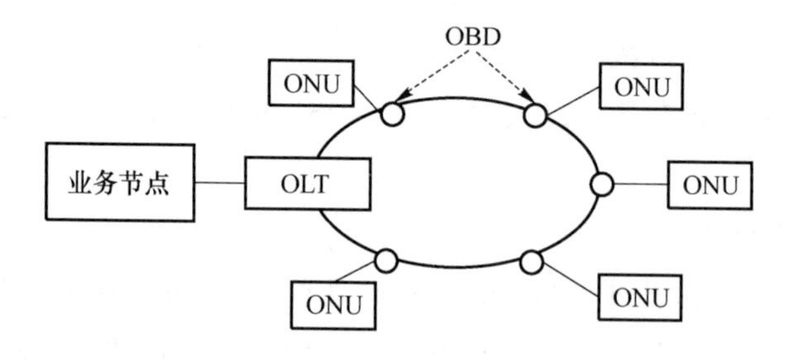

图 2-17　环型拓扑结构

（四）PON 的传输技术

PON 的组网采用点到多点的方式，传输技术主要解决两个方面问题：一是 OLT 与多个 ONU 的传输问题；二是 ONU 的上行多址接入问题。

PON 的传输技术可以采用 OSDM（光空分复用）、OTDM/OTDMA（光时分复用/光时分多址）、OWDM/OWDMA（光波分复用/光波分多址）、TCM/TCMA（光时分压缩复用/光时分压缩多址）等。考虑组网性能和成本等因素，目前现网中主要采用 OWDM 和 OTDM/OTDMA 技术。

1. OWDM

OWDM 技术是指上行和下行信号采用不同的波长作为载波，复用到一根光纤中传输。这种技术可以充分利用光纤的巨大带宽资源，增加光纤的传输容量，节省线路资源，因此应用广泛。OWDM 传输原理如图 2-18 所示。

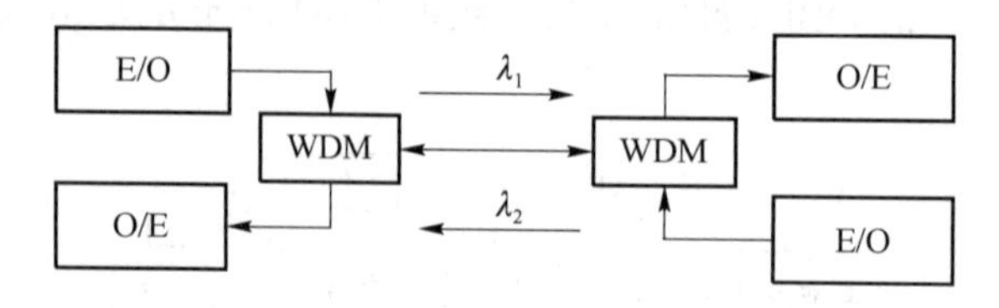

图 2-18　OWDM 的传输原理

2. OTDM /OTDMA

OTDM /OTDMA 技术是指在同一个光载波波长上，将时间分割成周期性的帧，每帧再分割成若干个时隙，按一定的时隙分配原则，下行方向每个 ONU 在指定的时隙内接收 OLT 发送的信号，上行方向每个 ONU 在指定时隙内发送信号到 OLT。OTDM /OTDMA 传输原理如图 2-19 所示。

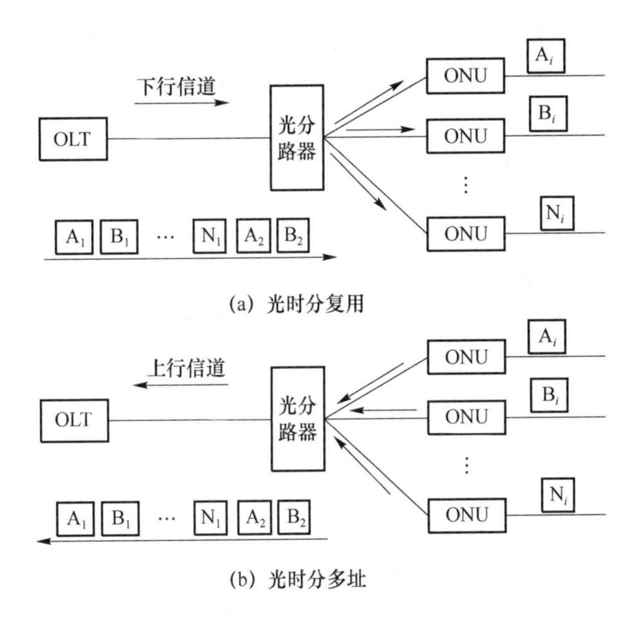

图 2-19 OTDM /OTDMA 的传输原理

OTDM/OTDMA 所用器件相对简单,技术相对成熟,但在实际组网时必须考虑各个ONU 与 OLT 因物理距离不同而产生的相位和幅度的差异。因此,第一,需要采用完善的测距系统,以防止信号在光分路器处出现碰撞;第二,需要采用快速比特同步电路,保证 OLT 在每个分组信号开始的几比特时间内迅速建立比特同步;第三,需要采用突发模式的光接收机,才能根据每个分组信号开始的信号幅度大小迅速建立合理的判决门限,正确还原出该组信号。

二、EPON 技术

(一) EPON 的基本概念

APON(ATM 无源光网络)是在 20 世纪 90 年代中期就被 ITU 和 FSAN(全业务接入网论坛)标准化的 PON 技术,FSAN 在 2001 年年底又将 APON 更名为 BPON(宽带无源光网络),APON 的最高速率为 622 Mbit/s,二层采用的是 ATM 封装和传送技术。APON/BPON 因为存在带宽不足、技术复杂、价格高、承载 IP 业务效率低等问题,所以未能取得市场上的成功。

为更好适应 IP 业务,第一英里以太网联盟(EFMA)在 2001 年年初提出了在二层用以太网技术的 EPON,即利用 PON 的拓扑结构实现以太网接入。IEEE 802.3 EFM 工作小组对 EPON 进行了标准化,在 2004 年 4 月通过了 IEEE 802.3ah 的标准,该标准中 EPON 可以支持 1.25 Gbit/s 的对称速率,最大分光比为 1∶64 ,最远传输距离为 20 km。由于 EPON 将以太网技术与 PON 技术完美结合,因此成为非常适合 IP 业务的宽带接入技术。

但随着 IPTV、HDTV、双向视频以及在线游戏等大流量宽带业务的开展与普及,每用户的带宽需求预计将以每五年一个数量级递增并有加速趋势,传统 EPON 的带宽都将出现瓶颈。IEEE 802 EFM 组织从 2006 年开始积极探讨 10G EPON 技术,在 2009 年 9 月正式颁布 10G EPON 的标准 802.3av。10G EPON 技术作为率先成熟的下一代 PON 技术,符合网络发展趋势,具备大带宽、大分光比、可与 EPON 兼容组网、网管统一、平滑升级等优势。10G EPON 利用现有网络直接提速10倍，与国内电信运营商的带宽规划完美匹配，支撑国内电信运营商中远期规划目标的实现，支撑运营商在IDC业务、政企客户业务、家庭客户的持续拓展。

10 Gbit/s以太主干和城域环的出现将使10G EPON成为未来全光网中“最后一公里”的解决方案之一。

（二）EPON的技术指标

1. IEEE 802.3ah EPON技术指标

（1）OLT与ONU之间的信号传输基于IEEE 802.3ah以太网帧。

（2）采用8B/10B的线路编码，有效数据速率为上/下行对称1 Gbit/s，线路比特率为上/下行对称1.25 Gbit/s。

（3）以MAC控制子层的MPCP(Multi Point Control Protocol，多点控制协议)机制为基础，通过消息、状态机和定时器来控制访问点到多点的拓扑结构。

（4）符合ITU-T G.652要求的单模光纤。在单模光纤上，光分路比为1：32/1：64时，传输距离可达10 km；光分路比为1:16时，传输距离可达20 km。

（5）上行使用1 310 nm(1 260 nm～1 360 nm)的波长，下行使用1 490 nm(1 480 nm～1 500 nm)的波长，使用1 550 nm(1 540 nm～1 560 nm)的波长实现CATV业务(可选)。

2. IEEE 802.3av 10G EPON技术指标

为了实现10G EPON与1G EPON的兼容和网络的平滑演进，IEEE 802.3av标准在波长分配、多点控制机制方面都有专门的考虑，以保证10G EPON与1G EPON系统在同一ODN下的共存。10G EPON尽可能沿用了1G EPON的MAC协议和MPCP等，对MPCP做了少量的修改，并定义了新的物理层。

目前定义了两种10G EPON速率和波长。

（1）非对称速率

上行传输速率为1 Gbit/s，中心波长为1 310 nm。

下行传输速率为10 Gbit/s，中心波长1 577 nm。

（2）对称速率

上行传输速率为10 Gbit/s，中心波长为1 270 nm。

下行传输速率为10 Gbit/s，中心波长1 577 nm。

EPON和10G EPON的重要指标比较如表2-1所示。

表2-1　EPON和10GEPON的比较

项目	EPON	10G EPON	
		非对称	对称
速率/bit·s^{-1}	1G下行/1G上行	10G下行/1G上行	10G下行/10G上行
上行线路编码	8B/10B	8B/10B	64B/66B
中心波长	下行:1 490 nm 上行:1 310 nm	下行:1 577 nm 上行:1 310 nm	下行:1 577 nm 上行:1 270 nm
最大传输距离	20 km	20 km	20 km
光功率预算	PX 10/20	PRX 10/20/30	PR 10/20/30
标准	IEEE 802.3 ah	IEEE 802.3 av	IEEE 802.3 av

（三）EPON的传输原理

1. EPON的上行传输原理

上行方向采取时分多址接入技术，由OLT给每个ONU分配时隙传输上行流量。

当ONU注册成功后，OLT会根据带宽分配策略和各ONU的状态报告，动态地给每个ONU分配带宽。该带宽就是ONU可以传输数据的时隙长度（在EPON中的基本时隙单位时间长度为16 ns）。OLT与所有的ONU之间是严格同步的，所以每个ONU只能够从OLT分配的时刻开始，用分配给它的时隙长度传输数据。通过时隙分配和时延补偿，多个ONU的数据信号可以耦合到一根光纤，且不会发生数据冲突。

上行方向各ONU之间是禁止通信的，所有的数据传输都需通过OLT控制。

2. EPON的下行传输原理

下行方向采取时分复用技术，由OLT以广播方式传送数据到各个ONU。

当OLT启动后，它会周期性地在本端口上广播允许接入的信息；当ONU上电后，根据OLT广播的允许接入信息，发起注册请求，若OLT通过ONU的认证并允许其接入，则会给请求注册的ONU分配一个唯一的逻辑链路标识（LLID）。从OLT广播到各个ONU的每一个数据帧的帧头都会包含之前注册时分配的LLID，当数据到达各个ONU时，ONU根据LLID接收属于自己的数据帧，摒弃发给其他ONU的数据帧。

（四）EPON的协议栈

对于以太网技术而言，PON是一个新的介质。802.3工作组定义了新的物理层，而对以太网MAC层以及MAC层以上则尽量做最小的改动，以支持新的应用和介质。EPON的层次模型如图2-20所示。

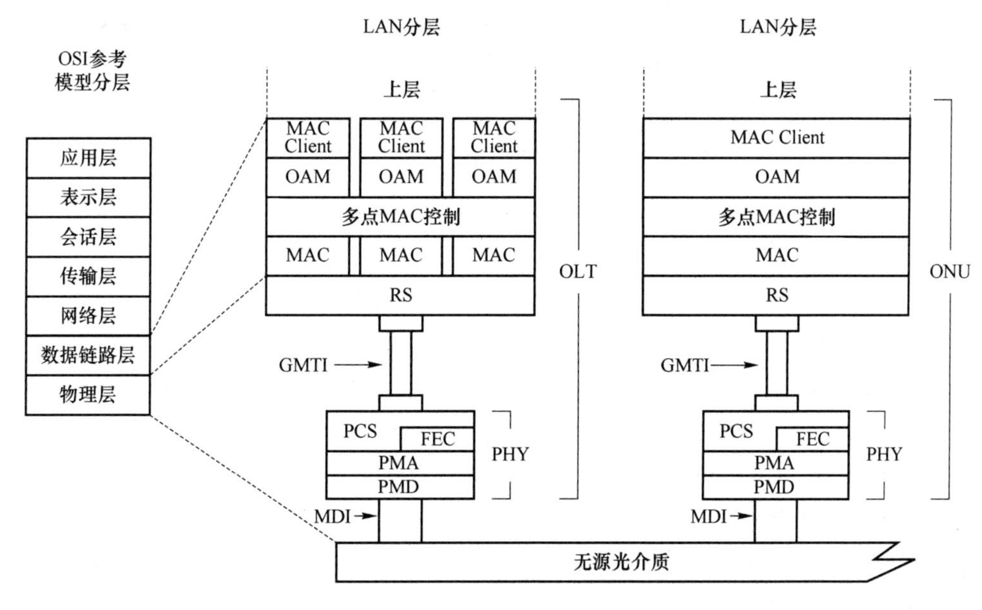

图2-20　EPON的层次模型

（1）MAC Client层（媒体访问控制客户端子层）：提供终端协议栈的以太网MAC层和上层之间的接口。

(2) OAM(运行、管理和维护子层):负责有关 EPON 网络运维的功能。

(3) MAC 控制子层:负责 ONU 的接入控制,通过 MAC 控制帧完成对 ONU 的初始化、测距和动态带宽分配,采用申请/授权(Request/Grant)机制,执行多点控制协议。MPCP 的主要功能是轮流检测用户端的带宽请求,并分配带宽和控制网络启动过程。

(4) MAC 子层:将上层通信发送的数据封装到以太网的帧结构中,并决定数据的发送和接收方式。

(5) RS 子层(协调子层):将 MAC 层的业务定义映射成 GMII 接口的信号。RS 子层定义了 EPON 的前导码格式,它在原以太网前导码的基础上引入 LLID(用来区分 OLT 与各个 ONU 的逻辑连接),并增加了对前导码的 8 位循环冗余校验(CRC8)。

(6) PCS 子层(物理编码子层):将 GMII 发送的数据进行编码/解码(8B/10B),使之适合在物理媒体上传送。

(7) PMA 子层(物理媒介接入子层):为 PCS 子层提供一种与媒介无关的方法,支持使用串行比特的物理媒介,发送部分把 10 位并行码转换为串行码流,发送到 PMD 子层,而接收部分把来自 PMD 子层的串行数据转换为 10 位并行数据,生成并接收线路上的信号。

(8) PMD(物理媒介相关)子层:位于最底层,主要完成光纤连接、电/光转换等功能。PMD 为电/光收发器,把输入的电压变化状态变为光波或光脉冲,以便这种变化状态能在光纤中传输。EPON 系统应使用符合 ITU-T G. 652 要求的单模光纤。

(五) IEEE 802. ah 帧结构

IEEE 802. 3ah 是对 802. 3 标准的扩展,通过修改前导码字节,增加 LLID,实现对 ONU 的标识。802. 3ah 帧结构如图 2-21 所示。

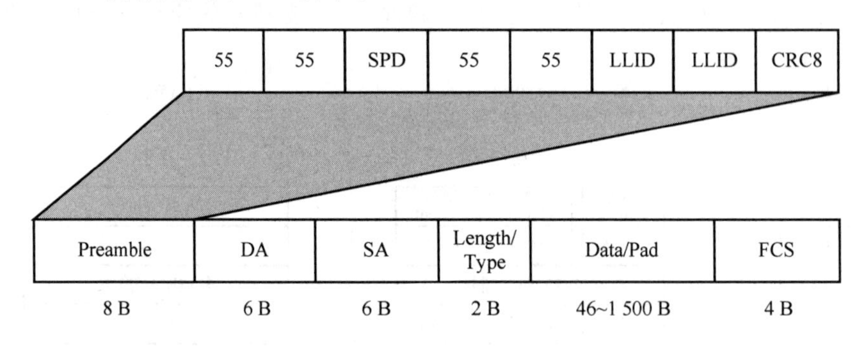

图 2-21　802. 3ah 帧结构

在 EPON 系统中,按照单纤双向全双工的方式传送数据。当 OLT 通过光纤向各 ONU 广播时,为了区别各 ONU,保证只有发送请求的 ONU 能收到数据包,802. 3ah 标准引入 LLID。每个 ONU 注册成功后由 OLT 分配一个网内独一无二的 LLID,OLT 发送下行数据时,在每个分组前加 LLID ,ONU 只接收自己的 LLID 帧或广播帧。

(六) EPON 帧结构

在 EPON 中,根据 IEEE 802. 3 以太网协议,传送的是可变长度的数据包,最长可为 1 518 字节。因为 EPON 的上行和下行传输原理不同,所以上行和下行采用了不同的帧结构。

1. EPON 下行帧结构

EPON 下行帧结构由一个被分割成固定长度帧的连续信息流组成,每帧固定时长为 2 ms ,其传输速率为 1. 25 Gbit/s。图 2-22 为 EPON 下行帧结构。

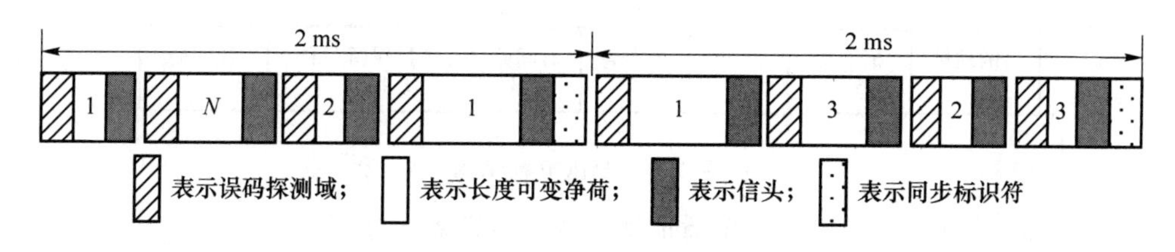

图 2-22　EPON 下行帧结构

从图 2-22 中可以看出，EPON 下行帧中包含一个同步标识符和多个长度可变的数据包（时隙）。同步标识符含有时钟信息，位于每帧的开头，长度为 1 字节，用于 ONU 与 OLT 的同步；长度可变的数据包按照 IEEE 802.3ah 协议组成，包括信头、长度可变净荷和误码检测域三个部分，每个 ONU 分配一个数据包。

2. EPON 上行帧结构

在各 ONU 向 OLT 突发发送数据的时候，得到授权的 ONU 在规定时隙里发送数据包，没有得到授权的 ONU 处于休息状态。这种在上行时不连续发送数据的通信模式叫突发发送。

EPON 在上行传输时，采用 TDMA 技术将多个 ONU 的上行信息组织成一个 TDM 信息流，并将其传送到 OLT。每帧固定时长为 2 ms，每帧有一个帧头表示帧开始。图 2-23 为 EPON 上行帧结构。上行帧由突发的以太网帧、MPCP 上行控制帧和物理层的突发开销三个部分组成。

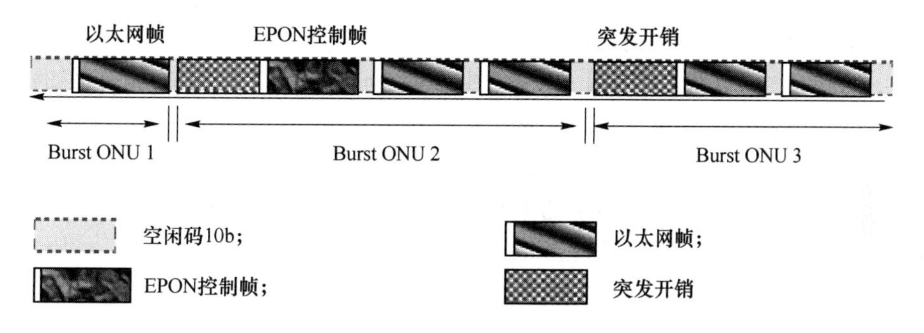

图 2-23　EPON 上行帧结构

（七）EPON 关键技术

在 EPON 系统中引入很多核心技术来满足系统运行、维护等需求，这些技术分成数据链路层技术和物理层技术两大类。数据链路层技术主要包括 MPCP 以及在此基础上实现的 OLT 对 ONU 的自动注册、动态带宽分配（DBA）、测距、同步等技术；物理层技术主要包括突发信号的快速同步、网同步、光收发模块的功率控制和自适应接收等技术。

1. MPCP

IEEE 802.3ah 通过引入 MPCP 控制帧，制订了完善的 MPCP 工作机制，以实现 OLT 对 ONU 的控制管理、带宽管理、业务监控等，这些功能通过 5 种 MAC 控制帧来实现。

（1）MPCP 的控制帧结构

MPCP 的控制帧的优先级要高于 MAC Client 数据帧的优先级，MPCP 控制帧的长度是固定的 64 字节，帧结构如图 2-24 所示。

目的地址 6 B	源地址 6 B	类型 2 B	操作码 2 B	时间戳 4 B	日期/保留/填充 40 B	校验码 4 B

图 2-24　MPCP 帧结构

① 目的/源 MAC 地址：可以是单播地址或者知名组播地址。

② 类型：值为 0x8808，表示以太网控制帧。

③ 操作码：表示以太网控制帧类型，目前为 1～6。

④ 时间戳：指测距发送参考点的时戳，用于 ONU 同步本地时间和 OLT 测距。

⑤ 日期/保留/填充：为净荷，内容与控制帧类型相关，不用时数据填 0。

(2) MPCP 定义的五种控制帧

① GATE(OLT 发出，操作码＝0002)

GATE 帧的目的在于给 ONU 分配发送窗口，允许接收到 GATE 帧的 ONU 立即或者在指定的时间段发送数据。

② REPORT(ONU 发出，操作码＝0003)

ONU 定期向 OLT 报告自己的状态，包括该 ONU 同步于哪一个时间戳以及是否有数据需要发送，每个报告消息中的时间戳用于计算 RTT 环路时延。

③ REGISTER_REQ(ONU 发出，操作码＝0004)

REGISTER_REQ 帧由某个尚未被 OLT 发现的 ONU 产生，ONU 响应发现过程的 GATE 帧；OLT 收到注册请求帧时，就掌握了 ONU 的 RTT 环路时延和 ONU 的 MAC 地址。

④ REGISTER(OLT 发出，操作码＝0005)

REGISTER 帧由 OLT 产生，通知 ONU 已经识别了注册请求，并分配唯一的 LLID；在 OLT 和 ONU 之间建立一条单播的逻辑链路。

⑤ REGISTER_ACK(ONU 发出，操作码＝0006)

REGISTER_ACK 帧由某个激活的 ONU 产生，向 OLT 确认 ONU 注册成功。

(3) MPCP 定义的三个处理过程

① 发现过程。OLT 可以在网络中发现新的 ONU，为成功注册的 ONU 分配 LLID，并将该 ONU 的 MAC 地址与相应的 LLID 绑定。

② 报告过程。OLT 根据来自 ONU 的 REPORT 帧，了解 ONU 的带宽请求和实时状态，实现对各个 ONU 的带宽动态分配和实时状态的监控。

③ 授权过程。OLT 控制 ONU 在某一时隙发送数据/控制帧，这是对 ONU 使用上行信道传输的授权过程。

(4) MPCP 的操作模式

① 自动发现模式(初始化模式)：用来检测新连接的 ONU，测量环路时延 RTT 和 ONU 的 MAC 地址。

② 普通模式：给所有已经初始化的 ONU 分配传输带宽。

2. 自动注册

自动注册指 OLT 对系统中的 ONU 进行注册，主要用于在系统中增加 ONU 的时候或者 ONU 重新启动的时候。ONU 的自动注册过程如图 2-25 所示。

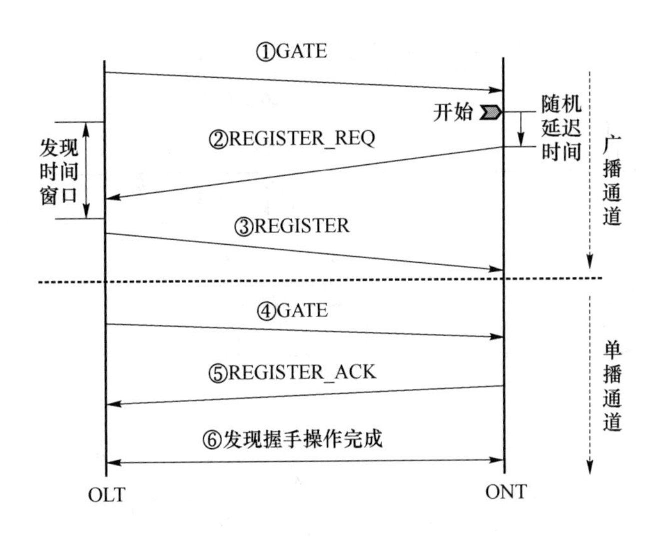

图 2-25　ONU 的自动注册过程

① OLT 广播一个发现 GATE 消息，该消息包括开始时间和发现时间窗的长度。

② 注册 ONU 等待一个随机时间后发送 REGISTER_REQ 消息，ONU 采用竞争算法和测距来避免碰撞。REGISTER_REQ 中包括 ONU 的 MAC 地址和最大等待时间。

③ OLT 在接收到一个可用的 REGISTER_REQ 消息后，注册该 ONU，分配一个 LLID 并绑定正确的 MAC 地址到 LLID 上。然后 OLT 发送 REGISTER 消息（包括 ONU 的 LLID 和 OLT 的同步时间）到 ONU。

④ OLT 发送标准的 GATE 消息，允许 ONU 发送 REGISTER_ACK 消息。

⑤ ONU 发送 REGISTER_ACK 消息给 OLT。

⑥ 发现处理完成，OLT 和已注册的 ONU 开始正常的通信。

3. 测距

（1）测距原因

EPON 上行是多点到点的网络，各 ONU 到 OLT 的物理距离不同、各 ONU 元器件不一致、环境温度的变化等因素，都可能会造成上行信号到达 OLT 时发生冲突。为了避免上行信号冲突，需要测试每一个 ONU 到 OLT 的距离，即环路时延 RTT（光信号在 OLT 和 ONU 之间一个来回的时间）。

（2）测距原理

$$E_{qd}=T_{eq}-\mathrm{RTT}$$

其中，E_{qd} 为补偿时延，T_{eq} 为均衡环路时延（所有 ONU 具有相同恒定的 T_{eq}），RTT 为环路时延。OLT 和 ONU 都有一个 32 bit 本地时钟计数器，提供本地时间戳。当 OLT 或 ONU 任一设备发送 MPCP PDU 时，它将把计数器的值映射入 MPCP 帧的时间戳域。OLT 通过这些时间戳完成测距，得到了 ONU_i 初始或实时的环路时延 RTT_i 后，然后通过上述公式计算出需要的补偿时延 E_{qd}。图 2-26 给出了利用 RTT 补偿实现上行时隙同步的过程。

在图 2-26 中，OLT 在本地时间为 $T=100$ 时分别给 ONU1 和 ONU2 发送了长度为 20 和 30 的授权，并且期望在本地时间为 180 时接收到 ONU1 的数据，而且希望 ONU2 的上行发送时隙能够紧接着 ONU1 的上行发送时隙，即在本地时间为 200 时，接收完 ONU1 的数据，并马上开始接收 ONU2 的数据（不考虑保护带）。

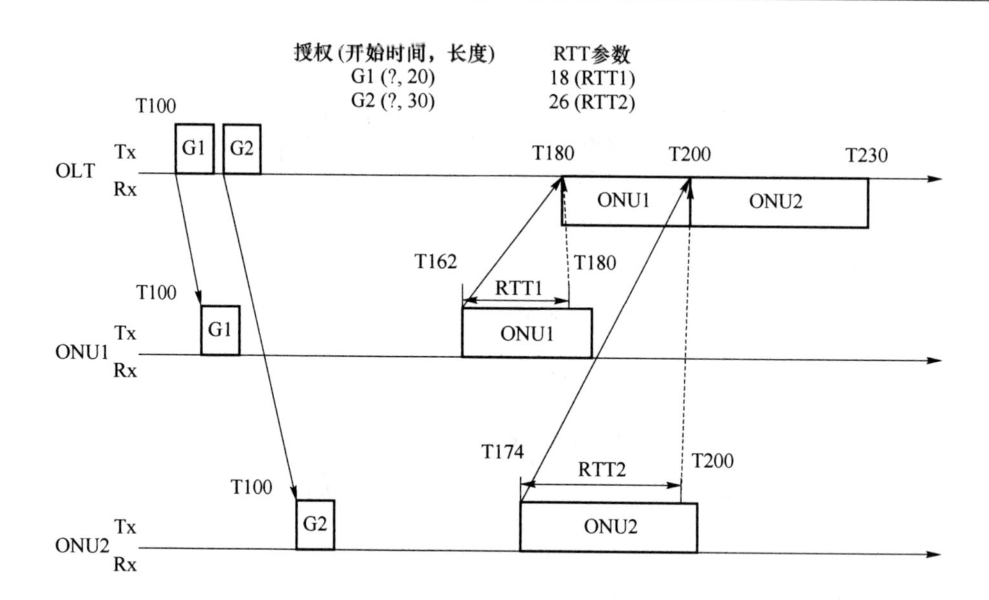

图 2-26　利用 RTT 进行时延补偿

OLT 通过测距过程得知 ONU1 的 RTT1 为 18，ONU2 的 RTT2 为 26，因此，OLT 给 ONU1 的授权开始时间为 180－18＝162，给 ONU2 的授权的开始时间为 200－26＝174。

4. 动态带宽分配

EPON 的动态带宽分配技术是一种能在微秒或毫秒级的时间间隔内完成对上行带宽动态分配的机制。

通过动态带宽分配技术，可以提高 PON 端口的上行线路带宽利用率，可以在 PON 口上增加更多的用户，用户可以享受到更高带宽的服务，特别是那些对带宽突变比较大的业务。

(1) EPON 带宽类型

在 EPON 系统中，将上行带宽划分为固定带宽、保证带宽和尽力而为带宽，不同种类的带宽采用不同的分配机制。

① 固定带宽。固定带宽采用静态分配方式，完全预留给特定的 ONU 业务或 ONU 业务，主要用于 TDM 业务或者特定高优先级业务。

② 保证带宽。保证带宽是指在系统上行流量发生拥塞的情况下仍然能够保证 ONU 获得的带宽，由 OLT 根据 ONU 报告的队列信息进行授权，当 ONU 的实际业务流量没有达到保证带宽时，其剩余流量将被分配出去。

③ 尽力而为带宽。尽力而为带宽是指 OLT 根据 EPON 系统中全部在线的 ONU 报告信息以及总的剩余上行带宽情况分配给 ONU 的带宽，通常分配给低优先级的业务。为保证公平，即使系统上行带宽剩余，一个 ONU 获得的尽力而为带宽也不应超过设定的最大带宽。

(2) DBA 实现方法

① 空闲信元调整(NSR)：OLT 监视被每个 ONU/ONT 使用的带宽，如果使用带宽不超过预先 SLA(服务等级)，则分配额外带宽给此 ONU/ONT (通过 Gate 消息)；如果使用带宽超过预先 SLA，则短期内不下发 Gate 消息，抑制其带宽。

② 缓存状态报告(SR)：ONU/ONT 上报它们缓存状态，OLT 根据 ONU/ONT 的报告重新分配带宽。

目前 EPON 缺省使用 SR 方式，SR 方式支持不同类型业务的能力更好，带宽利用率更高，但实现较为复杂。

5. 定时与同步

因为 EPON 中的各 ONU 接入系统采用时分多址方式，所以 OLT 和 ONU 在开始通信之前必须达到同步，才能保证信息正确传输。要使整个系统达到同步，必须有一个共同的参考时钟，在 EPON 中以 OLT 时钟为参考时钟，各个 ONU 时钟和 OLT 时钟同步。OLT 周期性广播发送同步信息给各个 ONU，使其调整自己的时钟，时钟信号的传送主要是用时间戳域来完成的。

6. 安全性和传输质量

支持业务等级区分是 EPON 必备的功能，EPON 需要在以太网的能力下，保证实时语音、IP 语音、视频等多业务的传送。影响传统业务（话音和图像）在 EPON 中传输的性能指标主要是延时和丢帧率。

若要 EPON 的上行信道和下行信道都不发生丢帧，则 EPON 所要考虑的重点是保证面向连接业务的低延时。低延时由 EPON 的 DBA 算法和时隙划分的"低颗粒度"保障，而对传统业务端到端的 QoS（服务质量）支持则由现存的协议（如虚拟局域网、IP-VPN、多协议标签交换）来实现。

7. EPON 系统的保护

EPON 自愈网是基于传统 EPON 系统所建立的一种新型网络，具有自愈功能的 EPON 系统主要针对系统应用中的一些故障做保护。EPON 系统的故障可以分为线路故障、设备故障两大类。EPON 系统的保护包括骨干光纤保护、OLT 保护和全保护三种方式。

（1）骨干光纤保护

骨干光纤保护是指采用 1∶*N* 或 2∶*N* 光分路器，在分路器和 OLT 之间建立 2 条独立的、互相备份的光纤链路，一旦主用馈线光纤发生故障，可通过人工改接的方式，在备用光纤链路可用的情况下切换至备用光纤的保护方式，如图 2-27 所示。

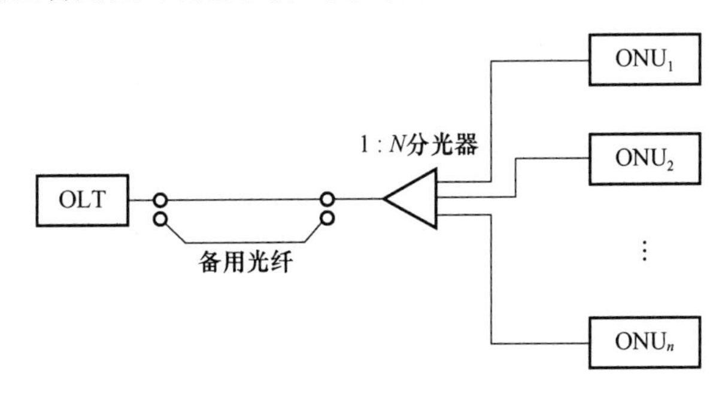

图 2-27　骨干光纤保护

（2）OLT 保护

OLT 保护是指采用 2∶*N* 的光分路器，在分路器和 2 个互为备份的 OLT 之间建立 2 条独立的光纤链路，一旦主用馈线光纤或 OLT 发生故障，在备用光纤链路和备用 OLT 可用的情况下自动切换至备用 OLT 的保护方式，如图 2-28 所示。

（3）全保护

全保护是指 PON 系统对 OLT、ODN、ONU 均提供备份的保护方式，属于采用互为热备份的保护方式，如图 2-29 所示。

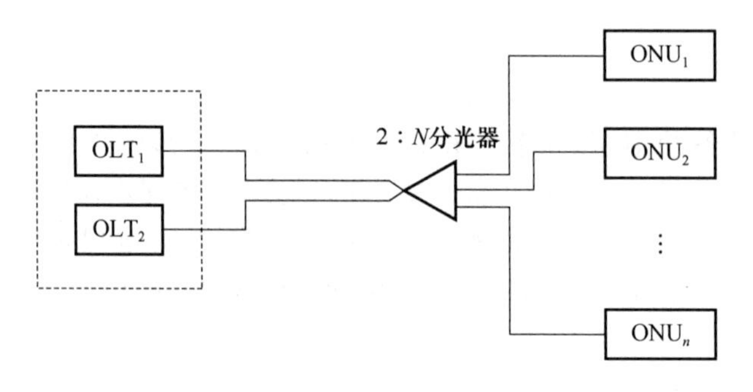

图 2-28　OLT 保护

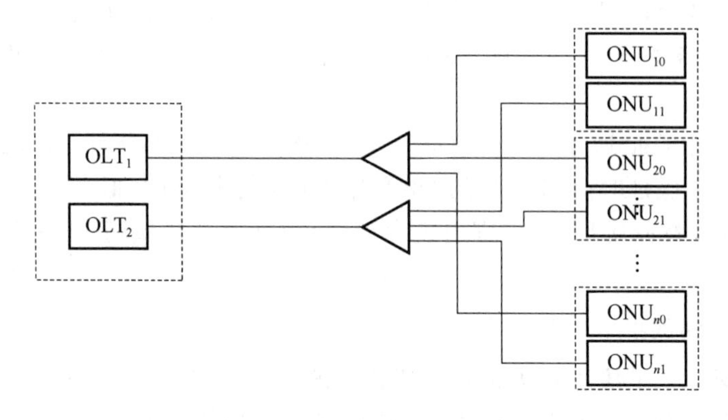

图 2-29　全保护

三、GPON 技术

（一）GPON 的基本概念

GPON 的概念最早由 FSAN 在 2001 年提出。FSAN/ITU 以 APON 标准为基本框架，重新设计了新的物理层传输速率和 TC(传输汇聚)层，在 2002 年 9 月推出了新的光接入网 GPON 解决方案和技术标准(ITU-T G. 984. x 系列标准)，GPON 的最高传输速率为 2. 488 32 Gbit/s。

随着全球范围内宽带接入市场的快速发展以及全业务运营的开展，已有的 PON 技术标准在带宽需求、业务支撑能力以及接入节点设备和配套设备的性能提升等方面都面临新的升级需求。从 2004 年起，ITU-T SG15/Q2 开始同步研究和分析从 GPON 向下一代 PON(统称为 NG-PON)演进的可能性。2007 年 11 月，ITU-T Q2 正式确定 NG-PON 的标准化路标，并以“低成本、高容量、广覆盖、全业务、高互通”为目标，迅速推进下一代 PON 技术标准的研究和制定。

根据 ITU-T Q2 制订的工作计划，NG-PON 将经历两个标准阶段：一个是与 GPON 共存、重利用 GPON ODN 的 NG-PON1 阶段；另一个是完全新建 ODN 的 NG-PON2 阶段。我们通常说的 10G GPON 属于 NG-PON1 阶段，标准号为 G. 987 系列，又称为 XG PON。其中，非对称系统(上行为 2. 5 Gbit/s，下行为 10 Gbit/s)称为 XG-PON1；对称系统(上行为 10 Gbit/s，下行为 10 Gbit/s)称为 XG-PON2。对于 NG-PON2，ITU-T SG15/Q2 正在计划对 NG-PON2 进行技术选型(目前可选的技术有波分技术、更高速的 TDM 技术、OFDM 技术等)，以确定 NG-PON2 的工作方向。

（二）GPON 的技术标准

目前由 ITU-T 批准的 G. 984. 1、G. 984. 2、G. 984. 3 和 G. 984. 4 构成了 GPON 的标准体系。

1. G. 984. 1

G. 984. 1 主要规范了 GPON 接入系统的总体技术指标，其中包括 GPON 系统的结构、UNI 和 SNI、PON 的段保护以及一些基本技术要求。

① 对称/非对称线路速率。

② 最大逻辑距离和最大物理距离分别为 60 km 和 20 km。

③ 最大光程差为 20 km。

④ 平均最大传输时延为 1. 5 ms。

⑤ 系统分光比为 1∶16、1∶32 或 1∶64，最大可支持的分光比为 1∶128。

2. G. 984. 2

G. 984. 2 主要对 GPON 的 ODN PMD 子层进行了规定，定义了各种速率等级的 OLT 和 ONU 光接口性能参数。

① 传输介质：G. 652 光纤。

② 传输方式：在单根光纤中的双向传输采用 WDM 技术（也可在两根光纤中采用单向传输）。

③ 线路编码：采用 NRZ 编码，可在 PMD 层不扰码。

④ 工作波长：单光纤系统的上行工作波长为 1 260～1 360 nm，下行工作波长为 1 480～1 500 nm；双光纤系统的工作波长上、下行都采用 1 260～1 360 nm。

3. G. 984. 3

G. 984. 3 主要对 TC 层的相关要求进行了规定，包括 GPON 的 TC 子层帧格式、测距、安全、动态带宽分配和操作维护管理功能。

4. G. 984. 4

G. 984. 4 规范了 GPON 系统管理控制接口，提出了对 OMCI（光网络单元管理控制接口）的要求，目标是实现多厂家 OLT 和 ONT 设备的互通性。

（三）GPON 的传输原理

1. GPON 的上行传输原理

GPON 的上行通过 OTDMA 的方式传输数据，上行链路被分成不同的时隙，根据下行帧结构中的 Upstream Bandwidth Map 字段给每个 ONU 分配上行时隙，所有的 ONU 都按照一定的顺序发送自己的数据，不会为了争夺时隙而发生数据冲突。上行帧每帧共有 9 120 个时隙。

2. GPON 的下行传输原理

GPON 的下行采用广播方式，所有的 ONU 都能收到相同的数据，各个 ONU 根据下行帧结构中的 PORT-ID 来接收属于自己的数据，并摒弃发给其他 ONU 的数据。

（四）GPON 的复用原理

GPON 的传输汇聚层定义了基于 ATM 和基于 GEM 的多路复用机制，如图 2-30 所示。

从图 2-30(a)看出,在 ATM 业务中,在一个 T-CONT(Transmission Containers,传输容器)中业务流的复用由 VP/VC 来完成,通过 VPI /VCI 来识别。T-CONT 是一种承载业务的缓冲器,用来传输上行数据,通过 Alloc-ID 标识。引入 T-CONT 主要是为了解决上行带宽动态分配问题,以提高线路利用率。

从图 2-30(b)看出,在 GEM 业务中,在一个 T-CONT 中业务流的复用由端口(Port)来完成,通过 PORT-ID 来识别。业务根据映射规则先映射到 GEM PORT 中,然后再映射到 T-CONT 中,进行上行传输。

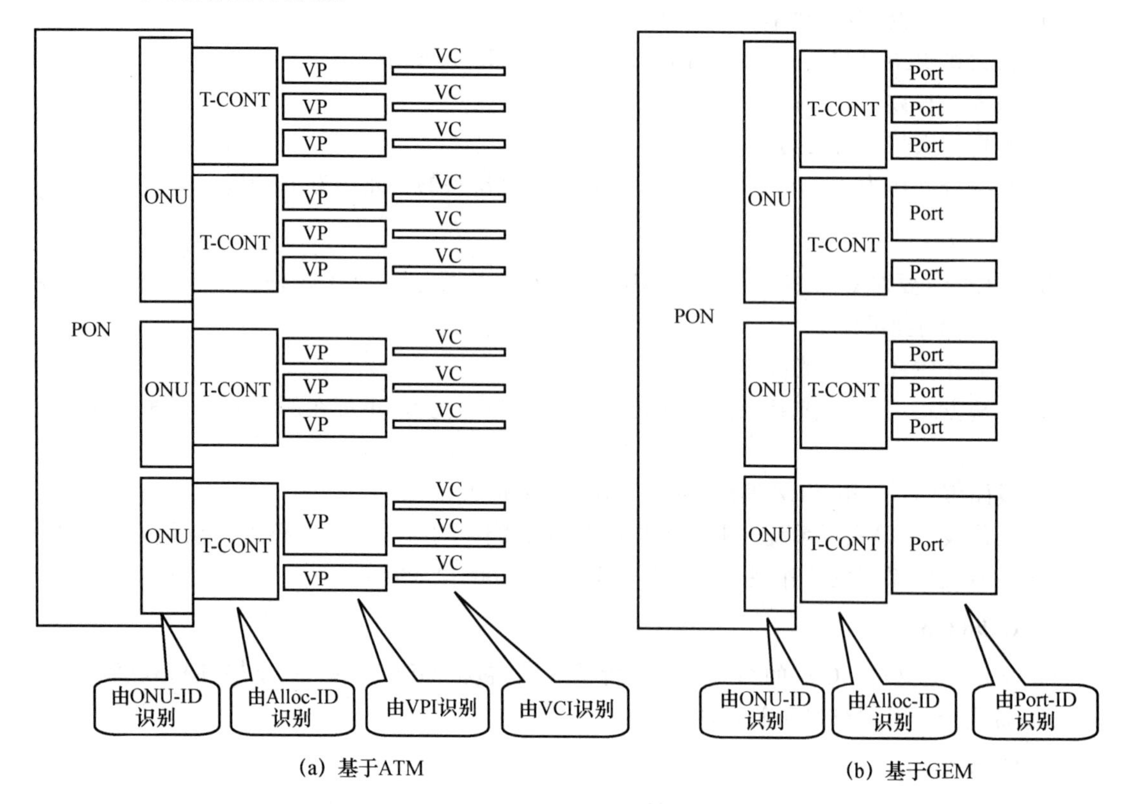

图 2-30 GPON 两种复用机制

(五) GPON 的协议栈

从控制和业务的角度看,GPON 的协议栈由控制/管理平面(C/M 平面)和用户平面(U 平面)组成。其中,C/M 平面主要实现管理用户数据流、安全加密等 OAM 功能;U 平面主要完成用户数据流的传输。

从协议层次上看,GPON 系统的协议栈主要由 PMD 层和 GPON 传输汇聚(GTC)层组成,如图 2-31 所示。

GTC 层包括两个子层:GTC 成帧子层和 TC 适配子层。

GTC 层可分为两种封装模式:ATM 模式和 GEM 模式。ATM 业务信息用 ATM 模式封装,TDM 业务和 IP 业务采用新的 GEM 模式封装,目前 GPON 设备基本都采用 GEM 模式。

(六) GEM 帧结构

G. 984. 3 定义了新的数据装载模式——GEM 模式,GEM 内置于 PON 系统中,独立于 SNI 和 UNI。

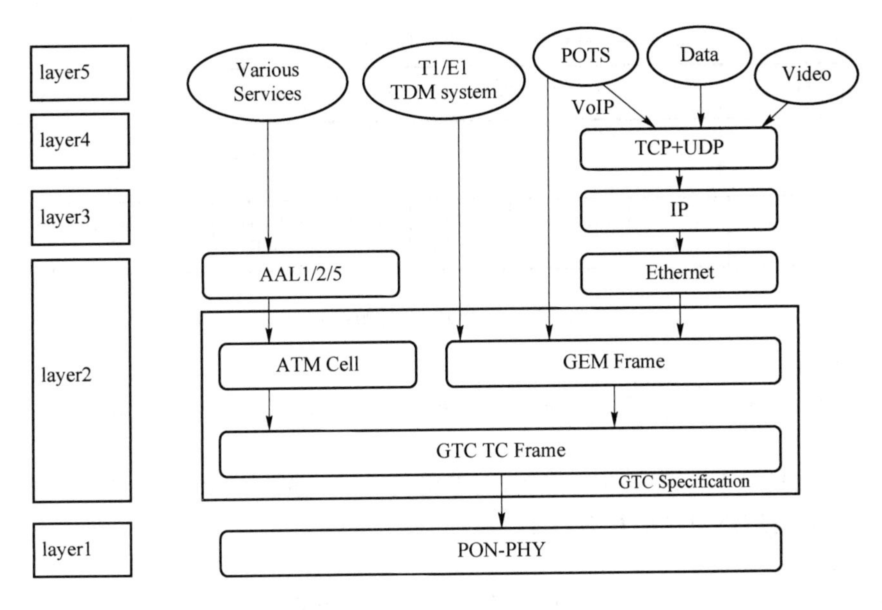

图 2-31　GPON 协议栈

GEM 帧格式如图 2-32 所示，主要有帧头和净荷两部分构成。对于 TDM 业务的信息，直接透传到净荷区域；对于以太网业务的信息，经过解析后，将数据部分映射到净荷区域。

PLI 12 bit	Port ID 12 bit	PTI 3 bit	HEC 13 bit	Payload *L* byte

图 2-32　GEM 帧格式

GEM 帧头包括 PLI(净荷长度指示码)、Port ID(端口号)、PTI (净荷类型指示码)和 HEC(头校验控制) 四部分。

(1) PLI：长度标识，共 12 位，标识帧的长度最大为 4 096 字节。

(2) PORT ID：用于业务标识。

(3) HEC：用于头部校验。

(4) PTI：净荷类型标识。

(七) GPON 帧结构

GPON 采用 125 μs 时间长度的帧结构，可以更好地适配 TDM 业务，同时，继续沿用 APON 中 PLOAM 信元的概念传送 OAM 信息，并加以补充完善。它的净荷中分 ATM 信元段和 GEM 通用帧段，以实现业务的综合接入。

因为上行和下行的传输技术不同，所以上下行采用了不同的帧结构。

1. GPON 下行帧结构

GPON 下行帧由下行物理控制块(PCBd)和净荷部分组成，如图 2-33 所示。

下行物理控制块可实现帧同步、定位和带宽分配等功能，由多个域组成。OLT 以广播方式发送 PCBd，每个 ONU 均接收完整的 PCBd 信息，并根据其中的信息进行相应操作。

(1) 物理同步(Psync)域

物理同步域的固定长度为 32 字节，编码为 0xB6AB31E0，ONU 利用 Psync 来确定下行帧的起始位置。

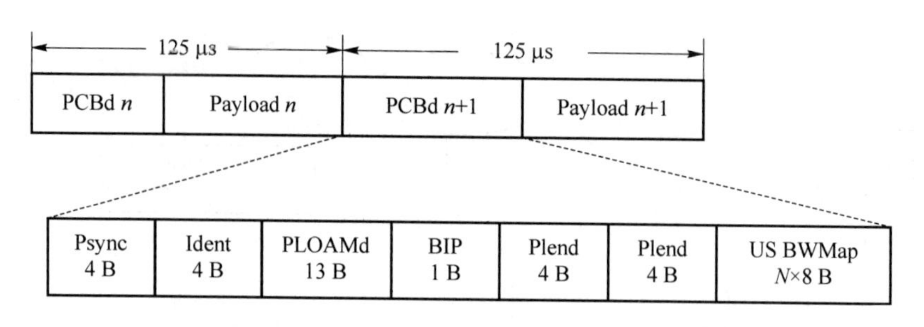

图 2-33　GPON 下行帧结构

（2）Ident 域

4 字节的 Ident 域的最高位用于指示下行 FEC 状态，低 30 位比特为复帧计数器。

（3）PLOAMd 域

PLOAMd 域携带下行 PLOAM 消息，用于完成 ONU 激活、OMCC 建立、加密配置、密钥管理和告警通知等 PON TC 层管理功能。

（4）BIP 域

BIP 域对前后两帧 BIP 字段之间的所有字节做奇偶校验，用于误码监测。

（5）下行净荷长度(Plend)域

下行净荷长度域指定了带宽映射的长度。为了保证健壮性，Plend 域传送两次。

（6）US BWMap 域

上行带宽映射是 8 字节分配结构的向量数组。数组中的每个条目代表分配给某个特定 T-CONT 的带宽。具体的 US BWMap 域结构如图 2-34 所示。

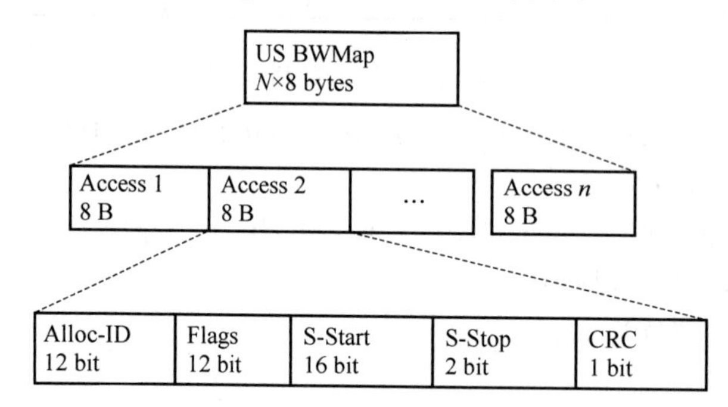

图 2-34　US BWMap 域结构

图 2-34 中的每一个 Access 就是一个 T-CONT。GPON 系统对每一个业务承载通道分配一个 T-CONT 标识 Alloc-ID，Alloc-ID 用于在 TDM 上行通道中占用上行时隙；Flags 用于指示下次 ONU 发送上行数据的行为；S-Start、S-Stop 用于计算分配的上行时隙。

2. 上行帧结构

GPON 上行帧结构如图 2-35 所示，每个上行传输突发由上行物理层开销(PLOu)以及与 Alloc-ID 对应的一个或多个带宽分配时隙组成。下行帧中的 BWMap 信息指示了传输突发在帧中的位置范围以及带宽分配时隙在突发中的位置。每个分配时隙由下行帧中 BWMap 特定的带宽分配结构控制。

（1）PLOu

上行物理层开销主要为了帧定位、帧同步和标明此帧是哪个 ONU 的数据，PLOu 字节在 StartTime 指针指示的时间点之前发送。

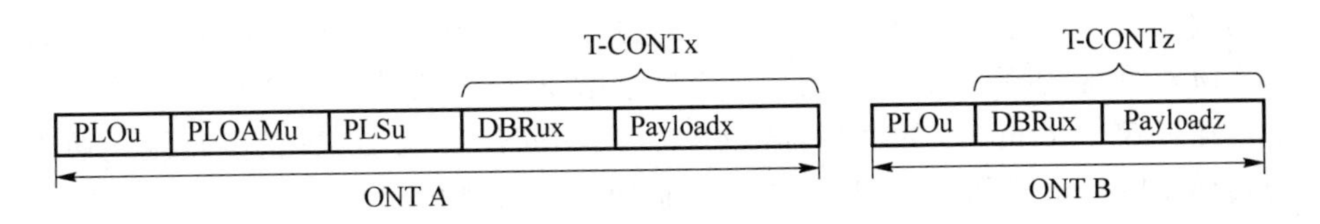

图 2-35　GPON 上行帧结构

（2）物理层 OAM(PLOAM)

物理层 OAM 消息通道用于 OLT 和 ONU 之间承载 OAM 功能的消息，用于支持 PON TC 层管理功能，包括 ONU 激活、OMCC 建立、加密配置、密钥管理和告警通知等。PLOAM 消息仅在默认的 Alloc ID 的分配时隙中传输。

（3）上行动态带宽报告(DBRu)

DBRu 用于上报 T-CONT 的状态，给下一次数据传输申请带宽，完成 ONU 的动态带宽分配。不过 DBRu 不是每帧都有，只有当 BWMap 的分配结构中相关 Flags 置 1 时，才会发送 DBRu 域。

（4）净荷域

净荷域可以是数据 GEM 帧或者 ATM 信元，也可以是 DBA 状态报告。净荷长度等于分配时隙长度减去开销长度。

3. 上下行帧关系

下行帧的 US BWMap 字段是 OLT 发送给每个 T-CONT 的上行带宽映射，标识了各个 T-CONT 传送的起止时刻。上下行帧关系如图 2-36 所示。

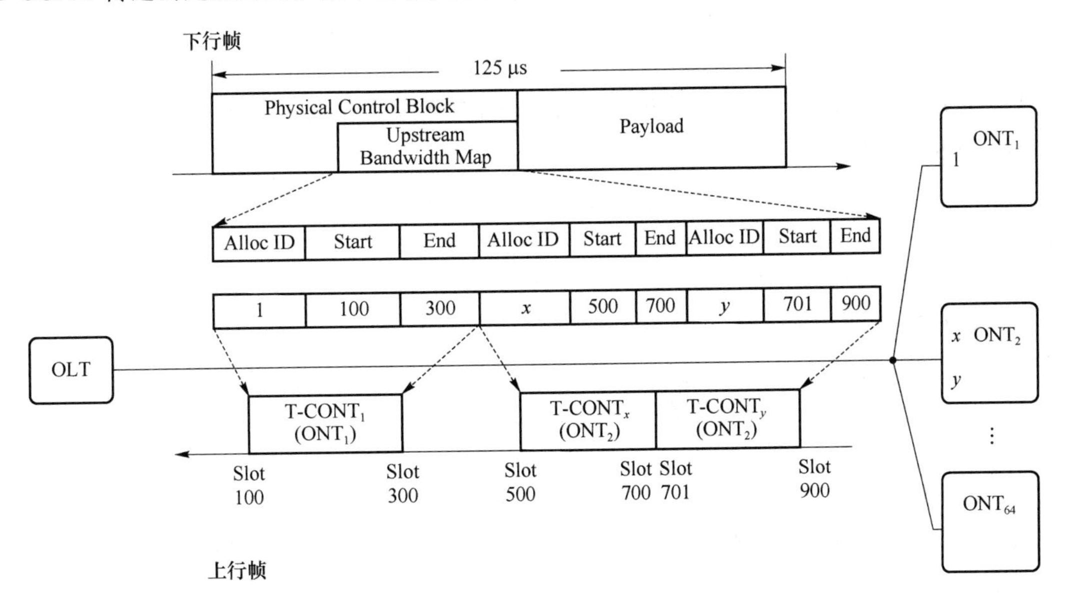

图 2-36　上下行帧关系

（八）GPON 的关键技术

1. 测距技术

GPON 与 EPON 一样，上行采用时分多址接入技术，为避免不同 ONU 上行信号在分光器处发生碰撞，必须采用测距技术。

OLT 通过 Ranging 测距过程获取 ONU 的往返延迟(Round Trip Delay,RTD),计算出每个 ONU 的物理距离,然后指定合适的均衡延时参数 EqD,保证每个 ONU 发送数据时不会在分光器上产生冲突。Ranging 的过程需要 OLT 开窗,暂停其他 ONU 的上行发送通道。OLT 开窗是通过将 BWMap 设置为空,即不授权任何时隙来实现的。

2. 光模块突发控制技术

因为 GPON 上行采用时分多址接入技术,所以各个 ONU 必须在指定的时间内完成光信号的发送,这就要求发送端的发送电路具有快速的开启和关断能力,保证大于 10 dB 的消光比。

在 OLT 侧,不同的 ONU 与 OLT 路径不同、距离不同、光功率损耗不同,要求 OLT 采用快速 AGC(自动增益控制),动态接收范围大于 20 dB。

3. DBA 技术

GPON 系统采用“SBA(静态带宽分配)+DBA”的方式来实现带宽的有效利用,TDM 业务通过 SBA 分配带宽,以保证其具有高 QoS,其他一些业务可以通过 DBA 来动态分配带宽。

DBA 实现的基础就是 T-CONT,根据带宽类型〔固定带宽(FB)、保证带宽(AB)、非保证带宽(NAB)、尽力而为(BE)带宽〕定义了五种 T-CONT 类型,分别是 TYPE1、TYPE2、TYPE3、TYPE4 和 TYPE5。TYPE1 是固定带宽模式,TYPE2 是保证带宽模式,TYPE3 是保证带宽的同时设置最大带宽值模式,TYPE4 是仅设定最大带宽值模式,TYPE5 是前 4 种类型的组合。五种 T-CONT 类型是有竞争关系的:首先,分配 FB 给 TYPE1 和 TYPE5;其次,分配 AB 给 TYPE2、TYPE3 和 TYPE5,再次,分配 NAB 给 TYPE3 和 TYPE5;最后再分配 BE 带宽给 TYPE4 和 TYPE5。当剩余带宽足够大时,按设定值分配;当剩余带宽不够时,采用 RR 轮巡方式分配。

DBA 的实现是通过 OLT 内部的 DBA 模块不断收集 DBA 报告消息,通过计算后,将结果以 BWMap 的形式下发给各 ONU,各 ONU 根据该信息在各自的时隙内发送上行突发数据,占用上行带宽,从而保证各 ONU 根据实际发送数据的流量动态调整上行带宽。

4. AES 加密处理

为解决 GPON 下行信号采用广播方式发送到每个 ONU 带来的安全性和保密性问题,采用 AES128 编码运算法对 GEM 帧中的净荷域进行加密处理。

GPON 系统会定期地进行 AES 密钥交换和更新,提高了线路数据的可靠性。

5. FEC 前向纠错编码

GPON 系统在传输层中对上行和下行信号都可使用 FEC(前向纠错编译码),可降低误码率(可达 10^{-15}),避免重传,增加链路预算 3~4 dB。但是 GPON 系统若开启 FEC 编译码后,系统带宽将下降 10%。

6. 网络保护方式

GPON 系统的保护方式有自动倒换和强制倒换。自动倒换是在检测到系统故障、信号丢失、帧丢失、信号恶化时进行保护;强制倒换是人工进行的有目的的保护倒换。GPON 系统具体的保护方式类似于 EPON 系统。

任务实施

一、任务实施流程

根据本次任务的要求,任务实施流程如图 2-37 所示。

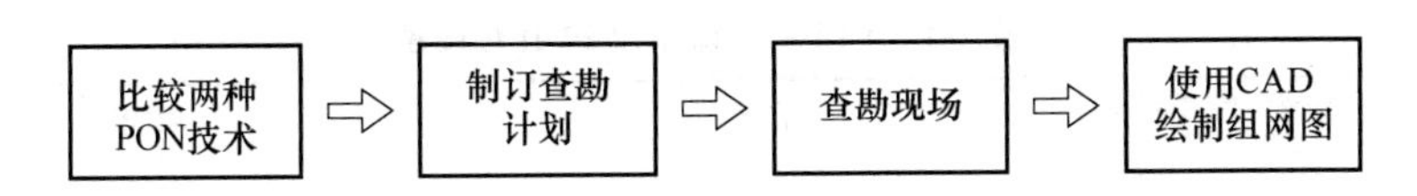

图 2-37　任务实施流程

二、任务实施

（一）比较两种 PON 技术

通过对光纤接入网专业知识链接的学习，对电信运营商现网组网中常用的 EPON 和 GPON 技术特点做比较，并完成表 2-2。

表 2-2　EPON 和 GPON 技术的特点对比

项目		EPON 技术		GPON 技术	
		EPON	10G EPON	GPON	10G GPON
标准化	标准化组织				
	相关标准				
传输性能	线路编码				
	上行速率				
	下行速率				
	上行波长				
	下行波长				
	最大分光比				
	最大传输距离				
	ODN 光功率预算				
业务性能	封装格式				
	支持业务类型				
	QoS 保证				

（二）制订查勘计划

本次任务要查勘 FTTX 实训基地，查勘前应先制作好查勘记录表，准备好现场查勘需要的工具。

① 制作查勘记录表，可以分为总体布局和组网设备查勘两部分内容，参考表 2-3 和表 2-4。

表 2-3　FTTX 实训基地的总体布局

分区名称	机房号	机房用途

表 2-4 FTTX 实训基地的组网设备

设备名称	型号	容量	功能

② 准备查勘工具。准备现场记录用的笔、纸，采集信息用的相机、手机，测试光纤连接用的红光笔等。

（三）现场查勘

参考 2-38 所示的 PON 组网图，选择从上行或下行方向进行查勘，完成查勘记录表。同时要求理清设备线缆间的连接关系，准确记录互联设备的名称、接口板卡名称、端口号和线缆类型，绘制草图。

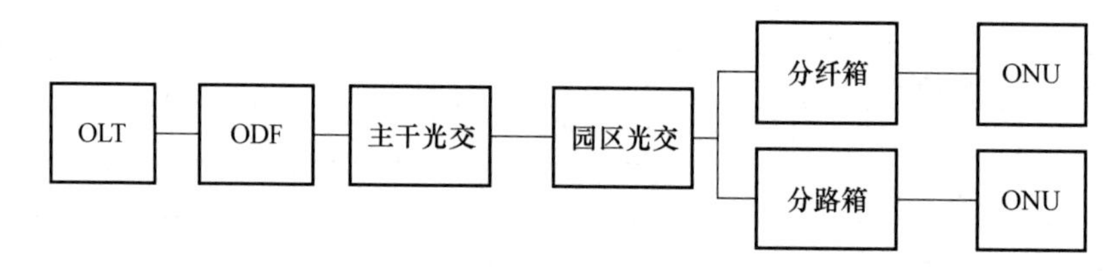

图 2-38 PON 组网图

（四）使用 CAD 绘制组网图

根据现场查勘资料和草图，用 CAD 绘制组网图；分析 FTTX 实训基地的组网应用类型，并在组网图上标注。

任务成果

（1）完成 EPON 和 GPON 技术比较表 1 张。

（2）完成 FTTX 实训基地查勘记录表 1 张。

（3）完成 FTTX 实训基地组网图 1 张。

任务思考与习题

一、单选题

1. FTTB 与 FTTH 的不同点在于(　　)。

A. OLT 的部署　　B. 分光器的部署

C. ONU 的部署　　D. 分光比的不同

2. EPON 标准的上行波长和下行波长分别是(　　)。

A. 上行 1 550 nm/下行 1 310 nm　　B. 上行 1 490 nm/下行 1 550 nm

C. 上行 1 490 nm/下行 1 310 nm　　D. 上行 1 310 nm/下行 1 490 nm

3. 在 PON 技术中，OLT 下行采用(　　)方式进行数据下发，ONU 采用(　　)方式进行数据上传。

A. 广播、连续发送　　B. 单播、突发发送

C. 广播、突发发送　　D. 单播、连续发送

4. 在常见的 ODN 产品中，大方头尾纤的标记为(　　)、小方头尾纤的标记为(　　)、圆头尾纤的标记为(　　)。

A. FC、SC、LC　　B. LC、FC、SC

C. SC、LC、FC　　D. FC、LC、SC

5. GPON 目前主流的速率等级是(　　)。

A. 非对称，上行为 622 Mbit/s/下行为 1.25 Gbit/s

B. 对称，上下行均为 1.25 Gbit/s

C. 非对称，上行为 1.25 Gbit/s/下行为 2.5 Gbit/s

D. 对称，上下行均为 644 Mbit/s

6. EPON 封装方式为(　　)。

A. GEM　　B. 以太网帧　　C. PPP 帧　　D. SDH 帧

7. ODN 一般分为三段，下面哪一个不属于 ODN(　　)。

A. 馈线段　　B. 配线段　　C. 入户段　　D. 业务段

8. FTTH 光缆线路的入户引入段使用的皮线光缆，其纤芯规格必须满足 ITU-T(　　)的标准。

A. G.651　　B. G.652　　C. G.655　　D. G.657

9. 在 PON 系统的组网拓扑中，最常见的拓扑结构是(　　)。

A. 树型拓扑　　B. 环型拓扑　　C. 总线型拓扑　　D. 混合型拓扑

10. PON 系统根据光模块类型不同，支持不同的传输举例，其中最远支持(　　)传输距离。

A. 10 km　　B. 15 km　　C. 20 km　　D. 25 km

二、简答题

1. OLT 在 PON 系统中的主要功能有哪些？它的上联接口板能提供哪些接口？

2. 在 PON 中，ODN 中的分光点可以设置在哪？接入的最大传输距离和什么因素有关？

3. MPCP 在 EPON 系统中起什么作用？

4. GPON 系统中 T-CONT 和 GEM-PORT 有什么关系？

任务二　OLT 设备认识及业务开通

任务描述

OLT 作为 PON 网络的局端设备，主导完成对远端 ONU 的注册、测距、同步、带宽分配、管理维护等功能，是系统中的核心设备。

本次任务有两个子任务。

(1) 认识 FTTX 实训基地的各种 OLT 设备，并完成日常巡检工作，按要求提交报告。

(2) 根据用户侧业务配置要求，完成三网融合实训室中 OLT 的基本数据配置，并实现语音业务、宽带上网业务和 ITV 业务的开通。

任务分析

一、子任务 1 分析

OLT 设备的主流厂商和产品型号众多,要完成 OLT 的日常巡检工作,首先要在掌握 PON 系统的工作原理基础上,全面学习各种型号 OLT 的硬件组成,掌握设备的机框面板图,理解每块单板的功能和指示灯的含义;然后要掌握登录设备、进行管理的方法,熟悉基本管理的操作命令,通过输出报告了解设备运行状态;最后通过实地查勘并记录设备的各种状态数据,完成日常巡检报告。

二、子任务 2 分析

由核心网提供的语音业务、宽带上网业务、ITV 业务经由光纤接入网承载,要在 OLT 上完成各项业务的开通,首先要做好对不同业务的数据规划,包括业务接入方式、VLAN 、业务的 QoS 等级、业务的账号和密码等,然后按要求完成不同业务的配置。

(1) 语音业务配置

首先要确定用户的网络接入方式和应用层协议。网络接入方式有 DHCP 接入、静态 IP 接入、PPPoE 接入等,应用层协议是 ONU 与核心网的 IMS/软交换设备间的通信协议,主要有 MGCP、H. 248 和 SIP 三种。

然后在 OLT 上完成 ONU 的注册、语音 VLAN 配置、应用层协议模板配置,进入 ONU 管理模式,为远端 ONU 完成业务配置。

(2) 宽带上网业务配置

首先要确定宽带上网用户的接入方式(如 DHCP 接入、静态 IP 接入、PPPoE 接入等),目前多数选择的是 PPPoE 接入,由网络侧的 BAS 设备实现用户的接入控制。

然后在 OLT 上完成 ONU 注册,宽带上网业务 VLAN、带宽、业务 QoS 等级配置,为远端 ONU 完成业务配置。

最后在 RAS 上设置 PPPoE 接入用户的用户名、密码、用户地址池等信息。

(3) ITV 业务配置

确定 ITV 业务的组播复制点(可在 BAS 、OLT 或 ONU 复制),目前多数选择在 OLT 复制。如果选择 OLT 作为复制点,则需要完成组播业务 VLAN 配置、IGMP 基本业务配置、IGMP PROXY 配置等,还要为远端 ONU 完成业务配置。

任务目标

一、知识目标

(1) 掌握华为 OLT 设备的组成和重要单板功能。

(2) 掌握中兴 OLT 设备的组成和重要单板功能。

(3) 掌握设备基本配置命令及重要参数含义。

(4) 理解业务配置中相关协议的概念。

二、能力目标

(1) 能够识别各 OLT 设备的组成结构。
(2) 能够通过设备指示灯识别设备运行状态。
(3) 能够通过远程登录设备查询设备及重要单板运行状态。
(4) 能够完成业务开通的数据规划。
(5) 能够完成语音业务开通。
(6) 能够完成宽带上网业务开通。
(7) 能够完成 ITV 业务开通。

专业知识链接

一、OLT 设备

目前主流厂商的 OLT 设备持续在完善,从接口容量、交换能力和组网能力来看,已经达到了 A 类汇聚交换机的能力,可以全面满足 FTTX 各种场景的功能和性能要求。主流 OLT 产品如表 2-5 所示。

表 2-5　主流 OLT 产品

主流产品厂商	中兴(ZXA10)			华为(MA)		贝尔
产品型号	C300	C220	C200	5680T	5683T	AN5516
单框支持最大的 PON 数量	128	40	20	56	24	128
支持的 PON 类型	GPON/EPON	EPON	EPON	GPON/EPON	GPON/EPON	GPON/EPON

(一) MA5680T

1. 基本描述

(1) 设备的用途

MA5680T 光接入设备是华为技术有限公司推出的光接入产品,可提供大容量、高速率和高宽带的数据和视频业务接入。MA5680T 作为一体化光接入平台,可提供丰富灵活的用户接入方式。

(2) 主要功能

OLT 应用于固网业务承载,如宽带上网、ITV、语音等业务。

(3) 上下级连接基本情况

上连至 BAS(NE40E、ME60)、业务路由器(SR7750)及交换机(S9306、S8905)设备;下连通过 ODN 至各种 ONU/ONT 设备,如光猫、5620、5620E、5616 等。

(4) 应用场景

MA5680T 支持 FTTH、FTTO、FTTB、FTTC、FTTM 等多种应用场景,如图 2-39 所示。

2. 硬件结构

(1) 外观结构

MA5680T 支持两种机框:ETSI 21 英寸机框和 IEC 19 英寸机框,ETSI 机框外观如

图 2-40 所示。

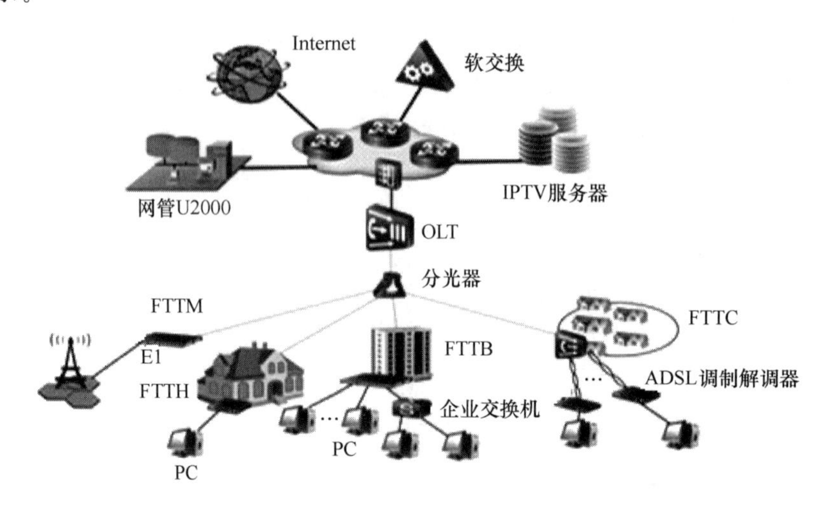

图 2-39　MA5680T 的应用场景

图 2-40　MA5680T 外观图(ETSI 机框)

(2) 槽位说明

ETSI 21 英寸机框提供 23 个槽位,包括 16 个业务板槽位、2 个主控板槽位、2 个电源板槽位、1 个通用接口板槽位和 2 个上行接口板槽位,如图 2-41 所示。

<table>
<tr><td colspan="20">风扇框</td></tr>
<tr><td>21
电源板</td><td rowspan="3">1
业务板</td><td rowspan="3">2
业务板</td><td rowspan="3">3
业务板</td><td rowspan="3">4
业务板</td><td rowspan="3">5
业务板</td><td rowspan="3">6
业务板</td><td rowspan="3">7
业务板</td><td rowspan="3">8
业务板</td><td rowspan="3">9
主控板</td><td rowspan="3">10
主控板</td><td rowspan="3">11
业务板</td><td rowspan="3">12
业务板</td><td rowspan="3">13
业务板</td><td rowspan="3">14
业务板</td><td rowspan="3">15
业务板</td><td rowspan="3">16
业务板</td><td rowspan="3">17
业务板</td><td rowspan="3">18
业务板</td><td>19
GIU</td></tr>
<tr><td>22
电源板</td><td rowspan="2">20
GIU</td></tr>
<tr><td>0
GPIO</td></tr>
</table>

图 2-41　MA5680T 槽位示意图

(3) 主要单板

MA5680T 的主要单板功能及接口如表 2-6 所示。

表 2-6　MA5680T 的主要单板功能及接口

分类	单板名称	中文名称	基本功能	对外接口
主控板	SCUL/B/N	超级控制单元板	系统控制	1 个维护网口/1 个串口 1 个环境监控口 SCUN 带上行接口
业务板	EPBC/D	EPON 接口板	提供 EPON 接入功能	4/8 个 EPON 接口
	XEBD	10G EPON 接口板	提供 10G EPON 接入功能	8 个 10GEPON 接口
	GPBD/F	GPON 接口板	提供 GPON 接入功能	8/16 个 GPON 接口
	XGBC	10G GPON 接口板	提供 10G GPON 接入功能	4 个 10G GPON 接口
	OPFA	FE 光接口板	提供 FE 光接入功能	16 个 FE 光口
	OPGD	GE/FE 光接口板	提供 GE 光接入功能	48 个 GE 接口
上行接口板	GICF	GE 上行光接口板	提供 GE 上行功能	2 个 GE 光接口
	GICG	GE 上行电接口板	提供 GE 上行功能	2 个 GE 电接口
	X1CA	10GE 上行光接口板	提供 10GE 上行功能	1 个 10GE 光接口
	X2CA	10GE 上行光接口板	提供 10GE 上行功能	2 个 10GE 光接口
TDM 接口板	TOPA	TDM 接口板	提供 E1 上行功能	16 个 E1 接口
级联板	ETHA	以太网级联板	提供 GE 级联光接口	8 个 GE 光接口
电源板	PRTG	电源接入板	为业务框供电	1 个电源连接器
其他板	BIUA	BITS 接口板	提供时钟处理功能，支持热插拔	1 路 BITS 时钟输入接口 2 路 BITS 时钟输出接口

（4）单板指示灯

MA5680T 主要单板指示灯的含义如表 2-7 所示。

表 2-7　MA5680T 主要单板指示灯的含义

单板类别	指示灯正常状态描述	
主控板	主用	RUN/ALM：绿灯闪烁。 ACT：绿灯长亮。 RESET：熄灭
	备用	RUN/ALM：绿灯闪烁。 ACT：熄灭。 RESET：熄灭
上联接口板	RUN：绿灯闪烁。 ALM：熄灭。 LINK：绿灯长亮。 ACT：黄灯闪烁	
业务板	RUN：绿灯闪烁。 BSY：绿灯闪烁。 PON：绿灯长亮	
电源板	ALARM：绿灯长亮	

（二）ZXA10 C300

1. 基本描述

ZXA10 C300 是大容量、高密度、汇聚型的全业务光接入平台，可以作为 OLT 设备，支持 GPON、XG-PON1 和 P2P 接入，可与多种类型 ONU 配合完成 FTTH、FTTB、FTTC、FTTM 接入网络组网；可以作为 L2 光接入平台，支持以太网上联和下联，可完成二层以太网业务流量汇聚和转发；可以作为 L3 光接入平台，支持三层路由功能，可完成 IP 业务流量的汇聚和转发，实现接入网关的功能；可以作为业务接入控制，完成每个用户各种业务的接入控制、流量控制和业务承载。

2. 硬件结构

（1）外观结构

ZXA10 C300 支持两种机框：ETSI 21 英寸机框和 IEC 19 英寸机框。除了背板和风扇单元外，两种机框内的单板可以共用。以 IEC 19 英寸机框为例，ZXA10 C300 19 英寸机框的外观如图 2-42 所示。

图 2-42　ZXA10 C300 19 英寸机框的外观

（2）槽位说明

ZXA10 C300 19 英寸机框的槽位排列如图 2-43 所示。

<table>
<tr><td>0
电源板</td><td rowspan="2">2
业务板</td><td rowspan="2">3
业务板</td><td rowspan="2">4
业务板</td><td rowspan="2">5
业务板</td><td rowspan="2">6
业务板</td><td rowspan="2">7
业务板</td><td rowspan="2">8
业务板</td><td rowspan="2">9
业务板</td><td rowspan="2">10
交换控制板</td><td rowspan="2">11
交换控制板</td><td rowspan="2">12
业务板</td><td rowspan="2">13
业务板</td><td rowspan="2">14
业务板</td><td rowspan="2">15
业务板</td><td rowspan="2">16
业务板</td><td rowspan="2">17
业务板</td><td rowspan="2">18
通用公共接口板</td><td>19
上联板</td></tr>
<tr><td>1
电源板</td><td>20
上联板</td></tr>
</table>

图 2-43　C300 19 英寸机框的槽位排列

业务板主要有 PON 接口板、TDM 接口板、以太网接口板和 P2P 接口板。

(3) 主要单板

ZXA10 C300 的主要单板功能及接口如表 2-8 所示。

表 2-8　ZX A10 C300 的主要单板功能及接口

单板类别	单板名称	单板说明	单板接口说明
交换控制板	SCXN/SCXM/SCXL	N 型/M 型/L 型交换控制板	提供 1 个带外网管的端口、1 个调试串口、1 个 SD 卡接口；支持主备 1:1 工作模式
以太网上联板	XUTQ	4 路 10GE 光接口上联板	提供 4 个 10GE SFP＋接口；支持光功率监测功能；支持以太网上行功能；不支持以太网用户接入应用和级联应用
	GUFQ	4 路 GE 光接口上联板	提供 4 个 GE SFP 接口
	GUSQ	2 路 GE 和 2 路 FE 上联板	提供 2 个 GE/FE SFP 接口和 2 个 GE RJ45 接口
	GUTQ	4 路 GE 电口上联板	提供 4 个 GE RJ45 接口
	HUTQ	2 路 10GE 和 2 路 GE 上联板	提供 2 个 10GE SFP＋接口和 2 个 GE SFP 接口
	HUVQ	2 路 10GE 和 2 路 GE 上联板	提供 2 个 10GE SFP＋接口和 2 个 GE SFP 接口
PON 接口板	ETGO	8 路 EPON 局端线路板	提供 8 个 EPON SFP 接口；支持最大分光比 1：64；支持光功率监测功能和 ALS 功能
	ETTO	8 路对称/非对称 10G EPON 局端线路板	支持 8 个 10G EPON XFP 接口；支持非对称 10G EPON 和对称 10G EPON；支持最大分光比 1：128
电源板	PRWG/PRWH	4.5U 电源接口板	提供 1 个－48 V/－60 V 电源接口和 2 个 RJ45 预留接口；支持电源接口滤波及防护功能；最大支持电流为 30 A/40 A

(4) 指示灯说明

ZXA10 C300 的主控板指示灯如表 2-9 所示。

表 2-9　主控板指示灯

名称	状态	说明
RUN	不亮	单板未上电
	绿灯亮/绿灯快闪/绿灯慢闪	单板自检通过/单板正下载数据/单板正常运行
	红灯亮/红灯慢闪/黄灯慢闪	单板硬件故障/单板配置不一致/单板软件版本不匹配
M/S	绿灯亮/不亮	单板为主用主控板/单板为备用主控板
HDD	红灯亮	单板在操作，不允许拔插
ACT 1～4	绿灯亮/绿灯闪烁/不亮	链路激活建链/建链端口收发数据包/端口未激活

其上联板指示灯如表 2-10 所示。

表 2-10　上联板指示灯

名称	状态	说明
RUN	不亮	单板未上电
	绿灯亮/绿灯快闪/绿灯慢闪	单板自检通过/单板正下载数据/单板正常运行
	红灯亮/红灯慢闪/黄灯慢闪	单板硬件故障/单板配置不一致/单板软件版本不匹配
ACT 1～4	不亮/绿灯亮/绿灯闪烁	链路未连接/光口建链/建链光口收发数据

其 PON 板指示灯说明如表 2-11 所示。

表 2-11　PON 板指示灯说明

名称	状态	说明
RUN	不亮	单板未上电
	绿灯亮/绿灯快闪/绿灯慢闪	单板自检通过/单板正下载数据/单板正常运行
	红灯亮/红灯慢闪/黄灯慢闪	单板硬件故障/单板配置不一致/单板软件版本不匹配
ACT 1～16	不亮/绿灯亮/绿灯闪烁	链路未连接/光口建链/建链光口收发数据

（三）ZXA10 C200

1. 基本描述

ZXA10 C200 是一款中小容量、体积紧凑的高密度无源光接入局端设备，支持 EPON/GPON 同平台混插和 P2P 应用，可平滑升级，支持 10G EPON/WDM-PON。

上联口是 GE 光口或 10/100/1000BASE-T 电接口，连接到宽带网的以太网交换机；用户口是 PON 口，每个 PON 口通过光分路器可以 1 分 64，每一路输出到用户端接 ONU 设备。

ZXA10 C200 最多可以插入 5 个 PON 板，每个 PON 板有 4 个 PON 口，因此一个 ZXA10 C200 最大可支持 1 280 个(5×4×64)ONU 终端。

2. 硬件结构

(1) 外观结构

ZXA10 C200 的外观如图 2-44 所示。

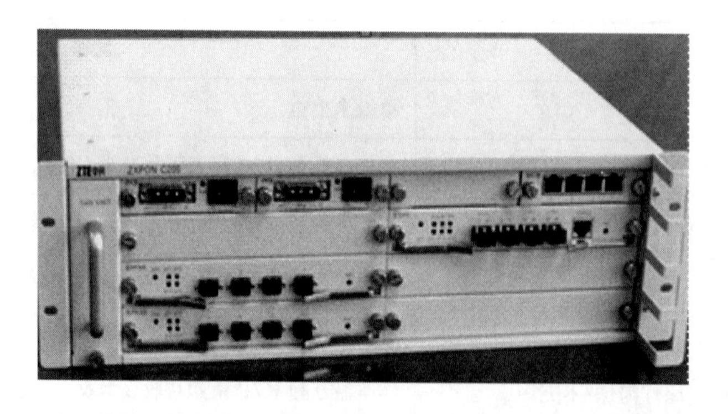

图 2-44　ZXA10 C200 外观

(2) 槽位说明

ZXA10 C200 的单板与槽位的对应关系如图 2-45 所示。

<table>
<tr><td rowspan="4">FAN</td><td>I1</td><td>I2</td><td>I3</td><td>I4</td></tr>
<tr><td colspan="2">A1</td><td colspan="2">B1</td></tr>
<tr><td colspan="2">A2</td><td colspan="2">B2</td></tr>
<tr><td colspan="2">A3</td><td colspan="2">B3</td></tr>
</table>

图 2-45　ZXA10 C200 的单板与槽位的对应关系

ZXA10 C200 最常见的配置如下。

① I1 和 I2 配置两块电源板，引入两路－48 V 电源。

② I4 配置一块管理控制接口板，接后台网管。

③ B1 和 B2 配置 1～2 块交换板，交换板的上联接口连接以太网交换机。

④ A1～A3、B2～B3 槽位通常配置 1～5 块 PON 板，通过 PON 口接光纤到 ODN。

(3) 主要单板

ZXA10 C200 常用单板如表 2-12 所示。

表 2-12　ZXA10 C200 常用单板

单板类别	单板功能	备注说明
PFB	电源板	
MCIB	管理接口板	
FIB3U	风扇板	
EC4GM	交换处理板(2GE 光＋2GE 电接口，不含光模块)	光模块可换
EPFC	长距离 2/4 路 EPON 局端业务板	

(4) 指示灯说明

EPFC 单板提供 4 个 PON 口(接收光功率为－6～－27 dBm，发送光功率为＋7～＋2 dBm)，有 1 个运行灯(RUN 灯)和 4 个状态指示灯(ACT 灯)，最下端的 RST 用于单板复位。EPFC 单板指示灯说明如表 2-13 所示。

表 2-13　EPFC 单板指示灯说明

名称	状态	说明
RUN	不亮	PON MAC 未激活
	绿灯闪烁	PON MAC 激活，接收到光信号
	红灯	PDN MAC 已激活，未接收到光信号
ACT 1～4	不亮/绿灯闪烁/红灯	端口未激活/EPON 端口正常工作/端口未收到光信号

二、设备基本管理

(一) MA5680T 的基本管理

MA5680T 支持操作控制台通过本地串口、带外管理接口、带内管理接口等多种方式实现管理配置。下面介绍本地串口方式和带内管理接口方式。

1. 本地串口方式

在此种方式下,操作控制台通过串口与MA5680T设备相连并登录到MA5680T设备,实现对设备的本地维护管理,设备连接方式如图2-46所示。

运行SecureCRT程序,新建一个连接,配置串行通信参数,如图2-47所示。单击"连接",出现配置界面,输入用户名和密码(缺省用户名为root,密码为admin),直到出现命令行提示符"MA5680>"。

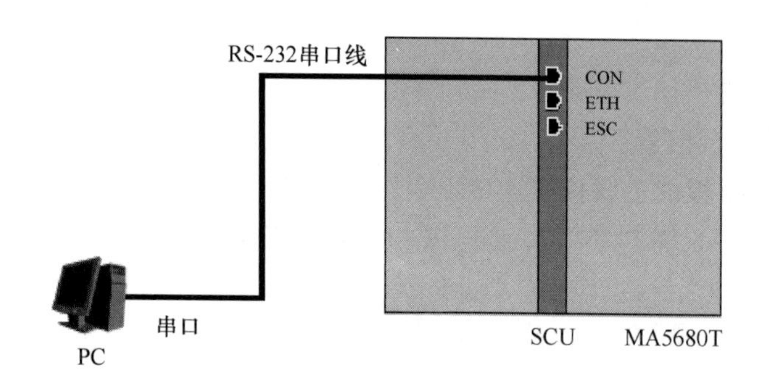

图2-46 设备连接方式

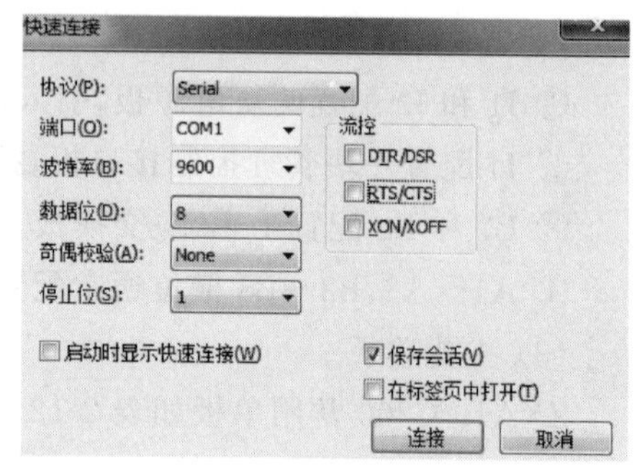

图2-47 串行通信参数

2. 带内管理接口方式

通过MA5680T的带内管理接口(上联板业务口)登录到MA5680T并进行维护管理,可以通过局域网〔如图2-48(a)所示〕,也可以通过广域网〔如图2-48(b)所示〕。

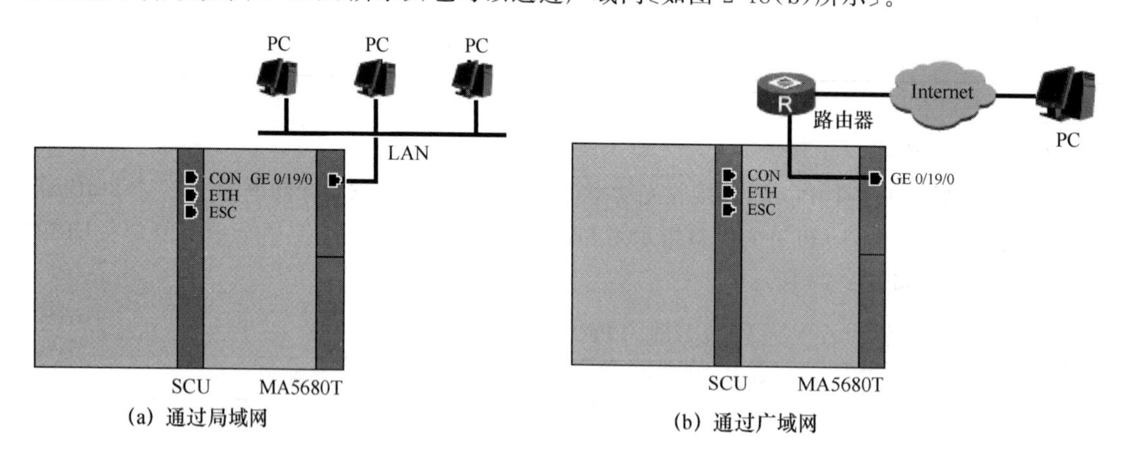

图2-48 Telnet方式实现带内管理配置

(1) 数据规划。通过局域网实现带内管理如表2-14所示。

表2-14 通过局域网实现带内管理

配置项	IP地址规划
MA5680T带内网管接口	192.168.1.10/24
操作终端控制台接口	192.168.1.20/24

（2）操作终端通过本地串口登录 MA5680T 后，创建 VLAN 并设置三层接口 IP 地址。

```
huawei(config)#vlan 10 standard
huawei(config)#port vlan 10 0/19 0
huawei(config)#interface giu 0/19
huawei(config-if-giu-0/19)#native-vlan 0 vlan 10
huawei(config-if-giu-0/19)#quit
huawei(config)#interface vlanif 10
huawei(config-if-vlanif10)#ip address 192.168.1.10 255.255.255.0
```

如果搭建局域网本地管理环境，则不需要添加路由；如果搭建广域网远程管理环境，则需要添加下一跳路由。

```
huawei(config)#ip route-static X.X.X.X M Y.Y.Y.Y
```

（3）运行 TELNET。在终端控制台上选择“开始→运行”菜单，在“打开”地址栏里输入 MA5680T 维护网口的 IP 地址，单击“确定”，运行 TELNET 应用程序即可登录。

3. 基本管理命令

MA5680T 的维护有两种操作方式：网管方式和命令行方式。网管方式通过网管系统为用户提供图形化操作界面（GUI），命令行方式则以命令行输入界面（CLI）为用户提供维护接口。常用基本管理命令如下：

```
huawei(config)#sysname MA5680-T          //配置系统名称
huawei#time 09:00:00 2017-08-08          //配置系统时间
huawei#display time                      //查询系统时间
huawei#display version                   //查询系统版本信息
huawei#display current-configuration     //显示当前配置
huawei#display version 0/9               //查询 0/9 单板(主控板)信息
huawei#display board 0                   //查询 0 框所有单板状态
huawei#display board 0/1                 //查询 0 框 1 槽单板状态
huawei#display cpu 0/9                   //查询 0 框主控板 CPU 占用率，了解系统运
                                           行状态
huawei#ping X.X.X.X                      //测试到某网络的连通状态
huawei#display log name root             //查看 root 用户的操作日志记录
```

（二）ZXA10 C300 的基本管理

与 MA5680T 一样，ZXA10 C300 支持操作控制台通过本地串口、带外管理接口、带内管理接口等多种方式实现管理配置，默认 TELNET 远程登录的用户名和密码都是 zte。常用基本管理命令如下：

```
ZXAN(config)#hostname C300               //配置系统名称
ZXAN(config)#line telnet idle-timeout 10 //设置 telnet 闲置时长为 10 分钟
ZXAN#show clock                          //显示系统时间
ZXAN#clock set 18:8:8 may 3 2017         //配置系统时间
ZXAN#show version-running                //查询设备运行的版本信息
ZXAN#show running-config                 //查询设备所有运行配置文件
ZXAN#show card                           //查询设备单板状态
```

```
ZXAN# show processor                          //查看 CPU 占用率
ZXAN# show fan                                //查看风扇状态
ZXAN# show logging alarm                      //查看日志中的告警
```

三、业务开通

在登录进 OLT 系统后，如果是新开局设备，要先对设备进行物理配置，然后注册 ONU，最后再进行各种业务配置。现以 ZXA10 C200 为例，介绍 EPON 接入业务配置过程，设备已经物理配置成功。

（一）ONU 注册

1. 增加 ONU 的类型

ONU 注册前需要在 PON 配置模式下增加 ONU 类型，定义 ONU 的业务接口及本地时钟模式。

```
ZXAN(config)# Pon                                     //进入 PON 口配置
ZXAN(config-pon)# onu-type epon ZTE-F460              //增加 ONU 类型
ZXAN(config-pon)# onu-if ZTE-F460 eth_0/1-4           //定义以太网用户口 1-4
ZXAN(config-pon)# onu-if ZTE-F460 pots_0/1-2          //定义电话用户口 1-2
ZXAN(config-pon)# onu-if ZTE-F460 wifi_0/1            //定义 wifi 接口
ZXAN(config-pon)# clock-mode 1 local                  //定义本地时钟模式 1
ZXAN(config-pon)# exit
```

2. 选择 ONU 认证方式

OLT 默认是根据 ONU 的 MAC 地址进行注册识别的。

(1) 查询 ONU 认证方式信息。

```
ZXAN# show epon authentication-mode 0/1     //查询 0 框 1 槽 ONU 认证方式
```

(2) 修改 ONU 的认证方式。

```
ZXAN(config-epon)# onu-authentication-mode service 0/1 ?
  hybrid   hybrid mode          loid      loid authentication mode
  mac      Mac address mode     sn        sn mode
```

3. 认证 ONU

(1) MAC 认证

① 查询某 PON 口下 ONU 的注册情况。

```
ZXAN(config)# show onu unauthentication epon-olt_0/1/1   //查看未注册的 ONU 的
                                                           MAC 地址
```

② 注册 ONU。

```
ZXAN(config)# interface epon-olt_0/1/1
ZXAN(config-if)# onu 1 type ZTE-F460 mac  00d0.d09a.46b6   //配置 MAC 认证
ZXAN(config-if)# onu 2 type ZTE-F460 mac 00d0.d09a.466c
```

③ 查看 ONU 认证状态。

```
ZXAN(config-if)# show onu all-status epon-olt_0/1/1
```

(2) LOID认证

LOID认证的ONU必须使用的是支持CTC 2.1的版本。

① LOID认证ONU。

```
ZXAN(config-if)#onu 1 type ZTE-F420 LOID 0000 password 222 ip-cfg static
```

当OLT上不设置密码的时候,OLT不会检查ONU的密码,所以无论ONU上是否有密码,都可以显示为在线;当OLT上设置密码的时候,OLT会检查ONU的密码,如果发现不匹配,则认证不通过。

② 修改已认证ONU的密码时需要登录到ONU接口。

```
ZXAN(config)#interface epon-onu_1/2/1:1
ZXAN(config-if)#loid ?
WORD        loid of onu (1-24 characters)
password     password  for the  loid
```

(二) 业务配置

1. VoIP(基于IP的语音业务)业务

(1) 数据规划

VoIP业务的数据规划表如表2-15所示。

表2-15　VoIP业务的数据规划表

序号	规划内容
1	VoIP业务VLAN ID
2	VoIP接入方式 (STATIC、DHCP 、PPPoE)
3	业务优先级
4	通信协议(H.248、MGCP、SIP)、服务器IP地址、端口号
5	VoIP用户注册方式 (域名、IP地址、用户名+密码)

(2) 配置流程

① 创建VoIP业务VLAN,把OLT业务上行口和PON-ONU侧接口加入VLAN。

② 创建VoIP IP模板,选择IP接入方式。

③ 创建VoIP VLAN模板,配置该模板业务优先级。

④ 创建VoIP协议模板,配置协议相关内容。

⑤ 进入ONU管理配置模式,应用模板,完成业务配置。

⑥ 保存数据,进行业务验证。

2. 宽带上网业务

(1) 数据规划

宽带上网业务的数据规划表如表2-16所示。

表2-16　宽带上网业务的数据规划表

序号	规划内容
1	宽带上网业务VLAN ID
2	接入方式 (STATIC、DHCP 、PPPoE)

续表

序号	规划内容
3	业务优先级
4	上下行带宽
5	用户注册信息(IP 地址、用户名+密码等)

(2) 配置流程

① OLT 配置

- 创建宽带上网 VLAN ,把 OLT 业务上行口和 PON-ONU 侧接口加入 VLAN。
- 进入 ONU 管理配置模式,配置上下行带宽、业务接口和优先级。
- 保存数据。

② BAS 配置

- 如果为 PPPoE 接入方式, 设置 PPPoE 接入用户的用户名、密码、用户地址池等信息。
- 如果为静态 IP 接入方式,则在 BAS 或 SR 设置用户 IP HOST 和接入的 VLAN 信息。
- 如果为 DHCP 接入方式,则在 BAS 设置用户 IP POOL。

3. ITV 业务配置

EPON 在整个 ITV 业务传输过程中所起的作用是组播流量复制和 IGMP 组的管理,除此之外,作为承载网的接入层,EPON 能满足承载网可控组播的要求。

业务实现过程:终端用户从与 ONU 的 FE 接口连接的终端上发起业务请求,OLT 动态检测用户的视频节目请求,动态控制视频组播业务流的复制,业务流量通过 OLT 的上联接口,根据设备记录的用户动态的请求,将业务流量发送到点播的用户 ONU 上。

对于 IGMP 组的管理,OLT 上可以采用 SNOOPING 模式、PROXY 模式或者可控模式。IGMP SNOOPING 模式只监听而不处理报文;IGMP PXOXY 模式会对加入的报文作一些处理;当 OLT 上启用了 IPTV CAC(接入管理控制)功能时,则必须使用可控模式。ONU 上一般采用 SNOOPING 模式。

(1) 数据规划

组播业务的数据规划表如表 2-17 所示。

表 2-17 组播业务的数据规划表

序号	规划内容
1	组播业务 VLAN ID
2	组播协议版本(V1 、V2 、V3)
3	组播模式 (SNOOPING、PROXY、可控)
4	组播服务器(节目源)地址
5	组播带宽
6	ONU 组播业务优先级

(2) 配置流程

- 创建组播 VLAN,把 OLT 业务上行口和 PON-ONU 侧接口加入 VLAN。
- 配置组播业务,包括 MVLAN 的源端口和接收端口、组播模式、节目源地址等信息。

- 进入 ONU 管理配置模式,配置业务接口和优先级。
- 保存数据,验证业务。

四、OLT 设备日常维护

1. 维护人员日常维护要求

(1) 维护人员应全面了解 PON 系统的工作原理、设备的型号以及各种单板的主要功能。

(2) 维护人员应熟悉网管操作,熟悉系统的组网情况。

(3) 维护人员应熟悉 PON 系统的各种告警和监控参量,正确理解其含义。

(4) 通常网管系统能先于用户发出告警,如果用户申告先于网管,维护人员应在故障处理之后向相关单位或部门及时反映,以提高网管的监控能力。

(5) 维护人员在遇到故障时,应先抢通后修复,即通过主备切换方式使业务尽快恢复,而后进行故障修复。维护人员应利用网管或监控终端判断、定位故障,并按故障处理流程及时处理。

(6) 故障定位采用“先外部,后设备”原则,维护人员处理告警时先排除外部的可能因素,如光纤断、终端设备故障、电源故障或机房环境等,而后查找设备原因。

2. 日常维护作业

维护作业主要包括日常例行维护、周期例行维护和突发例行维护(即抢修维护)等。日常例行维护是指每天必须进行的维护,在日常维护工作中发现的问题须做好详细记录,以便及时维护和排除隐患;周期例行维护是指定期进行的维护,以便观察设备的长期运行情况及稳定性;突发例行维护是指因设备故障和网络调整等带来的抢修维护任务。

日常维护作业按维护周期分为每日维护、每周维护、每月维护、每季度维护,维护项目如表 2-18 所示。

表 2-18　日常维护项目

维护项目	要求
业务板状态的检查	正常获取各单板状态
业务板端口剩余情况的检查	准确记录
业务板槽位剩余情况的检查	准确记录
告警的检查	正常获取并查看各单板的即时告警或历史告警
性能数据的检查	正常获取并查看各单板的即时或历史性能数据
查询消息的记录	在网管消息栏中,查看在网管中有何操作及错误消息发生
设备风扇的检查和清理	检查风扇是否正常运转
以低级别用户身份登录网管	确保能正常登录网管,操作权限未改变

任务实施

一、任务实施流程

本次任务分为两个子任务,任务实施流程如图 2-49 所示。

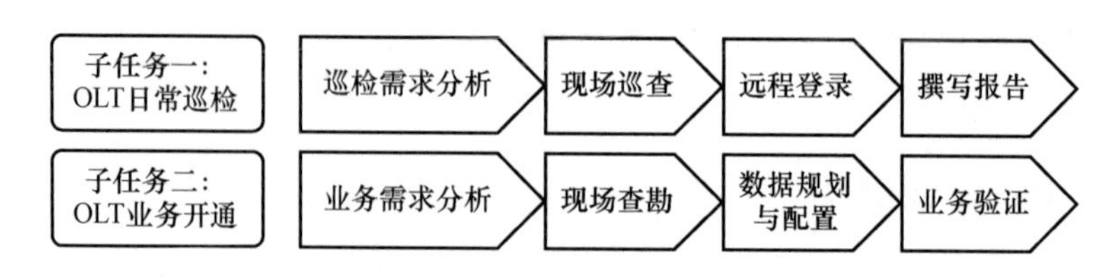

图 2-49　任务实施流程

二、任务实施

（一）OLT 日常巡检

本次 OLT 日常巡检针对 FTTX 实训基地的 MA5680T 和 ZXA10 C300，巡检前应熟悉设备组成、重要单板指示灯含义，熟练登录系统并完成维护操作，理解并记录系统输出报告关键内容。提交的巡检报告包含以下两部分内容。

（1）设备面板图。

（2）日常维护记录表（如表 2-19 所示）。

表 2-19　日常维护记录表

OLT 设备名称：　　　　　　　　　　　　巡检时间：

维护项目	维护状况	操作人
查看主控板指示灯状态		
查看业务板槽位剩余情况		
查看业务板端口剩余情况		
查看业务板指示灯是否有告警		
查看设备供电状态		
查看设备风扇运行状态		
查看设备登录是否正常		
查看所有单板运行状态		
查看主控板 CPU 占用率		
查看日志中告警信息		
抽查某 PON 口下 ONU 注册情况		
其他补充情况		

（二）OLT 业务开通

本次任务是为申请三网融合业务的用户在 ZXA10 C200 上开通业务。

1. 业务需求

某用户申请光纤接入，并要求开通 VoIP 、100M 宽带上网和 ITV 业务。

2. 现场查勘

经查勘，该用户 ONT 型号为 ZTE-F460，认证方式为 MAC 地址认证，MAC 地址为 1111.2222.3333；ONT 在 OLT 中的物理连接为 0 框 1 槽 1 号 PON 口，OLT 业务上联口为 0 框 4 槽 3 口，如图 2-50 所示。

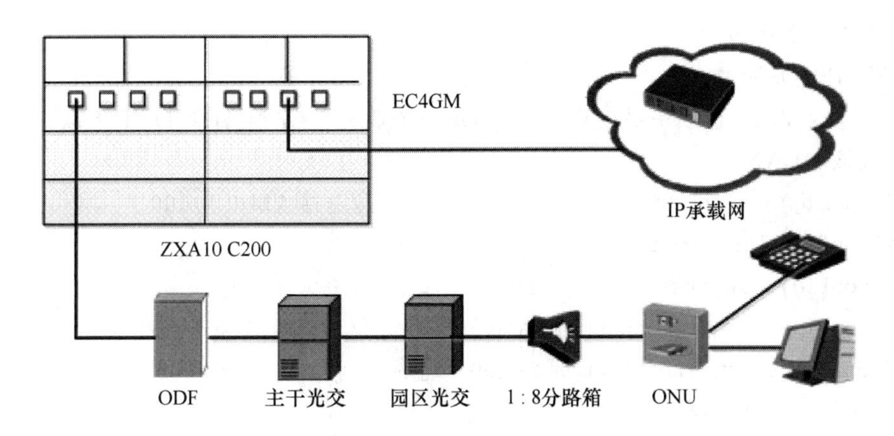

图 2-50　设备连接图

3. 数据规划

经过与核心网侧设备数据协商，三项业务所规划的数据如表 2-20 所示。

表 2-20　三项业务的数据规划表

一、VoIP 业务的数据规划		
序号	规划内容	规划参数
1	VoIP 业务 VLAN ID	100
2	VoIP 接入方式（STATIC、DHCP 、PPPOE）	STATIC:192.168.10.20
3	业务优先级	6
4	通信协议(H.248、MGCP、SIP)、服务器 IP 地址、端口号	SIP 服务器 IP:192.168.10.1
5	VoIP 用户注册方式(域名、IP 地址、用户名＋密码)	用户名:555000。密码:scyD123456
二、宽带上网业务的数据规划		
1	业务 VLAN ID	200
2	接入方式（STATIC、DHCP 、PPPOE）	PPPoE
3	业务优先级	4
4	上下行带宽	100 Mbit/s
5	用户注册信息(IP 地址、用户名＋密码等)	用户名:zte。 密码:scyD123456
三、组播业务的数据规划		
1	组播业务 VLAN ID	300
2	组播协议版本(V1 、V2 、V3)	V3
3	ONU 组播业务优先级	5
4	组播模式（SNOOPING、PROXY、可控）	PROXY
5	组播服务器(节目源)地址	224.1.1.1
6	组播带宽	10 Mbit/s

4. OLT 数据配置

远程登录到 ZXA10 C200 后，先配置物理数据，然后根据 MAC 地址注册 ONU ，注册成功后进行以下业务配置。

(1) VoIP 业务配置

① 第一步：VoIP 业务需要在 OLT 上创建一个业务 VLAN，并将 OLT 上联口和 OLT 用户端口加入该 VLAN。

```
ZXAN(config)#vlan 100                              //语音 VLAN 为 100
ZXAN(config-vlan)#exit
ZXAN(config)#interface gei_0/4/3                   //进入上联接口 0/4/3
ZXAN(config-if)#switchport mode trunk              //设置接口为干线模式
ZXAN(config-if)#switchport vlan 100 tag            //接口与 VLAN 100 绑定
ZXAN(config-if)#exit
ZXAN(config)#interface epon-onu_0/1/1:1            //进入某 ONU 配置
ZXAN(config-if)#switchport mode trunk              //设置为主干模式
ZXAN(config-if)#switchport vlan 100 tag            //给 VLAN 100 打上标签
ZXAN(config-if)#authentication enable              //认证使能
ZXAN(config-if)#exit
ZXAN(config)#epon
```

② 第二步：配置 VoIP IP 模板 test，采用独立模式，OAM 管理 IP 与 VoIP 业务 IP 相互独立，采用静态 IP，需要指定网关。

```
ZXAN(config-epon)#voip-ip profile test relation independent mode static gateway
192.168.10.1
```

③ 第三步：配置 VoIP VLAN 模板 vlan_100，标记模式为 TAG。

```
ZXAN(config-epon)#voip-vlan profile vlan_100 tag-mode tag cvlan 100 priority 6
```

④ 第四步：配置 VoIP 协议模板 SIP，通信协议选择 SIP。

```
ZXAN(config-epon)#sip-profile SIP register-server ip 192.168.10.1
//配置注册服务器 IP
ZXAN(config-epon)#sip-profile SIP proxy-server ip 192.168.10.1 port 5060
// 设置 SIP 代理服务器 IP 及端口号
ZXAN(config-epon)#sip-profile SIP outbound-server ip 192.168.10.1  port
5060  //设置出境服务器 IP 及端口号
ZXAN(config-epon)#sip-profile SIP heartbeat enable cycle 20 count 3
//SIP 心跳模式开启，周期为 20s，计数为 3
ZXAN(config-epon)#sip-profile SIP register-interval 3600
//配置注册间隔为 3600s
ZXAN(config-epon)#sip-profile SIP mg port 5060  //配置 SIP mg 端口为 5060
ZXAN(config-epon)#exit
```

⑤ 第五步：应用 VoIP 相关模板。

```
ZXAN(config)#pon-onu-mng epon-onu_0/1/1:1   //进入 ONU 管理配置模式
ZXAN(epon-onu-mng)#voip-module global-profile apply ip test vlan vlan_100
//应用 VoIP IP 模板和 VLAN 模板
ZXAN(epon-onu-mng)#voip-module protocol-profile apply sip SIP
```

//应用 VoIP 协议模板

⑥ 第六步：当 VoIP IP 模板为静态模式时，需要配置 IP 地址，该地址必须与注册服务器上分配的设备 IP 一致。

ZXAN(epon-onu-mng)#voip ip-address 192.168.10.20 mask 255.255.0.0 slot 1

//配置 VoIP 的静态 IP 地址为 192.168.10.20 掩码 255.255.0.0 槽位 1

⑦ 第七步：当 ONU 与软交换或 IMS 的通信协议为 SIP 时，需要配置 SIP-USER。

ZXAN(epon-onu-mng)#voip sip-user account 555000 name 555000 password scyD123456 interface pots_1/1　　//配置 VoIP SIP 用户账户 555000 名 555000 密码 scyd123456 接口 pots_1 / 1

ZXAN(epon-onu-mng)#exit

ZXAN(config)exit

ZXAN#write　　//保存数据

(2) 宽带上网业务配置

① 第一步：宽带上网业务需要在 OLT 上创建一个业务 VLAN，并将 OLT 上联口和 OLT 用户端口加入该 VLAN。

```
ZXAN(config)#vlan 200                          //上网业务 VLAN 为 200
ZXAN(config-vlan)#exit
ZXAN(config)#interface gei_0/4/3               //进入上联接口 0/4/3
ZXAN(config-if)#switchport mode trunk          //设置接口为干线模式
ZXAN(config-if)#switchport vlan 200  tag       //接口与 VLAN 200 绑定
ZXAN(config-if)#exit
ZXAN(config)#interface epon-onu_0/1/1:1        //进入某 ONU 配置
ZXAN(config-if)#switchport mode trunk          //设置为干线模式
ZXAN(config-if)#switchport vlan 200 tag        //给 VLAN 100 打上标签
ZXAN(config-if)#authentication enable          //认证使能
```

② 第二步：在已经完成注册的 ONU 上，设定其上行带宽和下行带宽。

ZXAN(config-if)#bandwidth upstream assured 10000 maximum 100000

//配置上行带宽、上行带宽的配置参数中，必须配置保证带宽和最大带宽

ZXAN(config-if)#bandwidth downstream assured 10000 maximum 100000

//配置下行带宽，下行带宽的配置参数中，需要设置最大带宽，而最大突发包系统会自行计算并设置

ZXAN(config-if)#exit

③ 第三步：进入 ONU 管理配置模式。

ZXAN(config)#pon-onu-mng epon-onu_0/1/1:1

ZXAN(epon-onu-mng)# vlan port eth_0/1 mode tag vlan 200 priority 4

//配置 eth_0/1 模式和优先级

ZXAN(epon-onu-mng)#exit

ZXAN(config)#exit

ZXAN#write

备注：宽带上网业务需要配置BAS设备，此处略。

(3) 组播业务配置

① 第一步：组播业务需要在OLT上创建一个业务VLAN，并将OLT上联口和OLT用户端口加入该VLAN。

```
ZXAN(config)#vlan 300                              //组播业务VLAN为300
ZXAN(config-vlan)#exit
ZXAN(config)#interface gei_0/4/3                   //进入上联接口0/4/3
ZXAN(config-if)#switchport mode trunk              //设置接口为干线模式
ZXAN(config-if)#switchport vlan 300 tag            //接口与VLAN 300绑定
ZXAN(config-if)#exit
ZXAN(config)#interface epon-onu_0/1/1:1            //进入某ONU配置
ZXAN(config-if)#switchport mode trunk              //设置为干线模式
ZXAN(config-if)#switchport vlan 300 tag            //给VLAN 300打上标签
ZXAN(config-if)#authentication enable              // ONU使能
ZXAN(config-if)#igmp enable                        //组播使能
ZXAN(config-if)#igmp version v3                    //组播版本为V3
ZXAN(config-if)#exit
```

② 第二步：配置组播MVLAN。

```
ZXAN(config)#igmp mvlan 300                        //组播vlan300
ZXAN(config)#igmp mvlan 300 enable                 //使能组播MVLAN
ZXAN(config)#igmp mvlan 300 work-mode  proxy//设置组播工作模式为“代理”
ZXAN(config)#igmp mvlan 300 group 224.1.1.1 //设置组播服务器IP地址
ZXAN(config)#igmp mvlan 300 group 224.1.1.1 bandwidth 240
//设置组播带宽
ZXAN(config)#igmp mvlan 300 source-port gei_0/4/3   //组播上联端口为0框4槽3口
ZXAN(config)#igmp mvlan 300 receive-port epon-onu_0/1/1:1
//组播接收端口为0框1槽位1口第一个ONU
```

③第三步：进入ONU管理配置模式，ONU工作模式默认为SNOOPING，因此需要配置端口的组播VLAN。

```
ZXAN(config)#pon-onu-mng epon-onu_0/1/1:1     //进入某ONU管理配置
ZXAN(epon-onu-mng)# vlan port eth_0/2 mode tag vlan 300 priority 5
//配置业务优先级
ZXAN(epon-onu-mng)#multicast vlan port eth_0/2 add vlanlist 300
//将ONU的eth_0/2端口加入组播VLAN 300
ZXAN(epon-onu-mng)#multicast vlan tag-strip port eth_0/2 enable
//设置ONU eth_0/2口剥离tag标识送入客户端，若ONU直接连接机顶盒，需要剥离TAG；若ONU连接家庭网关，不剥离TAG，而是通过业务VLAN进行端口隔离。
ZXAN(config)#exit
```

5. 业务验证

在核心网侧VoIP服务器、BAS、组播服务器已配置业务数据的情况下，将各种终端设备连接到 ZTE F460 上(如图 2-51 所示),可进行各项业务验证,填写业务开通报告(如表 2-21 所示)。

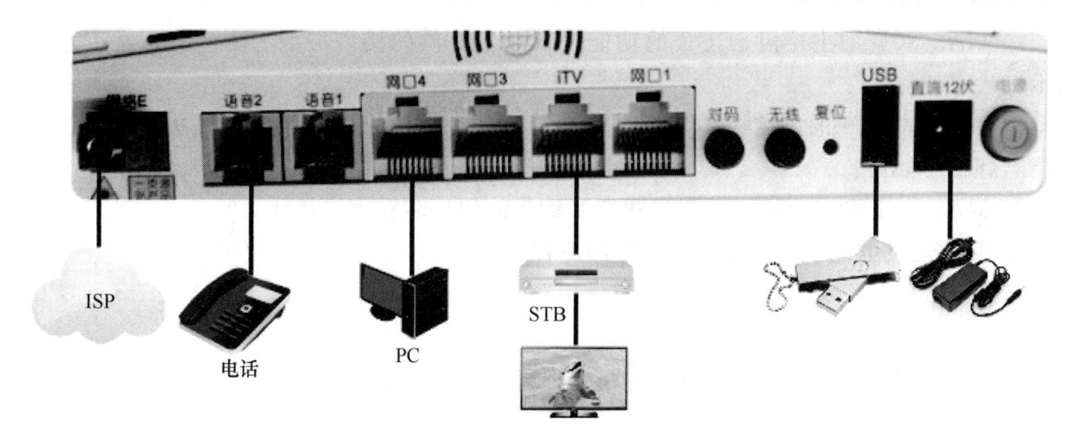

图 2-51　ZTE F460 终端连接示意图

表 2-21　用户三网融合业务开通报告

测试业务	测试内容	测试结论	备注
VoIP 业务	拨打固定电话 8880000		
宽带上网业务	用账号 zte、密码 scyD123456 创建连接,能否连上校园网		
ITV 业务	计算机打开多媒体播放器,配置参数后能否看到服务器组播的视频		

任务成果

(1) 完成 OLT 设备日常巡检报告 1 份。

(2) 完成业务开通报告 1 份。

任务思考与习题

1. 单选题

1. ZXA10 C200 使用直流(　　)V 电源。

A. 48　　B. －48　　C. 5　　D. －5

2. 使用 WEB 方式登录恢复出厂设置的 ONU 的方式是(　　)。

A. http://192.168.1.1/　　B. https://192.168.1.1/

C. http://168.0.0.1/　　D. https://168.0.0.1/

3. ZXA10 C200 每个插箱配有(　　)个槽位。

A. 4　　B. 6　　C. 8　　D. 10

4. 当前 MA5680T 的每块 GPBD 业务板有(　　)个 PON 口。

A. 2　　B. 3　　C. 4　　D. 8

5. SIP 的端口号为(　　)。

A. 2944　　B. 69　　C. 5060　　D. 9819

6. GPON 在管理 FTTH 的 A 类 ONT 时,使用(　　)协议。

A. OAM　　B. DBA　　C. SNMP　　D. OMCI

二、简答题

1. MA5680T 的主控板 SCUB 的功能是什么？提供的接口类型有哪些？正常工作时各指示灯状态如何？

2. ZXA10 C300 的主控板 SCXL 的功能是什么？提供的接口类型有哪些？正常工作时各指示灯状态如何？

3. MA5680T 和 ZXA10 C200 远程登录默认的用户名和密码是什么？

4. 简述通过本地串口配置带内网管的流程。

5. 在 ZXA10 C200 上执行"#show onu all-status epon-olt_0/1/1"，能查到的 ONU 的状态有哪些？

6. 简述在 ZXA10 C200 上配置宽带上网业务的流程。

任务三　FTTH 网络客户端放装

任务描述

王先生最近搬了新家，他希望有一个舒适、温馨和智慧的家园。打造智慧家庭的重要前提条件之一是家里必须接入百兆以上的光纤宽带，也就是需要先通过 FTTH 接入方式，将家庭网络接入运营商的公用网络中。

王先生新家所在的小区，电信运营商的光纤资源早已部署到位。于是，王先生到电信营业厅签约，开通了百兆光纤业务，然后在家中等待智慧家庭工程师的到来。

如果你是电信运营商的智慧家庭工程师，你如何帮助王先生实现光纤入户，享受便捷快速的网上冲浪？而当网络出现故障时，你又如何快速排除故障，恢复业务畅通呢？

任务分析

作为智慧家庭工程师，光纤入户的放装是基本技能，工程师必须能够根据光分箱所在的位置以及用户所在建筑物的情况，选择皮线光缆正确的入户方式，能够实现皮线和尾纤的熔接、成端，进行接收光功率的测试，并进行 ONU 和机顶盒等设备的安装、调试，最后能够进行用户培训等。

FTTH 的入户方式主要有暗管穿管、沿墙明线钉固、架空支撑件等方式。王先生的新家是高层电梯公寓，楼道的弱电井中已经安装了光分路箱，配备了多个光分路器，还有空余的端口。弱电井中有暗管连通到王先生家的多媒体信息箱中，因此可以采用暗管穿管方式进行皮线光缆的入户敷设。

任务目标

一、知识目标

（1）了解入户光缆施工的范围。

（2）熟悉皮线光缆的特性和施工操作中的总体要求。

(3) 掌握明线钉固、暗管、架空、墙体开孔等敷设方式的施工操作要领。

(4) 掌握皮线光缆的接续、光分路箱盘纤的施工操作要领。

(5) 掌握光路质量的验收标准和测试方法。

二、能力目标

(1) 能够根据场景选择皮线光缆正确的入户方式。

(2) 能够完成皮线光缆与尾纤的熔接、成端。

(3) 能够进行光路的测试,正确计算光路的衰减。

专业知识链接

一、入户光缆施工场景分析

目前,采用蝶形引入光缆作为FTTH用户引入段光缆。敷设入户的建筑物主要有公寓式住宅、市区旧区平房和农村地区住宅。根据建筑物实际情况,入户光缆的敷设分为以建筑物为界的室内布线和室外布线,以用户住宅单元为界的户内水平布线和户外水平布线。其中,市区旧区平房和农村地区住宅主要涉及室外布线和户内水平布线;公寓式住宅建筑主要涉及户内水平布线和户外水平布线。FTTH用户引入段光缆的敷设需要根据不同的室内外和户内外场景条件,采用不同的光缆入户敷设方式,各种场景下光缆入户方式参考表2-22。

表2-22　皮线光缆敷设方式

<table>
<tr><th>住宅建筑类型</th><th colspan="2">光缆入户方式</th><th>光缆敷设方式</th></tr>
<tr><td>城区旧区平房或城中村</td><td colspan="2">架空</td><td>支撑件</td></tr>
<tr><td rowspan="3">农村地区住宅</td><td colspan="2" rowspan="3">沿墙</td><td>支撑件</td></tr>
<tr><td>波纹管</td></tr>
<tr><td>钉固件</td></tr>
<tr><td rowspan="6">公寓式住宅</td><td>有暗管</td><td>穿管</td><td>暗管敷设</td></tr>
<tr><td rowspan="5">无暗管</td><td rowspan="3">户外</td><td>波纹管</td></tr>
<tr><td>线槽</td></tr>
<tr><td>钉固件</td></tr>
<tr><td rowspan="2">户内</td><td>线槽</td></tr>
<tr><td>钉固件</td></tr>
</table>

在皮线光缆的敷设中,应根据不同的建设场景选择合适的敷设方式。支撑件用于室外架空、沿墙敷设自承式蝶形引入光缆;波纹管适用于室内外沿墙布放蝶形引入光缆;线槽主要用于室内、户内水平布放蝶形引入光缆;钉固件主要用于户内水平敷设蝶形引入光缆和室外沿墙敷设自承式蝶形引入光缆。

在敷设过程中应该注意如下内容。

(1) 在光缆敷设前需先确认光缆分纤箱或光分路箱以及光缆入户后终结点的位置,并根据其位置选择合适的施工方法,住宅单元内的光缆布放方法需经用户确认后方可施工。

(2) 光缆引入住宅单元内或户内光缆布放需要开墙孔时,应征得用户的同意,并确保墙面墙孔两端的安全和美观。

(3) 当入户光缆段测试衰减值大于规定值 1 dB 时,应清洁光纤机械接续连接插头端面和检查光缆,并进行二次测试。如果第二次测试值没有得到改善,则需重新熔接皮线光缆成端或者重新敷设光缆。

二、皮线光缆布放规范

(一) 入户光缆施工的总体要求

入户的蝶形光缆也称为皮线光缆,其入户的总体施工要求如下。

(1) 由于蝶形引入光缆不能长期浸泡在水中,因此一般不适宜直接在地下管道中敷设。

(2) 入户光缆其拉伸力一般在 80 N 左右,在暗管中穿放时应适当涂抹滑石粉或油膏,以减小摩擦系数。

(3) 敷设蝶形引入光缆的最小弯曲半径在敷设过程中不应小于 30 cm,固定后不应小于 15 cm。

(4) 为进行皮线光缆的热熔成端,宜预留的长度如下:光缆分纤箱或光分路箱一侧预留 0.5 m,住户家庭信息配线箱或光纤面板插座一侧预留 0.5 m。

(5) 应严格注意光纤的拉伸强度、弯曲半径,避免光缆被缠绕、扭转、损伤和踩踏。

(6) 当皮线段测试衰减值大于规定值 1 dB 时,应对皮线光缆进行检查,看是否有损伤或弯曲过大等情况,并重新进行热熔成端操作,直至衰减小于 1 dB。

(二) 波纹管方式敷设

波纹管敷设方式主要应用于室内外采用明管暗线方式敷设的场景,其常用器材如图 2-52 所示。

1. 常用器材

(1) 波纹管:在室内外沿墙布放蝶形引入光缆时使用。

(2) 过路盒:在波纹管分支处或管内蝶形引入光缆引出处使用。

(3) 管卡:用于波纹管的固定。

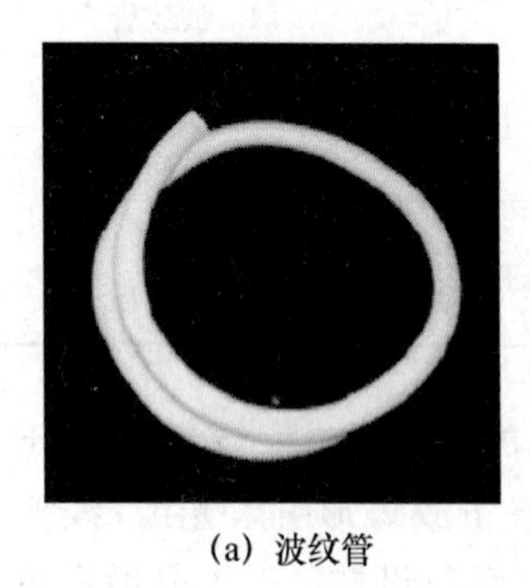
(a) 波纹管

(b) 过路盒

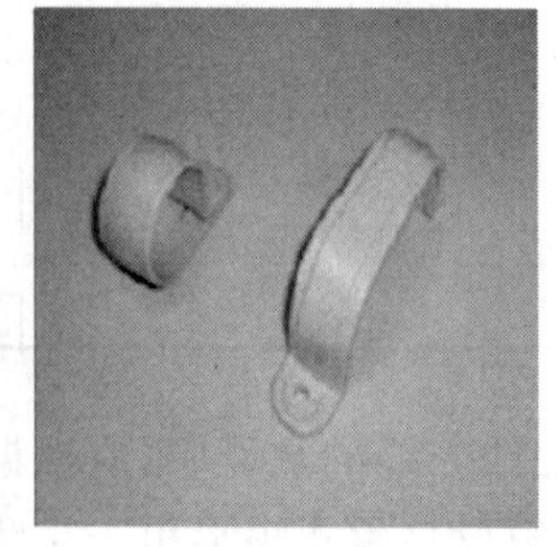
(c) 管卡

图 2-52 波纹管敷设常用器材

2. 光缆敷设施工步骤

(1) 选择波纹管布放路由。波纹管应尽量安装在人手无法触及的地方,且不要设置在有损美观的位置,一般宜采用外径不小于 25 mm 的波纹管。

(2) 确定过路盒的安装位置。应在住宅单元的入户口处以及水平、垂直管的交叉处设置过路盒。当水平波纹管直线段长超过 30 m 或段长超过 15 m 并且有 2 个以上的 90°弯角时，应设置过路盒，如图 2-53 所示。

(3) 安装管卡并固定波纹管。在路由的拐角或建筑物的凹凸处，波纹管需保持一定的弧度安装固定，以确保蝶形引入光缆的弯曲半径满足要求，便于光缆的穿放。

(4) 在波纹管内穿放蝶形引入光缆(在距离较长的波纹管内穿放光缆时可使用穿管器)。

(5) 连续穿越两个直线过路盒或通过过路盒转弯或在入户点牵引蝶形引入光缆时，应把光缆抽出过路盒后再行穿放。

(6) 过路盒内的蝶形引入光缆不需留有余长，只要满足光缆的弯曲半径即可。光缆穿通后，应确认过路盒内的光缆没有被挤压，特别要注意通过过路盒转弯处的光缆。

(7) 关闭各个过路盒的盖子。

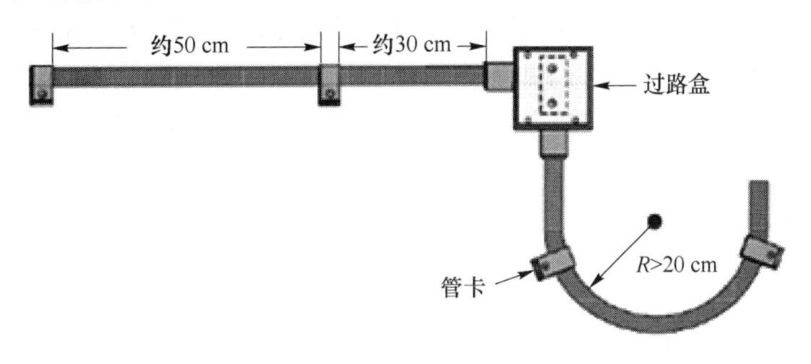

图 2-53　波纹管敷设

(三) 暗管敷设

1. 常用器材

钢制穿管器如图 2-54(a)所示，用于较硬、强度较高的穿管，适用于有垃圾物阻塞的管孔，且管孔内无其他线缆的管道；塑料穿管器是材质较软、强度一般的穿管牵引工具，适用于管径较小或管孔内有其他线缆的管道，如图 2-54(b)所示；润滑剂是在穿管时使用的润滑物质，可以减小穿管器牵引线或蝶形引入光缆在穿放时与暗管或其他线缆间的摩擦力，如图 2-54(c)所示。

(a) 钢制穿管器

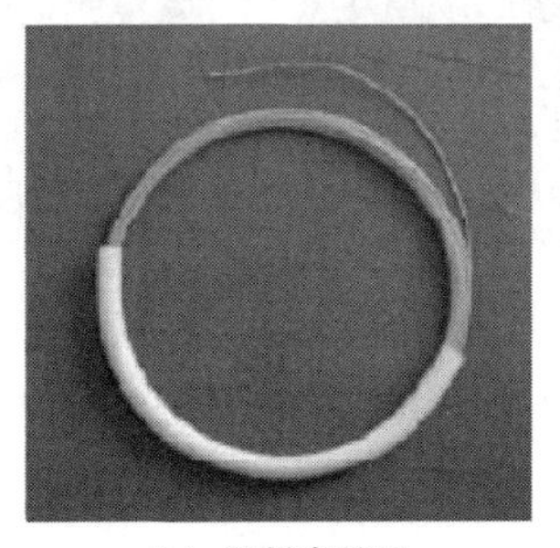

(b) 塑料穿管器

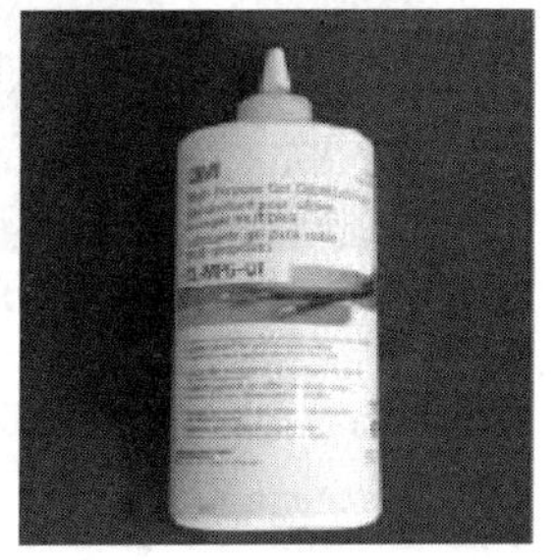

(c) 润滑剂

图 2-54　暗管穿放器材

2. 光缆敷设施工步骤

(1) 根据光分路器和 ONU 的安装位置、入户暗管和户内暗管的实际布放情况，查找、确定入户管孔的具体位置。

(2) 先尝试把蝶形引入光缆直接穿放入暗管,若能穿通,则穿缆工作结束。

(3) 无法直接穿缆时,应使用穿管器。如穿管器在穿放过程中阻力较大,可在管孔内倒入适量的润滑剂或者在穿管器上直接涂上润滑剂,再次尝试把穿管器穿入管孔内。

(4) 如在某一端使用穿管器不能穿通的情况下,可从另一端再次进行穿放,如还不成功,应在穿管器上做好标记,将牵引线抽出,确认堵塞位置,向用户说明情况,重新确定布缆方式。

(5) 当穿管器顺利穿通管孔后,把穿线器的一端与蝶形引入光缆连接起来,制作合格的光缆牵引端头(穿管器牵引线的端部和光缆端部相互缠绕 20 cm,并用绝缘胶带包扎,但不要包得太厚)。如果在同一管孔中敷设有其他线缆,宜使用润滑剂,以防止损伤其他线缆。

(6) 将蝶形引入光缆牵引入管时的配合是很重要的,应由二人进行作业,双方必须相互间喊话,如牵引开始的信号、牵引时的互相间口令、牵引的速度以及光缆的状态等。由于牵引端作业人员看不到放缆端作业人员,所以不能勉强硬拉光缆。

(7) 将蝶形引入光缆牵引出管孔后,应分别用手和眼睛确认光缆引出段上是否有凹陷或损伤。如果有损伤,则应放弃穿管的施工方式。

(8) 确认光缆引出的长度,剪断光缆。注意千万不能剪得过短,必须预留用于制作光纤接续的长度。

(四) 钉固件方式敷设

1. 常用器材

钉固件方式敷设的常用器材如下。

(1) 卡钉扣是在室内环境下用于直接敲击的钉固件方式敷设蝶形引入光缆的塑料夹扣,如图 2-55(a)所示。

(2) 螺钉扣是在室外环境下用于螺丝钉固件方式敷设自承式蝶形引入光缆的塑料夹扣,如图 2-55(b)所示。

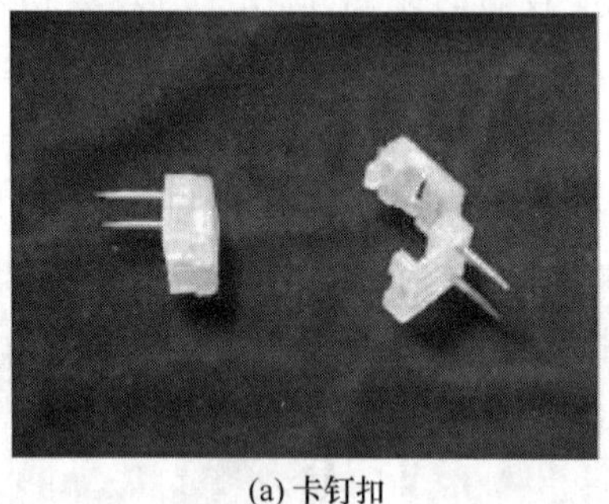
(a) 卡钉扣

(b) 螺钉扣

图 2-55　钉固器材

2. 光缆敷设施工步骤

(1) 选择光缆钉固路由,一般光缆应钉固在隐蔽且人手较难触及的墙面上。

(2) 在室内钉固蝶形引入光缆应采用卡钉扣,在室外钉固自承式蝶形引入光缆应采用螺钉扣。

(3) 在安装钉固件的同时可将光缆固定在钉固件内,由于卡钉扣和螺钉扣都是通过夹住光缆外护套进行固定的,因此在施工中应注意一边目视检查,一边进行光缆的固定,必须确保光缆无扭曲,且无钉固件挤压在光缆上的现象发生。

(4) 在墙角的弯角处,光缆需留有一定的弧度,从而保证光缆的弯曲半径,并用套管进行保护,严禁将光缆贴住墙面沿直角弯转弯,如图 2-56 所示。

(5) 采用钉固件方式布放光缆时需特别注意光缆的弯曲、铰接、扭曲、损伤等现象。

(6) 光缆布放完毕后,需全程目视检查光缆,确保光缆上没有外力损伤。

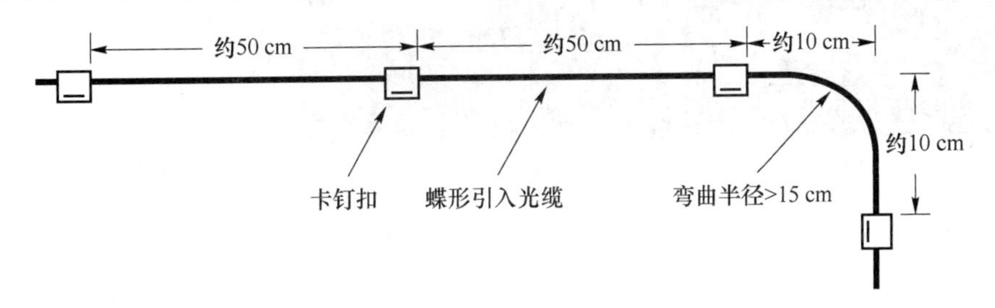

图 2-56　沿墙钉固施工规范

(五) 支撑件方式敷设

1. 常用器材

(1) 紧箍钢带、紧箍夹和紧箍拉钩

① 紧箍钢带是室外在电杆上固定各类挂杆设备和器件的钢带,如图 2-57(a)所示。

② 紧箍夹是在电杆上将紧箍钢带收紧并固定的夹扣,如图 2-57(b)所示。

③ 紧箍拉钩是采用紧箍钢带安装在电杆上,用于将 S 固定件拉挂固定在电杆上的器件,如图 2-57(c)所示。

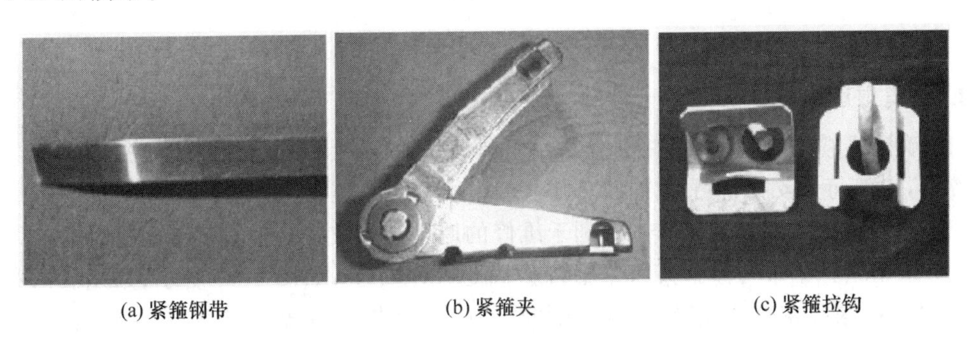

(a) 紧箍钢带　(b) 紧箍夹　(c) 紧箍拉钩

图 2-57　常用支撑件

(2) S 固定件、C 型拉钩和环型拉钩

① S 固定件是用于结扎自承式蝶形引入光缆的吊线,并将光缆拉挂在支撑器件上的器件,如图 2-58(a)所示。

② C 型拉钩是采用螺丝安装在建筑物的外墙,用于将 S 固定件拉挂固定在建筑物外墙上的器件,如图 2-58(b)所示。

③ 环型拉钩是采用自攻式螺丝端头,用于将 S 固定件拉挂固定在木质材料上的器件,如图 2-58(c)所示。

(3) 理线钢圈、纵包管和缠绕管

① 理线钢圈用于电杆上自承式蝶形引入光缆的垂直走线,如图 2-59(a)所示。

② 纵包管采用纵向叠包的方式对蝶形引入光缆进行包扎保护,主要用于使用支撑件布缆时对自承式蝶形引入光缆结扎处的保护,如图 2-59(b)所示。

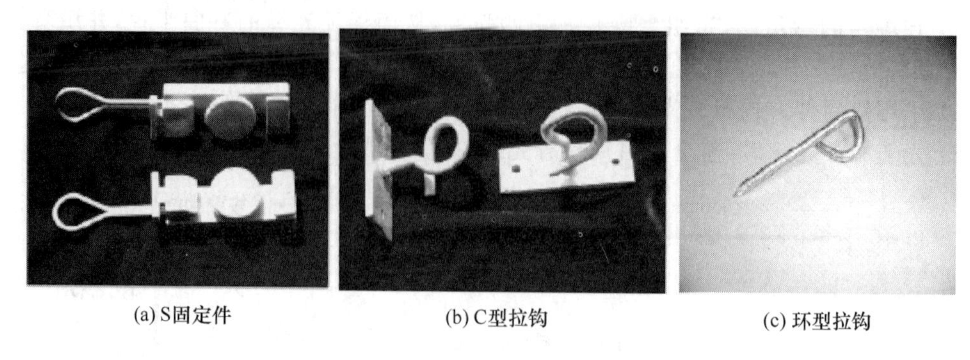

(a) S固定件　　(b) C型拉钩　　(c) 环型拉钩

图 2-58　常用支撑件

③ 缠绕管采用缠绕方式对蝶形引入光缆进行包扎保护，主要在光缆穿越墙洞、障碍物以及与其他线缆交叉时使用，如图 2-59(c)所示。

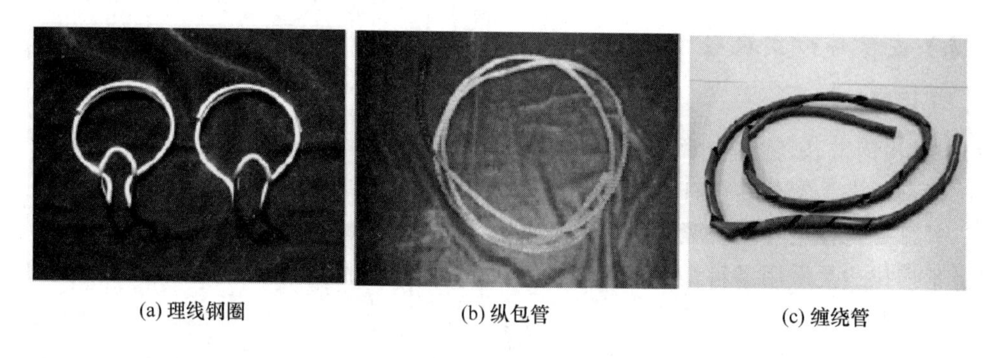

(a) 理线钢圈　　(b) 纵包管　　(c) 缠绕管

图 2-59　常用支撑件

2. 光缆敷设施工步骤

(1) 确定光缆的敷设路由，并勘查路由上是否存在可利用的已敷设自承式蝶形引入光缆的支撑件，一般每个支撑件可固定 8 根自承式蝶形引入光缆。

(2) 根据装置牢固、间隔均匀、有利于维修的原则选择支撑件及其安装位置。

(3) 采用紧箍钢带与紧箍夹将紧箍拉钩固定在电杆上，如图 2-60 所示；采用膨胀螺丝与螺钉将 C 型拉钩固定在外墙面上，对于木质外墙可直接将环型拉钩固定在上面，如图 2-61 所示。

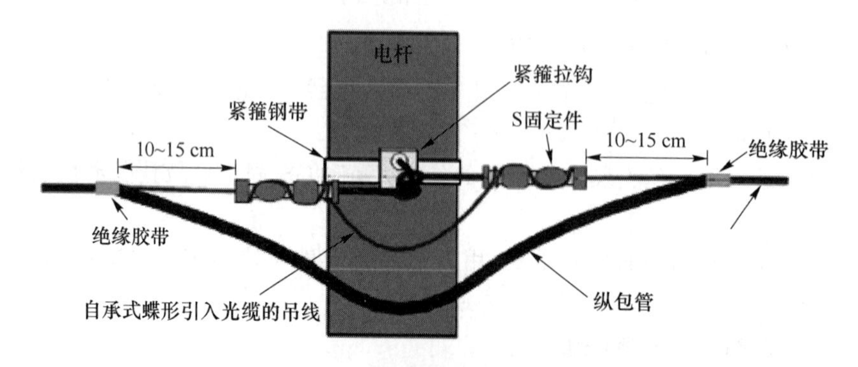

图 2-60　自承式蝶形光缆杆路施工规范

(4) 分离自承式蝶形引入光缆的吊线，并将吊线扎缚在 S 固定件上，然后拉挂在支撑件上，当需敷设的光缆长度超过 100 m 时，宜从中间点位置开始布放。

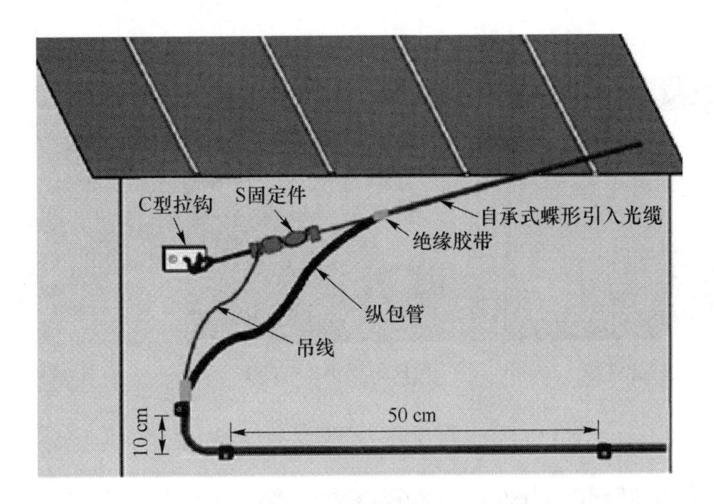

图 2-61　自承式蝶形光缆外墙固定施工规范

(5) 用纵包管包扎自承式蝶形引入光缆吊线与S固定件扎缚处的余长光缆。

(6) 自承式蝶形引入光缆与其他线缆交叉处应使用缠绕管进行包扎保护，如图 2-62 所示。

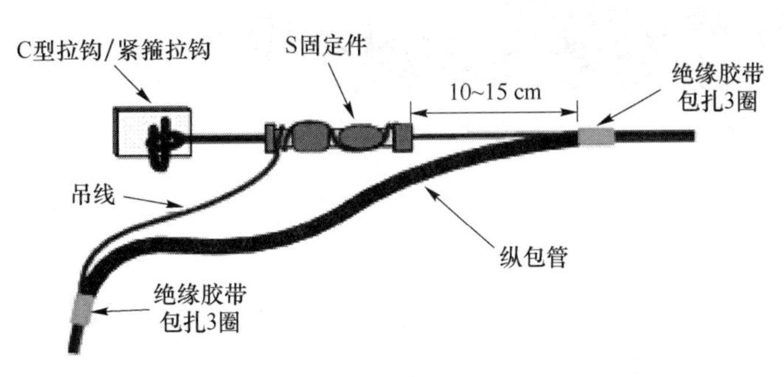

图 2-62　S固定件施工规范

(7) 在整个布缆过程中应严禁踩踏或卡住光缆，如发现自承式蝶形引入光缆有损伤，需考虑重新敷设。

(六) PVC 管/线槽方式敷设

多层老式住宅的线缆敷设方式通常为明管敷设或者明线钉固方式。在明管敷设时，可以选择波纹管、PVC 管敷设。在用户室内敷设时可以采取线槽沿踢脚线走线方式。常见的 PVC 管材有多孔 PVC 管〔如图 2-63(a)所示〕、单孔 PVC 管〔如图 2-63(b)所示〕、PVC 线槽〔如图 2-62(c)所示〕。

(七) 墙体开孔与光缆保护

1. 常用器材

(1) 过墙套管是蝶形引入光缆在住宅单元户内穿越墙体时的墙孔美观与保护材料，如图 2-64(a)所示。

(2) 封堵泥是用于在室外墙体开孔处蝶形引入光缆穿越后的防水封堵，如图 2-64(b)所示。

(3) 硅胶是墙体开孔穿越蝶形引入光缆或外墙安装支撑器件处的防水封堵材料，如

图 2-64(c)所示。

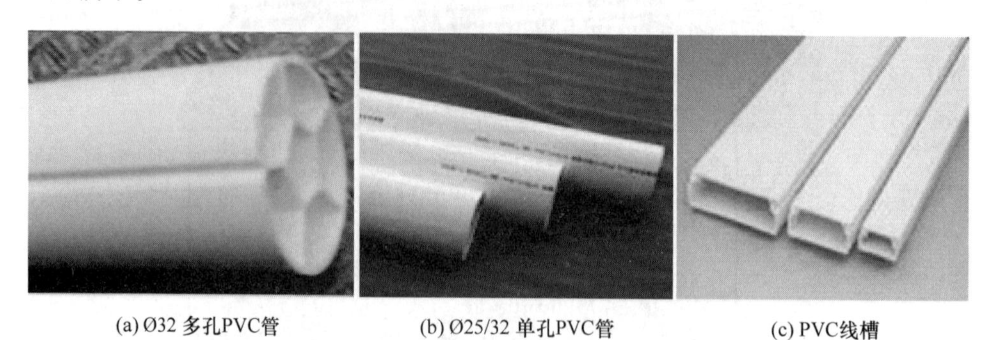

(a) Ø32 多孔PVC管　(b) Ø25/32 单孔PVC管　(c) PVC线槽

图 2-63　PVC 管材

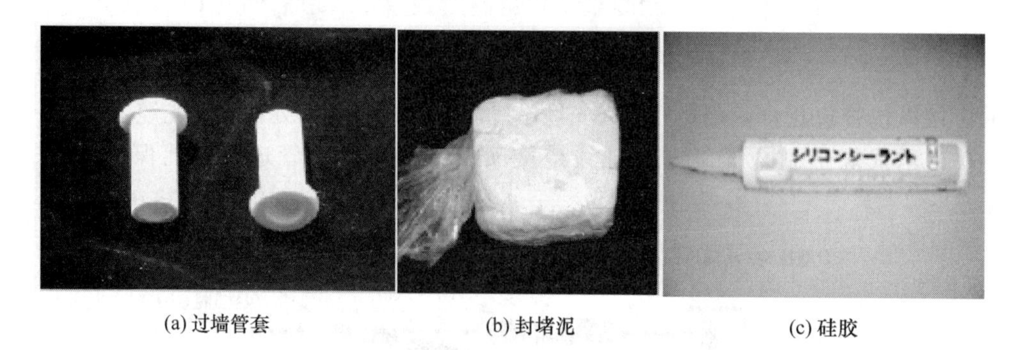

(a) 过墙管套　(b) 封堵泥　(c) 硅胶

图 2-64　开孔器材

2. 光缆敷设施工步骤

(1) 根据入户光缆的敷设路由，确定其穿越墙体的位置。一般宜选用已有的弱电墙孔穿放光缆，对于没有现成墙孔的建筑物应尽量选择在隐蔽且无障碍物的位置开启过墙孔。

(2) 根据住户数判断穿放蝶形引入光缆的数量，选择墙体开孔的尺寸，一般直径为 10 mm 的孔可穿放 2 条蝶形引入光缆。

(3) 根据墙体开孔处的材质与开孔尺寸选取开孔电钻或冲击钻，确定钻头的规格。

(4) 为防止雨水灌入，应从内墙面向外墙面倾斜 10°进行钻孔，如图 2-65 所示。

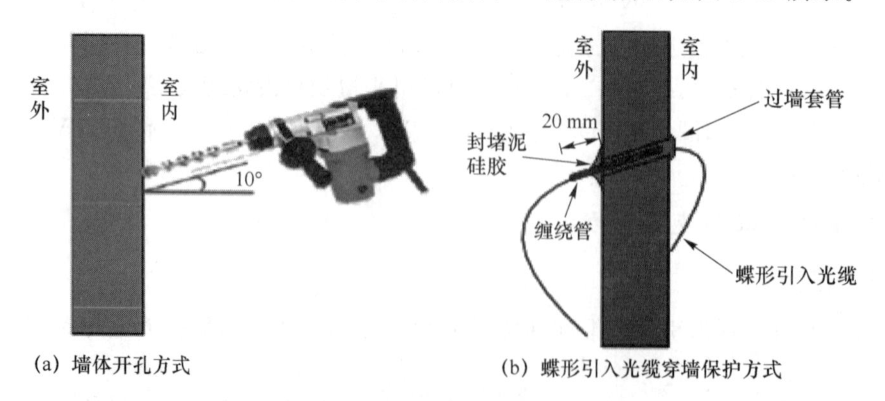

(a) 墙体开孔方式　(b) 蝶形引入光缆穿墙保护方式

图 2-65　墙体开孔方法

(5) 墙体开孔后，为了确保钻孔处的美观，内墙面应在墙孔内套入过墙套管或在墙孔口处安装墙面装饰盖板。

(6) 如所开的墙孔比预计的要大，可用水泥进行修复，应尽量做到洞口处的美观。

(7) 将蝶形引入光缆穿放过孔，并用缠绕管包扎穿越墙孔处的光缆，以防止光缆裂化。

(8) 光缆穿越墙孔后，应采用封堵泥、硅胶等填充物封堵外墙面，以防雨水渗入或虫类爬入。

(9) 蝶形引入光缆穿越墙体的两端应留有一定的弧度，以保证光缆的弯曲半径满足要求。

三、皮线光缆的接续与成端

皮线光缆的接续与成端是FTTH装维工作中的一个重要的环节。

FTTH安装时从光分路箱中找到用户对应的分光器接口后，需要在敷设皮线光缆前在皮线光缆的一端制作一个SC型的接头，方可连接入户皮线光缆到分光器接口上。当皮线光缆敷设至用户室内的光缆终结点时，需要制作一个接头，以便于皮线光缆能连接到ONU的PON口。对于皮线光缆的成端，目前主要采用皮线光缆与尾纤热熔的形式来实现。

(一) 常用器材

皮线光缆的成端常见器材为光纤熔接机、护套开剥钳、米勒钳、尾纤、热缩套管和熔接保护壳等。

1. 光纤熔接机

光纤熔接机是皮线光缆接续和成端的主要仪器，用于皮线光缆和尾纤的熔接接续，并提供皮线光缆/尾纤的切割、清洁功能。图2-66所示的是易诺IFS-15M光纤熔接机的外观结构。

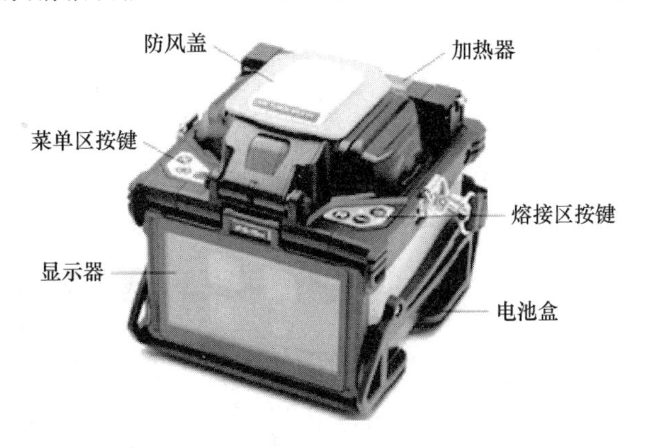

图2-66　易诺IFS-15M熔接机的外观结构

易诺IFS-15M熔接机主要由加热器、防风盖、菜单区按键、熔接区按键、显示器、电池盒及蓄电池组成，采用传统V型槽熔接原理，图2-67为其内部结构。

2. 辅助工具

(1) 护套开剥钳是用于剥除皮线光缆的护套和剪断加强件，如图2-68(a)所示。

(2) 米勒钳是用于剥离光纤表面的涂覆层、剥离尾纤的外护套，如图2-68(b)所示。

(3) 光纤切割刀用于切割裸纤、制备符合接续要求的光纤端面，如图2-68(c)所示。

3. 辅助材料

(1) 尾纤用于成端皮线光缆，带SC型接头，如图2-69(a)所示。

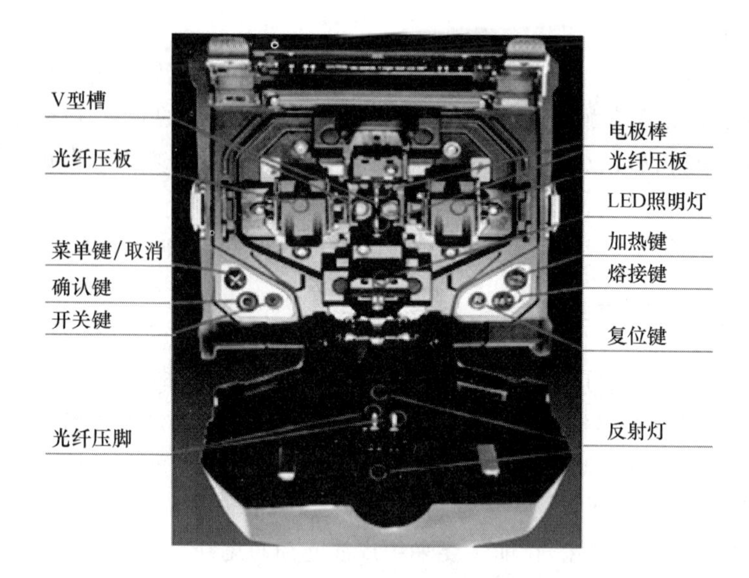

图 2-67　易诺 IFS-15M 熔接机内部结构

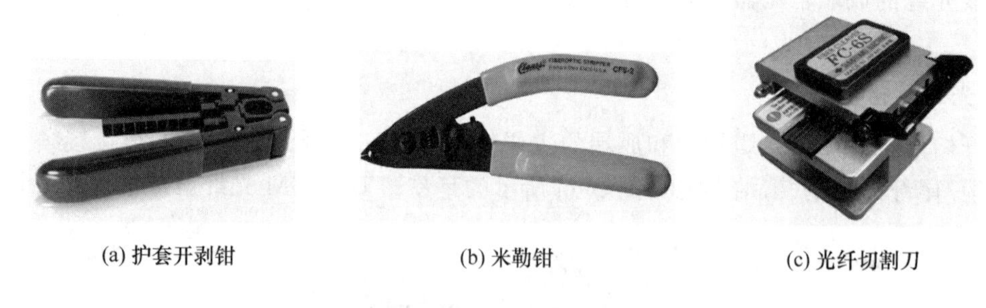

(a) 护套开剥钳　　(b) 米勒钳　　(c) 光纤切割刀

图 2-68　皮线光缆熔接辅助工具

(2) 热缩套管是用于保护皮线光缆与尾纤的熔接点，如图 2-69(b)所示。

(3) 熔接保护壳用于保护熔接点及热缩管，如图 2-69(c)所示。

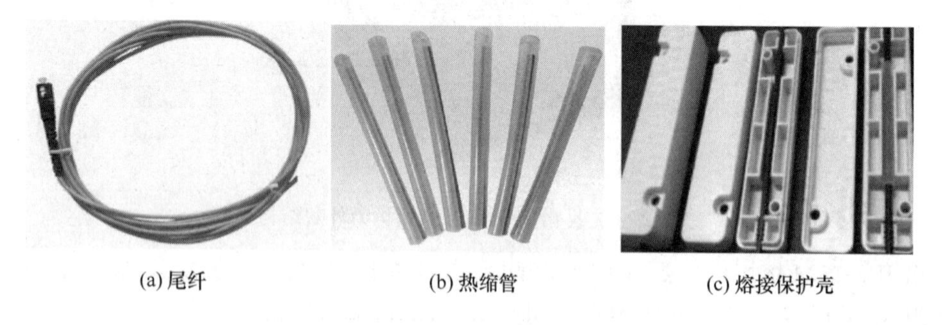

(a) 尾纤　　(b) 热缩管　　(c) 熔接保护壳

图 2-69　皮线光缆熔接辅助材料

熔接的辅助耗材还有无水乙醇(酒精)、无尘试纸或脱脂棉，用于清洁设备和裸纤。

(二) 皮线光缆与尾纤熔接的操作步骤

皮线光缆接续是一项细致的工作，特别在端面制备、熔接、盘纤等环节，要求操作规范。只有努力提高实践操作技能，才能降低接续损耗，全面提高光缆接续质量。在开剥光缆之前应去除施工时受损变形的部分，然后进行光纤端面处理，也称为端面制备。端面制备是光纤技术中的关键工序，主要包括剥覆、清洁和切割等环节。

1. 光缆端面制备

皮线光缆端面制备过程如下。

① 使用护套开剥钳去除外护套约 5 cm。

② 使用米勒钳最小的卡槽去除光纤芯线的涂覆层。

③ 使用蘸有酒精的无尘试纸或脱脂棉清洁裸纤，然后再用光纤切割刀切割裸纤，以制备符合接续要求的光纤端面。

④ 将切割好的光纤放入熔接机的 V 型槽固定，要确保 V 型槽底部无异物且光纤紧贴 V 型槽底部。

尾纤端面的制备：先使用米勒钳最大的卡槽去除外护套约 3 cm，再用剪刀或者美工刀去除填充的凯夫拉线，用米勒钳的第二个卡槽去除白色束管，然后继续用米勒钳最小的卡槽去掉光纤芯线的涂覆层，余下的步骤是清洁、切割与固定，同上面皮线光缆端面制备流程一样。

需要注意的是，皮线光缆和尾纤都是开剥涂覆层之后清洁裸纤，切割好之后无须再次清洁，否则可能造成端面的二次污染，影响熔接质量。裸纤的清洁、切割和熔接的时间应紧密衔接，不可间隔过长，特别是已制备的端面不能放在空气中。移动时要轻拿轻放，防止与其他物件擦碰。在接续中，应根据环境，对切割刀的 V 型槽、压板、刀刃进行清洁，谨防端面污染。此外，熔接机在不使用的时候，防风盖应该处于关闭状态，避免沾上灰尘。

2. 皮线光缆与尾纤的熔接

熔接机开机会自检，按照图 2-70 所示的步骤完成尾纤、皮线光缆的处理以及熔接。

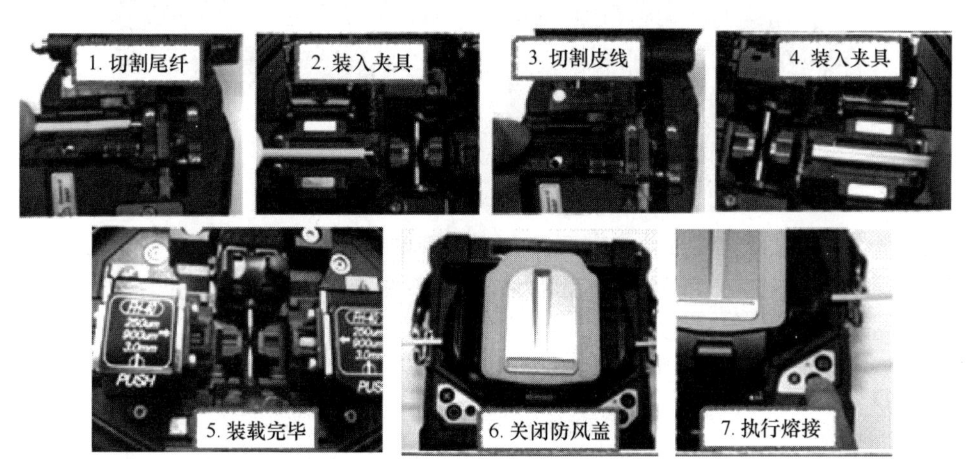

图 2-70　尾纤、皮线光缆的处理与熔接

在熔接机开机自检完成并放入切割好的光纤端面后，关闭防风盖，通过显示屏上放大的图检查光纤端面的切割情况，确保端面干净且切割平整；观察左右两边光纤在 V 型槽中的对准情况，确保对准偏差小于 0.3 μm，即误差在允许范围之内方可进行熔接。

机器自动熔接机器开始熔接时，首先将左右两侧 V 型槽中的光纤相向推进，在推进过程中会产生一次短暂放电，其作用是清洁光纤端面灰尘，接着会把光纤继续推进，直至光纤间隙处在原先所设置的位置上，这时熔接机测量切割角度，并把光纤端面附近的放大图像显示在屏幕上，如果切割质量不好会提示需要重新制备端面。

熔接过后要观察熔接结果，熔接机会自动评估并显示当前熔接损耗，由于是估计值，所以该值并不精确，但显示在 0.1dB 以上就必须重新制端面，然后再熔接。

3. 热缩保护

光纤在端面制备时去掉了接头部位的涂覆层，其机械强度降低，因此要对接头部位进行补强保护，一般采用光纤热缩保护管（热缩管）保护光纤接头部位。热缩管内有一根不锈钢棒，不仅增加了抗拉强度（承受拉力为 1 000g～2 300g），而且避免了因外部聚乙烯管的收缩而可能引起的接续部位微弯问题。

热缩管应在剥覆前穿入，严禁在端面制备后穿入。

打开防风罩以及两边的夹具盖，将热缩管从皮线光缆一侧轻滑至熔接点，使得熔接点处于热缩管的中点位置，然后将热缩管放置于加热槽内，盖上加热盖，按下加热按键，待加热完成后，将热缩管放于冷却支架上进行冷却。待冷却完成后，将热缩管保护盖拨至热缩管处固定，如图 2-71 所示。

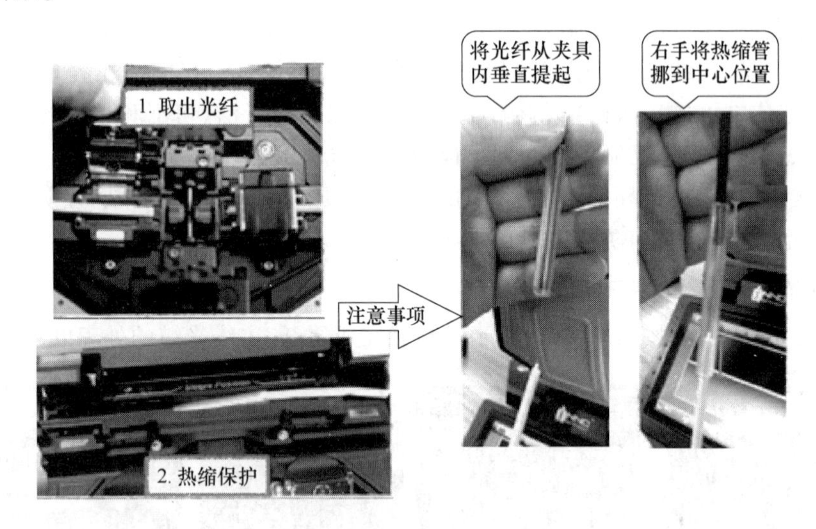

图 2-71　热缩保护

需要注意的是，光纤熔接部位一定要放在热缩管的正中间，并需要加一定张力，防止加热过程出现气泡、固定不充分等问题。加热后拿出时，不要接触加热后的部位，此时温度很高，应避免烫伤。

四、ODN 测试

FTTH 入户段光缆敷设完毕后，为确保该段光纤的衰减值小于 1 dB，必须对其进行测试。目前，常用基于 PON 的 FTTH 光功率测量仪器主要有普通光功率计和波长分离的 PON 功率计两种，如图 2-72 所示。

普通光功率计是 FTTH 入户光缆施工中最常用的测试仪表，通常将光源和光功率计配套使用，进行入户段光缆的衰减测试。光源的主要作用就是向光缆线路发送功率稳定的光信号，光功率计接收光信号并测量信号的功率值。由光源的发送功率减去光功率计的实际接收功率，就可以得到被测入户光缆线路的总衰减。

但是普通光功率计每次只能测量一个波长，而波长分离的 PON 功率计能同时测量多个波长，并且为了对每个波长提供通过、告警或未通过状态信息，PON 功率计可以设置功率阈值。

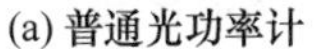

(a) 普通光功率计

(b) 波长分离的PON功率计

图 2-72　光功率计

（一）仪器仪表选择

光源和光功率计作为 FTTH 入户段光缆施工的基本测试仪表，宜根据实际需要从功能和性能上进行选择，一般要求如下。

（1）光源具有 LCD 显示。

（2）光源的发射光功率可调。

（3）光源和光功率计具有调制波功能。

（4）光功率计能直接读出损耗。

（二）测试步骤

1. 光源和光功率计测试

由于光源和光功率计通常是配套使用的，所以在使用时，需注意参数设置的一致性。具体为上行方向测试 1 310 nm 波长的衰减，下行方向测试 1 490 nm 波长的衰减。

（1）步骤一：设定基准（参考）值。

① 打开光功率计，选择工作波长。

② 打开光源，选择正确的波长并使其稳定。

③ 用一根光跳纤连接光源和光功率计，注意所使用的光跳纤必须与被测入户光缆所使用的光纤相同。

④ 用光功率计测得此时的光功率值，注意此时测得的光功率值应该与光源本身的设定值相近，如果有较大的偏差，请仔细清洁光跳纤连接插头的端面或者直接更换光跳纤。

⑤ 按光功率计的“自调零”键，此时光功率计的 dB 读数为 0.00，所测得光功率值设置成为基准（参考）值。

（2）步骤二：测量入户段光纤衰减值。

① 把光源和光功率计分别与入户光缆两端的光纤连接插头相连，注意需要清洁光纤接续连接插头的端面。

② 读取光功率计的 dB 读数，此时光功率计显示的 dB 读数就是被测入户段光缆的衰减值。

2. PON 光功率计测试

在入户光缆敷设完毕及 ONU 安装、开通后，可以使用 PON 光功率计进行 ODN 链路下行和上行的衰减测试。

(1) 将 PON 功率计分别与入户段光缆和连接 ONU 设备的光跳纤相连。

(2) 测得 1 310 nm 波长下的数值为 ONU 至 PON 功率计间的光纤链路损耗;测得 1 490 nm 波长下的数值为 OLT 至 PON 功率计间的光纤链路损耗。

(3) 使用 PON 光功率计测量时,可以直接在网络中进行测量,不影响上行和下行光信号的传输,并且可以同时测量所有波长的功率和光信号的突发功率。

(三) 衰减预算及功率指标

1. 衰减预算

PON 的光纤链路损耗包括了 S/R 和 R/S(S 为光发信参考点;R 为光收信参考点)参考点之间所有光纤和无源光元件(如光分路器、活动连接器和光接头等)所引入的损耗。

ODN 光通道衰减所允许的衰减定义为 S/R 和 R/S 参考点之间的光衰减,以 dB 表示,包括光纤、光分路器、光纤活动连接器、光纤熔接接头所引入的衰减总和。在设计过程中应对无源光分配网络中最远用户终端的光通道衰减核算,采用最坏值法(即分别计算 OLT 的 PON 口至 ONU 之间上行和下行的传输距离,取两者中较小者为 PON 口至 ONU 之间的最大传输距离)进行 ODN 光通道衰减核算,如图 2-73 所示。

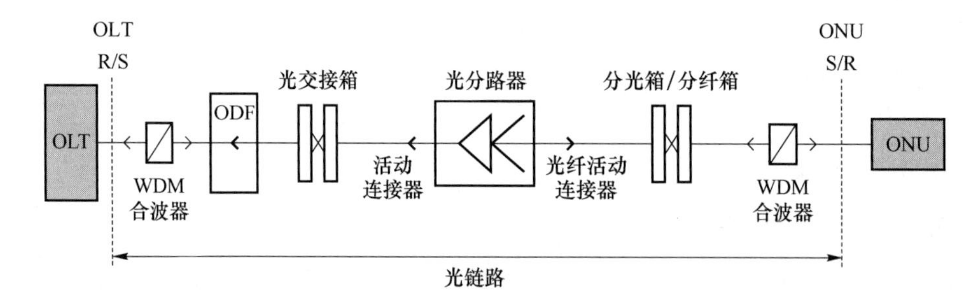

图 2-73 ODN 光通道模型

ODN 光通道衰减参数取值如下。

(1) 光纤衰减

① 上行 1 310 nm 波长时光纤衰减取 0.35 dB/km。

② 下行 1 490 nm、1 550 nm 波长时光纤衰减取 0.21 dB/km。

(2) 光纤活动连接器插入衰减

每个光纤活动连接器插入衰减为 0.5 dB。

(3) 光纤熔接接头衰减

① 分立式光缆光纤熔接接头衰减取双向平均值为每个接头 0.06 dB。

② 带状光缆光纤熔接接头衰减取双向平均值为每个接头 0.12 dB。

(4) 光分路器插入衰减

光分路器插入衰减的参考值如表 2-23 所示。

表 2-23 光分路器典型插入衰减的参考值

分光比	1∶2	1∶4	1∶8	1∶16	1∶32	1∶64
插入衰减/dB	≤3.8	≤7.4	≤10.5	≤13.8	≤17.1	≤20.4

(5) 光纤富余度

① 当传输距离≤5 km时，光纤富余度不少于1 dB。

② 当传输距离≤10 km时，光纤富余度不少于2 dB。

③ 当传输距离>10 km时，光纤富余度不少于3 dB。

2. 光功率指标

EPON和GPON的设备采用的光模块不一样，光功率指标也不一样。以OLT设备、ONU设备均采用PX20+光模块的EPON网络为例，其光功率指标如下。

(1) 收发光功率标准

① OLT设备正常的发送光功率范围为+2.5～+7 dBm，接收光功率为−8～−28 dBm。

② ONU设备正常的发送光功率范围为−1～+4 dBm，接收光功率为−8～27 dBm。

(2) 全程光功率衰减标准(不考虑光纤富裕度)

① 下行方向上的总衰减不大于27.5 dB。

② 上行方向上的总衰减不大于28.5 dB。

(3) 入户段光功率指标及衰减标准

① 在下行方向上，光分路箱处分光器出口接收光功率值应不小于−21 dBm；用户侧光猫处接收光功率值应不小于−22 dBm。

② 入户段光缆的衰减在上行、下行两个方向上均应小于1 dB。

③ 同一PON口下的任意两个光猫之间的接收光功率差值不能大于8 dB。

五、FTTH终端业务放装

(一) FTTH宽带网络结构

基于FTTH的宽带网络架构包括PON系统、PON网元管理系统(EMS)、终端综合管理系统(ITMS)、IT支撑系统等，如图2-74所示。

(二) FTTH业务实现原理

FTTH所承载的宽带上网、语音、ITV业务在用户侧通过光猫设备的各类业务端口来实现业务的接入。在电信机房中，通过OLT设备来实现多个光猫业务数据的汇聚与分发。三项业务数据均通过同一传输介质(单根光纤)、同一网络接入设备(光猫)、同一OLT设备来进行传输，各类业务数据通过VLAN来进行区分标识。

具体的业务实现原理如下。

1. ONU自动注册与配置

在ONU首次加电时，使用LOID向网络侧申请注册；注册成功后，网络侧ITMS通过TR069通道下发ONU配置数据，下发的数据主要包括宽带上网业务、VoIP业务、IPTV业务相关的网络参数与用户各业务的账号、密码。

2. 宽带上网业务实现

用户发起PPPoE的虚拟拨号连接，将上网账号、密码送到BAS验证；BAS响应并终结PPPoE连接，并将用户账号密码送至AAA验证；AAA验证通过后，BAS配合AAA完成验证处理，给用户分配一个合法的IP地址、DNS地址，此时用户获得合法IP，可以访问Internet，AAA开始计费。

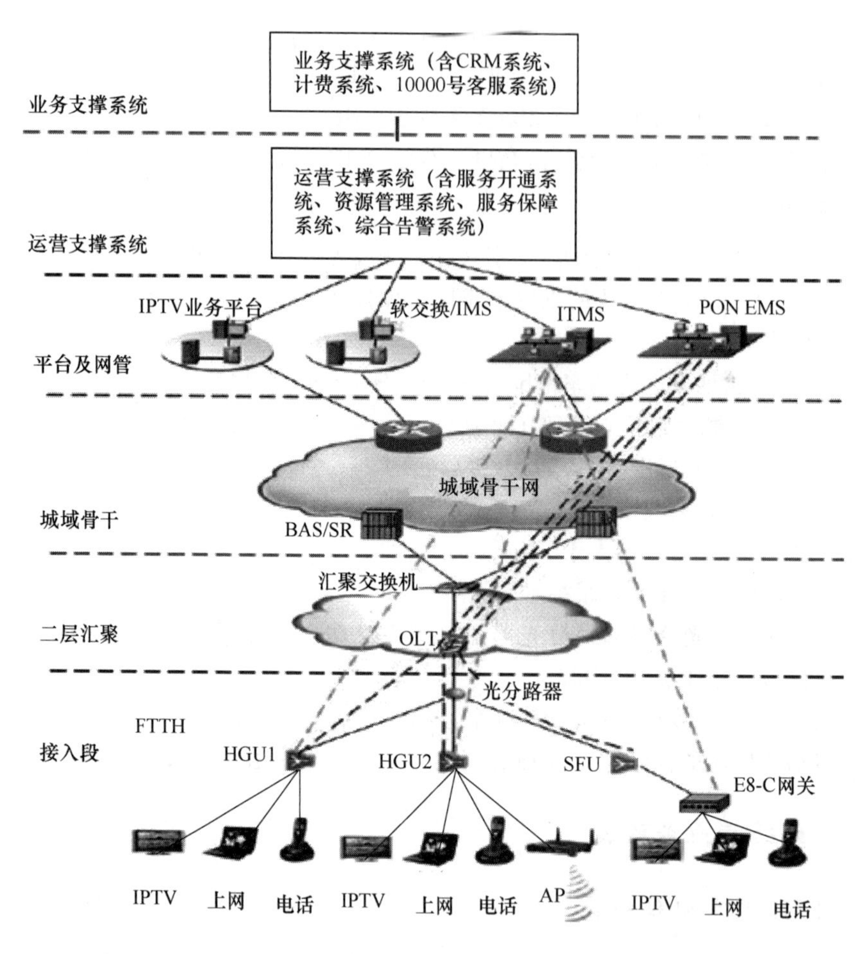

图 2-74　基于 FTTH 的宽带网络架构

3. 语音业务实现

ONU 开机后，向 SR（全业务路由器）发起 DHCP 请求，当获得私网 IP 地址后，可访问 SS（软交换服务器）；然后 ONU 将 VoIP 账号密码送到软交换设备验证，完成语音业务开通。

4. ITV 业务实现

IPTV 机顶盒开机时，机顶盒先向 SR 发起 IPoE 认证（IPTV 账号、密码），通过 AAA 认证后，可获得 DHCP 服务器分配的私网 IP 地址，从而访问 IPTV 平台，完成网络接入认证；然后机顶盒向 IPTV 平台发起业务认证（IPTV 账号、密码），IPTV 平台验证用户合法性，验证成功后下发 EPG 电子节目菜单。

5. VLAN 划分

对所有业务都使用双层 VLAN 标签，在 ONU 上对三类业务分别配置业务 VLAN（内层 CVLAN），OLT 的 PON 口可灵活设置 SVLAN（外层 VLAN）。通过双层 VLAN 标签，BAS、汇聚设备均可识别并区分不同业务类别和业务等级。

6. QoS 保障

业务的 QoS 优先等级设置如下：ITMS（管理通道）为 7、VoIP 为 6、IPTV 为 5、普通上网为 0。启用优先级队列调度，即 BAS、SR、汇聚、OLT、ONU 均可根据 VLAN 对此三类业务的上下行流进行 QoS 调度,实现相应等级的 QoS 设置。

(三) FTTH 业务开通流程

在光路测试完成、光功率达标之后,就可以进行 FTTH 业务开通。其完整的业务开通流程如图 2-75 所示。

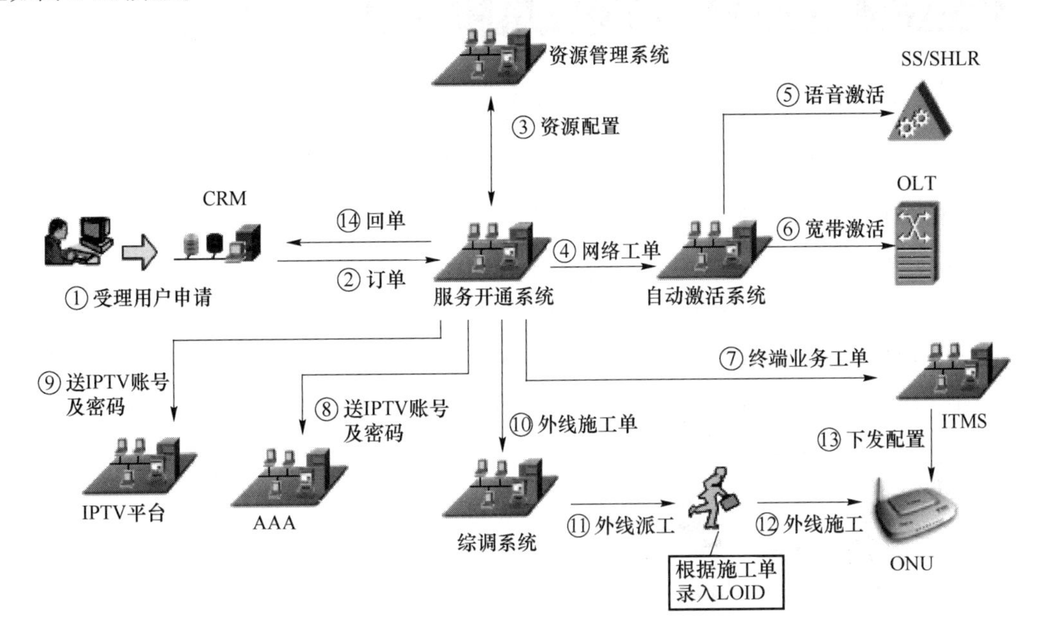

图 2-75　FTTH 业务开通流程

① 用户在前台受理业务。

② 营业员通过 CRM(客户资源系统)受理用户需求,并向服务开通系统下发订单。

③ 服务开通系统将订单信息发送至资源系统,资源管理系统确定终端上行方式,进行资源配置并返回结果给服务开通系统。

④ 服务开通系统根据资源管理系统返回信息,向自动激活系统下发网络工单。

⑤ 自动激活系统向软交换提供语音口、确定分配终端唯一标示、电话号码。

⑥ 自动激活系统对 OLT 进行宽带激活。

⑦ 服务开通系统产生终端业务工单,并向 ITMS 下发终端业务工单,ITMS 完成用户业务预开通。

⑧ 服务开通系统发送 IPTV 账号及密码至 AAA。

⑨ 服务开通系统同时发送 IPTV 账号及密码至 IPTV 平台。

⑩ 服务开通系统产生外线施工单,并下发至综合调度系统。

⑪ 综合调度系统进行外线派工。

⑫ 宽带装维人员外线施工,根据施工单录入 LOID。

⑬ ITMS 通过 TR069 通道下发数据配置。

⑭ 服务开通系统向 CRM 回单。

(四) 业务放装

在 FTTH 业务中,用户侧的主要终端设备有光猫、机顶盒、计算机、电话、电视机等,图 2-76 所示的为一些终端的接口。

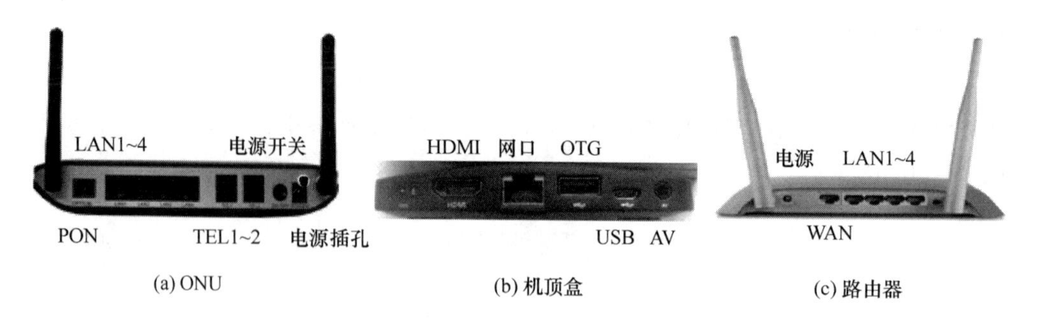

图 2-76　FTTH 一些终端的接口

1. 光猫与其他设备连接

(1) 将皮线光缆的尾纤接头连接至光猫的 PON 口。

(2) 使用电话线连接光猫的语音口与座机。

(3) 使用网线连接光猫的 LAN1、LAN4 口到计算机网卡接口。

(4) 使用网线连接光猫的 LAN2、LAN3 口到机顶盒网络接口。

光猫与其他设备的连接方法如图 2-77 所示。

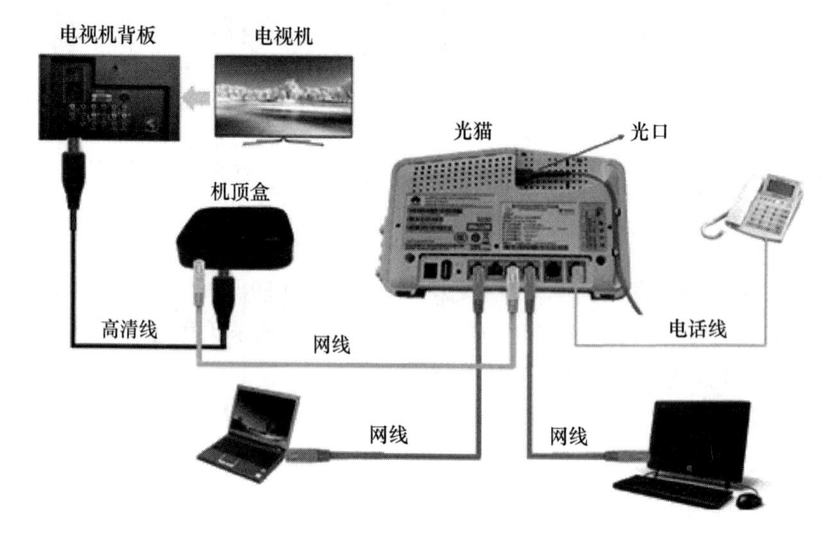

图 2-77　光猫与其他设备的连接

2. 机顶盒与电视机连接

使用 HDMI 线连接机顶盒的 HDMI 接口与电视机的 HDMI 输入接口,如图 2-78 所示。

3. 计算机网络设置

计算机若想要连接到 Internet,实现上网功能,则需要获取到一个合法的 IP 地址,获取 IP 地址的方式主要有三种。

(1) 通过 DHCP 服务自动获取 IP 地址。

(2) 通过 PPPoE 拨号来获取 IP 地址。

(3) 手动设置一个由电信运营商提供的固定 IP 地址。

在 FTTH 家庭宽带用户中,主要使用自动获取 IP 地址和 PPPoE 拨号两种方式来实现计算机网络的接入,而固定 IP 地址的方式主要用于商业客户、政企客户的专线接入宽带。

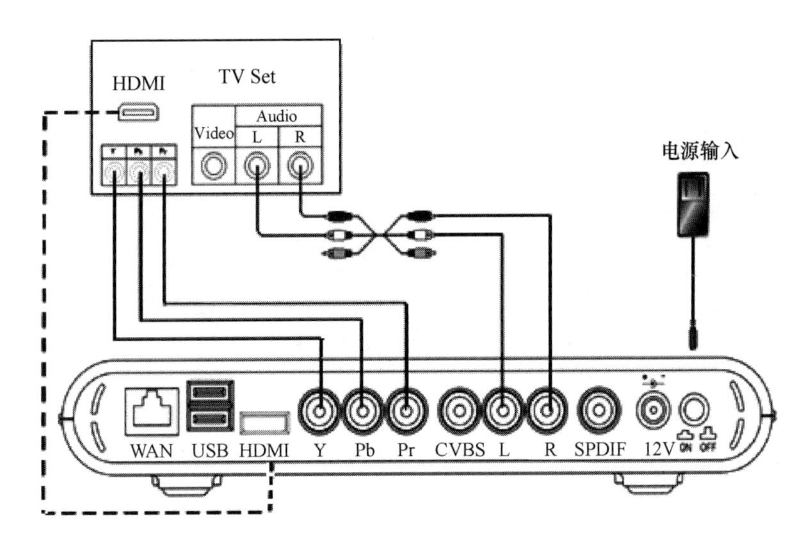

图 2-78 机顶盒与电视机的连接

4. 光猫数据配置

在自动配置方式下装维工程师只需到用户终端上设置好 LOID，其他业务由平台自动下发，这大大提升了装维效率，实现了终端零配置。此功能的实现只针对运营商定制终端，非定制终端无法实现。自动配置方式如图 2-79 所示。

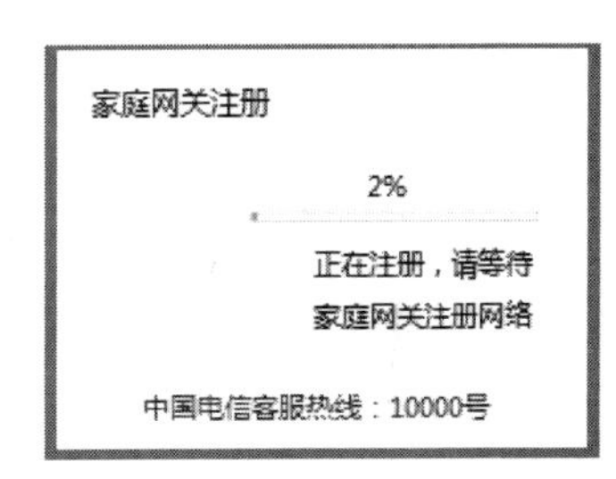

图 2-79 自动配置方式

(1) 在地址栏中输入 http://192.168.1.1。

(2) 单击“设备注册”，进入注册界面。

(3) 在“LOID”中输入该用户的 LOID，“Password”默认为空，单击“确定”，触发注册过程。在一般情况下，进度为 20%时表示终端到 OLT 注册成功；进度为 50%表示终端和 ITMS 平台注册成功；进度为 100%表示业务下发成功。

(4) 业务下发成功后，装维工程师应对用户业务进行验证。若业务正常，则由用户签字确认完成本次装机，如果业务不通，则装维工程师应登录终端进行故常排查。

5. 机顶盒数据配置

机顶盒数据配置当前都为“零配置”方式，使用的是自动下发方式，只需要完成机顶盒与光猫的硬件连接即可自动完成配置数据的下发。

任务实施

一、任务实施流程

任务实施流程如图 2-80 所示。

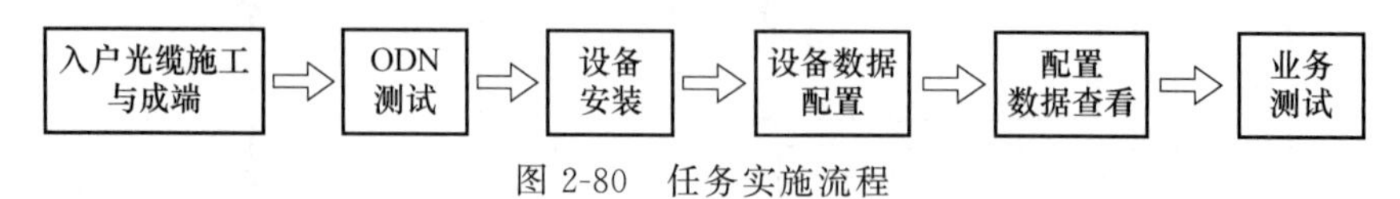

图 2-80　任务实施流程

二、任务实施步骤

(一) 入户光缆施工与成端

1. 入户皮线光缆的暗管敷设

用户家中在装修时已敷设好暗管,因此按照用户的要求,进行入户皮线光缆的暗管敷设。先进行暗管穿通,接着牵引皮线光缆至光猫放置处。

2. 皮线光缆成端

将尾纤与皮线光缆进行热熔,成端损耗要求满足损耗要求。

(二) ODN 测试

使用 PON 测试仪分别在 OLT、ODN 和 ONU 处进行光功率测试,完成表格 2-24、表 2-25 和表 2-26。

表 2-24　OLT 光功率测试表

PON 类型	EPON		GPON	
选择波长	上行	下行	上行	下行
PON 口输出功率				
全业务是否正常				

表 2-25　ONU 光功率测试表

分光比	1∶4	1∶8	1∶16	1∶32	1∶64
ONU 收光(1 490 nm)					
ONU 发光(1 310 nm)					
是否正常开通业务					

表 2-26　ODN 衰减测试表

分光比	1∶4	1∶8	1∶16	1∶32	1∶64
端口 IN/dBm					
端口 OUT/dBm					
分光器衰减/dB					
分光器理论衰减值/dB					

（三）设备安装

按照FTTH终端设备的安装方法，完成光猫、机顶盒、路由器、计算机、电话、电视等终端设备的安装。

1. 光猫的安装

(1) 将皮线光缆的接头连接到光猫的PON口。

(2) 使用网线连接路由器与光猫的上网LAN口。

(3) 使用网线连接机顶盒与光猫的ITV业务LAN口。

(4) 使用电话线连接电话与光猫的语音口。

2. 机顶盒的安装

使用HDMI线连接光猫的HDMI接口与电视的HDMI接口。

3. 路由器的安装

(1) 使用网线连接路由器的LAN口与计算机的网口。

(2) 登录路由器的配置界面，将路由器设置为DHCP上网模式。

（四）设备数据配置

1. 光猫数据自动下发

(1) 在计算机上打开光猫的注册界面。

(2) 录入工单上的LOID号，单击“注册”，完成光猫的注册和数据的自动下发。

(3) 观察光猫注册读条的过程，并做记录。

(4) 观察光猫指示灯的变化，并检查业务的开通情况。

2. 机顶盒数据自动下发

(1) 使用电视遥控器并根据视音频线的连接选择正确的信号源。

(2) 根据工单信息，核对机顶盒的MAC地址。

(3) 按下机顶盒的电源开关，观察机顶盒开机读条过程，并记录。

(4) 检查ITV业务的开通情况。

（五）配置数据查看

1. 光猫数据查看

(1) 在计算机上打开光猫的数据配置界面。

(2) 录入光猫机身的账号和密码，以useradmin账户查看光猫的配置数据。

(3) 查看光猫的宽带上网数据(路由模式)。

(4) 查看光猫的ITV业务数据。

(5) 查看光猫的语音数据。

(6) 查看光猫的ITMS配置数据。

2. 机顶盒数据查看

(1) 登录机顶盒的配置界面。

(2) 根据业务工单信息，查看机顶盒的网络接入及认证数据。

(3) 查看机顶盒的视音频数据。

（六）业务测试

当完成终端的硬件安装和数据配置后，需要对开通的各项业务进行质量测试，主要测试项目和判断标准如下。

（1）宽带上网业务测试

① 带宽测试：使用运营商测速网站、第三方测速软件进行测试，要求带宽达到用户申请的业务带宽。

② 网络质量测试：使用 PING 命令，测试本机到 DNS 服务器的网络质量，要求数据包平均时延小于 10 ms，且无丢包现象发生。

③ 无线上网测试：使用手机或平板电脑连接光猫的无线网时，要求无线上网设备能通过光猫提供的无线网络进行上网。

（2）语音业务测试

① 语音呼入测试：使用其他电话拨打语音座机时，要求能正常呼入，且正确显示来电号码。

② 语音呼出测试：使用语音座机拨打其他电话号码时，要求能正常呼出。

③ 本机号码核对：使用语音座机拨打手机时，要求手机来电显示的号码与用户电话号码一致。

④ 语音通话质量测试：使用语音座机拨打手机时，要求通话质量清晰。

（3）ITV 业务测试

① 直播测试：观看直播节目时，要求直播节目能正常播放，质量清晰。

② 点播测试：观看点播节目时，要求点播节目能正常播放，质量清晰。

③ 其他功能测试：测试 ITV 的增值业务时，要求各项增值业务都能正常使用。

分别针对宽带上网业务、ITV 业务和语音业务进行测试，并完成表 2-27。

表 2-27 业务测试表

业务类型	业务测试项目	测试结果
宽带上网业务	带宽	
	网络质量	
	无线上网	
ITV 业务	直播业务	
	点播业务	
	其他增值业务	
语音业务	语音呼入功能	
	语音呼出功能	
	本机号码	
	语音通话质量	

任务成果

（1）完成用户入户光缆的施工，记录施工过程，注重规范施工。

（2）完成用户入户光缆的成端，注意操作规范和熔接损耗要求。

(3) 完成 ODN 的测试，记录测试结果，填写测试表格。

(4) 完成光猫与机顶盒、路由器、电话座机等设备的正确连接。

(5) 根据任务工单，完成业务自动下发，并查看和记录业务数据。

(6) 根据任务工单，为用户开通 FTTH 所承载的宽带上网业务、语音业务和 ITV 业务。

(7) 完成各项业务指标的测试，记录测试结果，填写测试表格，并评价业务质量。

(8) 完成任务工单 1 份。

任务思考与习题

一、单选题

1. 在光纤接入中，ODN 中的 1∶8 无源光分路器的损耗大概是(　　)dB。

A. 7.4　　B. 10.5　　C. 13.8　　D. 17.1

2. 下列哪些是 FTTH 装机施工中无须使用到的工具(　　)。

A. 米勒钳　　B. 光纤切割刀

C. 光源及光功率计　　D. 防水型头戴照明灯

3. ONU 的光功率范围为(　　)。

A. 接收光功率为－1～－27 dBm，发送光功率为＋2～－3 dBm

B. 接收光功率为－6～－30 dBm，发送光功率为＋7～＋2 dBm

C. 发送光功率为＋4～－1 dBm，接收光功率为－8～－27 dBm

D. 发送光功率为＋4～－1 dBm，接收光功率为－8～－30 dBm

4. GPON CLASS C＋能支持的最大分光比为(　　)。

A. 1∶32　　B. 1∶64　　C. 1∶128　　D. 1∶256

5. 下面哪种情况下，ONU 设备的业务全部中断(　　)。

A. POWER 灯常亮　　B. RUN 灯闪烁

C. AUTH 灯闪烁　　D. LINK 灯常亮

二、简答题

1. FTTH 宽带安装的流程包括哪些步骤？

2. 请列举 FTTH 宽带安装所需的仪器、工具、耗材和资料，并分别说明各种的作用。

3. 皮线光缆常用的光缆敷设方式有哪些？入户方式有哪些？

4. 业务开通后，进行业务测试的目的是什么？需要进行哪些测试？各项业务测试结果的质量检验标准是什么？

任务四　FTTH 网络故障维护

任务描述

黄先生的新家已经开通了 FTTH 百兆光纤业务，黄先生入住后在家可以畅快地遨游网络世界，观看高清的 IPTV 电视。不久之后，黄先生家里看电视出现了卡顿、花屏现象，并且无线上网网速很慢，网络出现了掉线情况。黄先生很苦恼，通过运营商的客户号码申报了故障。

黄先生进行了业务故障申报后，在家里等待智慧家庭工程师的到来。

如果你是电信的智慧家庭工程师，你如何帮助黄先生快速定位故障原因、排除故障、恢复业务畅通呢？你是否要对黄先生进行简单的用户自排障培训呢？

任务分析

智慧家庭工程师不仅要完成FTTH的放装，还要进行日常的维护，排除用户使用过程中遇到的各种故障等。

为此，智慧家庭工程必须能根据用户的描述及现场情况搜集故障现象，根据常用的诊断工具和方法分析故障的原因，找出故障点，进而恢复业务的正常使用。

黄先生家里出现的看电视花屏、无线网络上网速度慢且掉线情况属于全业务故障，应该考虑问题出在ONU或者线路上。

任务目标

一、知识目标

(1) 熟悉FTTH客户端故障的类型及来源。

(2) 掌握FTTH客户端故障分析的流程、思路。

(3) 掌握常用故障的诊断方法和故障诊段工具的应用技巧。

二、能力目标

(1) 能够正确描述FTTH的故障现象。

(2) 能够分析故障的类型及来源。

(3) 能够进行故障诊断并恢复业务。

专业知识链接

一、FTTH的故障类型

故障产生时，将直接影响用户家FTTH所承载的各项业务，最直观的体现就是某项业务或者多项业务不能正常运行。用户在进行故障申报时，应根据业务的运行状态来向客服人员反映故障的具体情况。例如，某用户申报故障，反映家中的宽带上网不能正常使用，往往是从业务的运行状态来描述故障现象的。因此，在对故障进行分类时，通常根据业务的运行状态来进行划分。

FTTH故障主要分为全业务阻断型故障、宽带上网业务故障、语音业务故障和ITV业务故障四大类。其具体分类方法如图2-81所示。

(一) 全业务阻断型故障

全业务阻断型故障是指用户的宽带上网业务、语音业务和ITV业务都不能正常使用。该类故障的根本特点是各项业务都不能正常使用，往往还伴随着一些附加的故障现象，如光猫的光信号灯闪红灯(如图2-82所示)、光猫的PON灯熄灭、光猫的PON灯闪烁、光猫的语音灯熄灭、光猫注册失败等。

（二）宽带上网业务故障

宽带上网业务故障是指用户能正常使用语音业务和ITV业务，仅宽带上网业务不正常。常见的故障现象有网络中断、网速慢、打游戏卡、看电影卡、打不开网页、网络状态不稳定等。

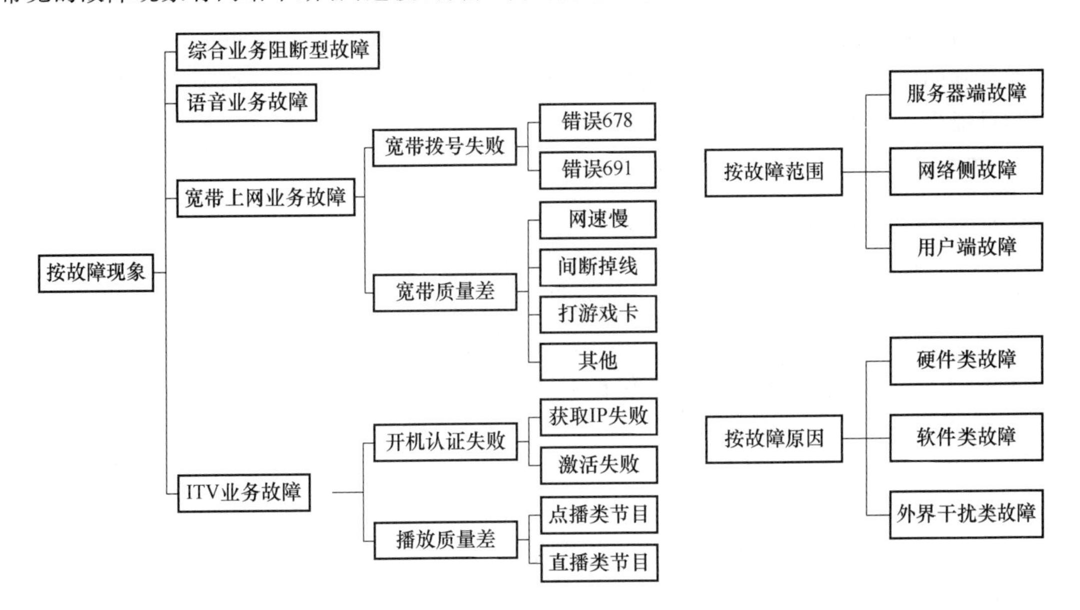

图 2-81　FTTH 故障分类

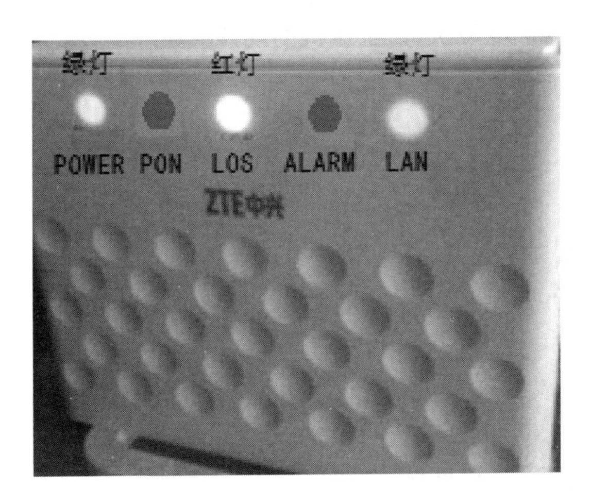

图 2-82　光猫光信号灯闪红灯

（三）语音业务故障

语音业务故障是指用户能正常使用宽带上网业务和ITV业务，仅语音业务不正常。常见的故障现象有摘机无音、摘机忙音、通话单通、通话断话、部分号码无法拨打、无法呼入、无法呼出等。

（四）ITV 业务故障

ITV业务故障是用户能正常使用宽带上网业务和语音业务，仅ITV业务不正常。常见的故障现象有机顶盒开机读条失败、不能观看直播节目、不能观看点播节目、节目播放质量差（如卡顿、花屏、无声音、无图像、视频画面比例不匹配等）、遥控器失灵等。

二、FTTH 故障查修

(一) FTTH 常见故障点分析

FTTH 常见的故障点可以分为三类:硬件故障点、软件故障点和外界干扰故障点。由于装维工程师的工作范围是 FTTH 网络的入户段,因此在进行故障点分析时通常需要重点考虑用户侧可能出现的各类故障点。

1. 硬件故障点

(1) FTTH 光路故障

① 尾纤端冒不清洁、尾纤与各接口接触不好或尾纤断裂。

② 光缆弯曲盘绕太小,弯曲半径小,造成损耗过大。

③ 法兰对接不好,圆口对接槽未对准、方口没插到位及 ODF 架跳接有故障。

④ 熔接点有气泡或熔接点热束管保护不好。

⑤ 分光器质量不行,损耗增大。

⑥ 各类光缆有断纤现象。

(2) 终端设备故障

① ONU 终端常出现光模块坏、收光能力差、各接口坏、接触不好、电源模块坏、电源适配器坏等问题。

② 机顶盒主处理芯片坏、电源模块坏或电源适配器坏。

③ 用户路由器、计算机、电视机、语音座机的硬件损坏。

(3) 终端线缆故障

① 网线故障。

② 电话线故障。

③ 面板插槽故障。

④ 电力猫故障、同轴电缆猫故障。

⑤ 机顶盒视音频线缆故障。

2. 软件故障点

(1) 业务的账号密码故障

① 用于光猫注册的 LOID 号问题。

② 宽带上网业务的账号密码问题。

③ ITV 业务的账号密码问题。

④ 语音业务的账号密码问题。

⑤ 光猫或路由器无线网接入认证的密码问题。

(2) 数据配置故障

① OLT 上 PON 口数据配置有误或丢失、BAS 数据有问题、缺省 VLAN 或配置有误、组播数据没制作等。

② 自动工单系统数据不能正常下发,ITMS 平台数据无法下发等。

③ 光猫数据配置问题。

④ 机顶盒数据配置问题。

⑤ 路由器数据配置问题。

⑥ 计算机及电视机参数设置问题。

3. 外界干扰故障点

① 光路干扰。

② 终端设备干扰。

③ 终端线缆干扰（网线、电话线、电力猫、同轴电缆猫等）。

④ 无线信号干扰。

⑤ PON 系统数据传输干扰（“流氓光猫”、网络回路等）。

（二）FTTH 故障查修流程

FTTH 故障查修的流程如图 2-83 所示。

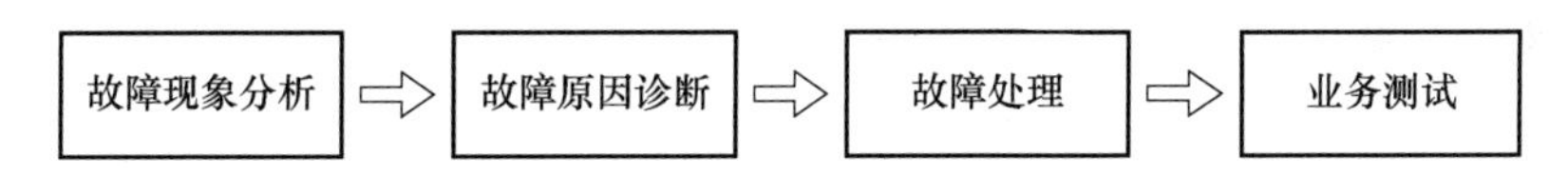

图 2-83　FTTH 故障查修的流程

在进行 FTTH 故障查修时，装维工程师首先接触到用户所申报的故障现象，然后开始对故障现象进行系统性、深入地搜集。当故障现象搜集齐全后，装维工程师开始对产生故障的原因进行诊断（即故障定位），目的是找到导致业务运行异常的故障点；当发现故障原因后，根据各类故障原因的故障排除方法进行故障处理；当排除故障、业务恢复正常后，还需要对各项业务进行质量测试，以验证业务的运行状态，确保维修的质量。

1. 故障现象分析

用户通常不是专业的技术人员，所以在申报故障时通常是从业务使用的角度上来进行故障描述的。装维工程师在了解这个信息后，还需要进一步挖掘故障现象的详细信息，主要包括业务使用情况、设备指示灯情况、设备状态信息、诊断测试结果几个方面。

（1）业务使用情况

在业务使用情况方面，除了了解业务的运行状态外，还需要了解业务发生故障的时间、频率以及业务异常的具体现象。例如，当用户申报宽带不能上网时，装维工程师需要了解用户是什么时间开始不能上网，是一直不能上网还是间断性不能上网，是不能打开网页还是不能上 QQ 等信息。

（2）设备指示灯情况

在设备指示灯情况方面，需要了解当业务运行异常时，光猫、机顶盒及路由器的业务相关指示灯的工作状态，以便于能通过指示灯的含义快速定位故障点。

（3）设备状态信息

在设备状态信息方面，需要了解光猫中与异常业务相关的状态信息、机顶盒中与异常业务相关的状态信息以及路由器、计算机上关于异常业务的状态信息。

（4）诊断测试结果

在诊断测试结果方面，需要记录装维工程师在现场或远程指导用户所做的各项故障诊断测试的结果，如使用 PING 测试、使用设备替换法测试、更换连接端口测试、更换网线测试、更换业务账号密码测试、使用抓包工具测试等的测试结果。

以上各方面故障现象的信息是进行故障诊断的依据，如果没了这些信息或这些信息搜集不全，那么故障查修的过程将效率低下、准确性差。因此在进行故障查修时，务必要重视对故障现象的深入分析，准确、全面地搜集故障现象信息。

2. 故障原因诊断

在对故障现象进行深入分析，搜集好故障现象信息后，装维工程师将根据各项业务实现的原理、故障诊断的经验来定位故障的原因。在此过程中，除了必备的原理和经验外，通常还需要借助一些故障诊断的方法和工具。

3. 故障处理

当找到故障原因后，应根据具体的故障原因来进行故障的处理。

如果是硬件故障，通常需要进行硬件设备的更换、线缆的更换；如果是软件方面的故障，通常需要对终端设备进行固件升级、数据配置修改、账号密码修改等；如果是外界干扰的故障，则需要排除具体的干扰源。

4. 业务测试

当完成故障处理、业务恢复正常后，装维工程师还需要对用户的各项业务进行测试，根据各类业务的质量规范标准来判断业务的质量，确保业务质量达标后故障查修工作才圆满结束。

（三）FTTH 故障诊断方法与工具

1. 指示灯分析法

光猫、机顶盒、路由器的各个指示灯都有多种不同的工作状态，每个指示灯在不同状态下都有对应的设备运行状态、业务运行状态、数据传输状态等精确含义。当故障产生时，装维人员可以通过观察终端设备的指示灯工作状态来快速诊断定位故障。表 2-28 所示的是常用仪器、仪表的指示灯信息。

表 2-28　常用仪器、仪表的指示灯信息

指示灯名称	状态	指示灯含义及处理方法
电源灯	长亮	电源供电正常
	熄灭	电源供电不正常。此时应检查电源连接是否正确，电源适配器是否匹配。如果电源正常，所有指示灯都熄灭，请更换 ONU
网络 E/G 灯	长亮	设备注册 OLT 成功
	熄灭	设备注册 OLT 失败。此时应检查 OLT 上是否添加了该 ONU；检查 ONU 的 LOID 地址与数据配置是否一致
光信号灯	闪烁	光纤线路或光猫光模块出现故障
	熄灭	正常运转
语音灯	长亮	VoIP 服务注册成功
	熄灭	VoIP 服务注册失败。此时应检查能否 PING 通 ONU；检查 ONT VoIP 配置中 SIP Server 配置是否正确

2. 仪表分析法

使用各种仪器、仪表取得实际的各种性能参数，对照理论的参数值来定位和排除故障。仪器、仪表以直观、量化的数据直接反映设备运行状态，在故障处理过程中有着不可替代的作用。在 FTTH 故障处理过程中，常用仪器、仪表的功能如表 2-29 所示。

表 2-29　常用仪器、仪表的功能

仪器或仪表名称	用途
PON 光功率计	测试光功率
红光笔	测试光缆的通光性、定位尾纤及白色皮线光缆的故障点
网线通断测试仪	测试网线的质量
寻线器	有助于迅速高效地从大量的线束线缆中找到所需线缆，是网络线缆、通信线缆、各种金属线路施工工程和日常维护过程中查找线缆的必备工具

3. 终端状态信息法

在光猫、机顶盒、路由器等终端设备的配置界面中，都会有一个状态信息的查询选项。例如，在光猫的配置界面中可以查看光猫的收光和发光的光功率值，可以查看光猫各条逻辑数据通道的运行状态；在机顶盒的配置界面中可以查看机顶盒的网络连接情况；在路由器中可以查看路由器的网络连接情况。通过观察终端设备的这些状态信息，可以直观地了解终端所承载的各类业务的运行情况，快速地定位故障。

4. 分段分析法

当故障现象比较复杂（可能涉及多个环节）时，需使用分段分析法逐个排除正常的环节，最终定位故障，如图 2-84 所示。

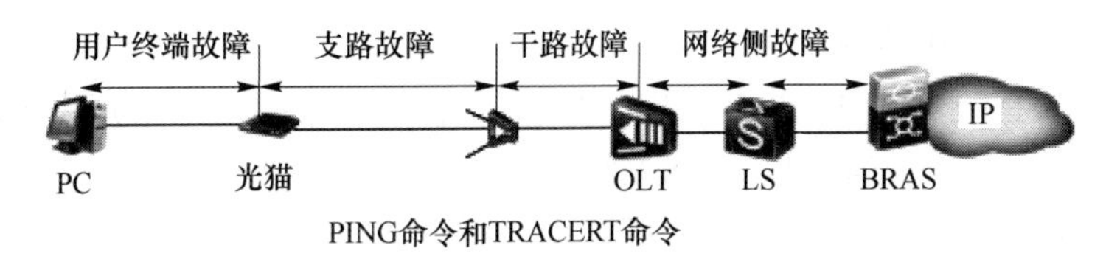

图 2-84　分段分析法

在使用分段分析法进行故障诊断时，除了使用一些常规的故障诊断方法来配合分段的思想进行故障诊断外，经常会使用 PING 和 TRACERT 网络测试命令。PING 命令可以用于诊断本机到目标主机之间的网络质量，而 TRACERT 命令可以用于确定本机到目标主机的网络路径。两个命令组合使用，可以更高效地完成对本机到目标主机的分段分析。

5. 错误提示分析法

当光猫进行注册时，如果注册失败，则会出现错误信息提示；当宽带上网业务进行 PPPoE 拨号时，如果拨号失败，也会出现错误代码及信息的提示；当机顶盒开机读条时，如果注册读条失败，屏幕上依然会出现错误代码及提示信息。借助以上这些错误提示信息，可以实现故障的快速诊断定位。例如，当光猫注册失败时，会提示“注册 OLT 失败”，这表明故障原因是光猫到 OLT 的注册没有正常完成；当宽带拨号提示“错误代码 691”时，则表明故障原因是账号密码方面的问题。

6. 配置数据分析法

配置数据分析法是指通过分析光猫、机顶盒、路由器等设备的配置数据来定位故障，如宽带上网业务配置数据、ITV 业务配置数据、语音业务配置数据等。数据配置错误或数据配置更改是引起故障的重要原因之一，配置数据分析法是故障定位中不可缺少的一个方法。

7. 比较分析法

比较分析法是指将故障嫌疑的设备、线缆、数据与正常的进行对比分析，通过找出不同点来定位故障。例如，当用户家中光猫所承载的两个机顶盒中的一个能正常观看节目，另一个开机读条失败时，可以将两个机顶盒互换来进行诊断测试。

8. 协议分析法

协议分析法是指通过信令跟踪、捕获数据包等手段对故障进行分析的方法，如在用户侧抓包分析、在上行口抓包分析、在上层设备抓包分析等。使用协议分析法可以精准、快速地定位故障，但是此方法的掌握难度较大，需要掌握 FTTH 光猫注册以及三项业务相关的协议原理、信令流程以及抓包工具的使用方法等知识。

9. 替换法

替换法是指将处于正常状态的部件与可能故障的部件进行替换，通过比较对调后二者运行状况的变化，判断故障的范围或部位的方法，如光猫替换、机顶盒替换、路由器替换、计算机替换、电视机替换、电话机替换、光纤替换、网线替换等。

三、FTTH 故障案例分析

（一）全业务阻断类故障案例

1. 案例一(注册 OLT 失败)

某用户开通了 FTTH 业务，智慧家庭工程师配置 ONU、录入 LOID 进行注册时，注册读条过程中出现错误，提示“注册 OLT 失败，请联系 10000 号”。

(1) 故障现象描述

在 FTTH 终端安装完成后，在光猫注册页面上输入工单上的 LOID 号，注册读条过程中提示注册 OLT 失败，并且光猫的 PON 灯熄灭，如图 2-85 所示。

图 2-85　ONU 注册失败

(2) 故障原因分析

① 光路原因或光猫问题。

② LOID 号设置问题。

③ OLT 侧无数据配置问题。

④ OLT PON 口跳纤错误问题。

(3) 故障处理方法

① 使用光功率计测试光功率或进入光猫查看接收光功率(应在－8dBm 至－22dBm 范围内),若光功率不达标,请检查线路和接头,如图 2-86 所示。

② 检查核对 LOID 录入是否正确,录入的 LOID 与工单上的 LOID 是否一致。

③ 查看 OLT 上该 PON 口下是否存在该 LOID 的数据配置。

④ 查看光路资源,确定光路与工单光路资源匹配,跳纤正确。

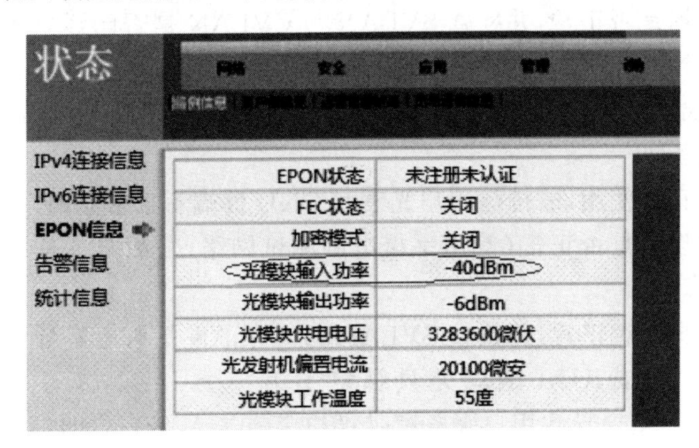

图 2-86　查看 ONU 接收光功率

2. 案例二(所有业务不正常)

某用户申报 FTTH 故障,家中光猫的光信号灯闪红灯,所有业务都中断。

(1) 故障现象描述

FTTH 接入用户在使用过程中,语音、宽带上网、ITV 三项业务都不能正常使用,智慧家庭工程师上门检查时发现光猫的光信号灯闪红灯、PON 灯熄灭、语音灯熄灭。

(2) 故障原因分析

① 光猫的接收光功率不足。

② 光猫的发光模块出现故障。

(3) 故障处理方法

① 测试用户端接收光功率,检查光路,排除光缆线路及接头故障点。

② 测试光猫发送光功率,如发现发光模块故障,请更换光猫。

(二) 带宽上网业务类故障案例

1. 案例一(宽带拨号"678"或"691"故障)

(1) 故障现象描述

某 FTTH 用户申报故障,使用宽带上网的计算机在拨号上网时出现"错误 678"或者"错误 691"故障,但是用户电话可正常使用。

(2) 故障原因分析

① 出现"691"故障可能的原因有用户端故障、用户输错账号密码、用户宽带账号绑定错误、用户宽带账号欠费等。

② 出现"678"故障可能的原因有用户终端故障(包括 ONU、计算机、网卡、网线等)、局端故障、网管数据错误或上联设备故障等。

(3) 故障处理方法

① 691 故障处理

- 确定用户宽带账号是否欠费。
- 因用户电话可正常使用,故排除光衰和 ONU 终端不正常原因。
- 确定用户 ONU 的网线插孔是否插对(ONU 共有 4 个 LAN 口,每个 LAN 代表不同的 CVLAN,插错孔会导致端口绑定错误的问题)。
- 检查网管数据是否正常,并检查 SVLAN 与 CVLAN 是否已经导入,UNI 端口是否绑定好 CVLAN。若 UNI 端口处绑定错 CVLAN 数据,则会导致用户服务宽带端口错误,并导致现场 LAN1 并非代表第一个口,重新录入数据后,业务可恢复正常。

② 678 故障处理

- 因用户电话正常使用,故排除用户光衰和 ONU 终端不正常原因。
- 检查用户端设备是否正常(使用手提电脑测试网络,若故障一样,则可以排除这个原因)。
- 检查网管数据是否正常,并检查 SVLAN 与 CVLAN 是否已经导入,UNI 端口是否绑定好 CVLAN。若 UNI 端口处只绑定了第一个 LAN 口,其余 LAN 口未绑定 CVLAN 数据,则会导致用户服务宽带端口只有第一个 LAN 口可以上网,其余 LAN 口拨号都会出现 678 故障。

2. 案例二(宽带上网不稳定,常掉线)

(1) 故障现象描述

某 FTTH 用户申报故障,家里宽带上网不稳定,会时不时出现断网的情况,但是能在短时间内自动恢复。用户网络结构如下:PC 通过网线连接无线路由器,无线路由器的 WAN 口通过网线连接光猫。

(2) 故障原因分析

① 路由器设置不正确。

② 路由器连接错误。

③ 接入主机数过多,受广播包或病毒影响。

(3) 故障处理方法

① 进行单机测试,判断故障点。

② 检查客户路由器线路的连接是否正常,特别是与光猫连接的网线。

③ 登录路由器检查数据是否已设置(包括账号、密码等),更换路由器进行测试,排除路由器工作不稳定的故障。

④ 如以上步骤皆无问题,则属于用户内部组网的计算机终端影响,建议用户自行检查是否有病毒影响。

总结:对于此类故障,在原则上我们只需要进行单机测试,判断故障点是否属电信部分,客户端部分须由客户自行处理。

(三) 语音业务类故障案例

1. 案例一(拨打电话提示线路故障)

(1) 故障现象描述

FTTH 接入用户电话申报故障,用户宽带上网正常,拨入电话时提示“你拨打的电话线路有问题”,电话摘机没反应。

(2) 故障原因分析

① 用户宽带上网正常,证明用户的光纤与 ONU 终端无问题。

② 拨入电话时提示“你拨打的电话线路有问题”,可以否定 ONU 上的语音 1 口与语音 2 口插错问题。

③ 初步判断故障点可能是软交换或者网管数据的问题。

(3) 故障处理方法

① 先检查软交换数据,查看软交换 FCCU 模块与 SN 码以及呼叫权限是否开通。

② 如果软交换数据正常,再检查网管上数据配置。先对照集成表与 CRM 资料,检查 SVLAN、语音 IP 地址、网关、子网掩码、BAC IP、FCCU 模块是否一致(语音 IP 地址输错会导致语音 IP 冲突,SVLAN 输错会导致电话有电流无音)。

③ 如果数据配置一致,再检查“国家码与信令协议”是否选了“中国大陆与 SIP”。

2. 案例二(无法拨打电话)

(1) 故障现象描述

FTTH 接入用户无法拨打电话,摘机听到忙音。

(2) 故障原因分析

此种故障的根本原因主要是光猫语音注册未成功,而导致注册未成功的可能原因如下。

① 光猫硬件问题。

② 光功率过低。

③ 语音账号密码错误。

④ 语音数据配置错误。

(3) 故障处理方法

① 检查光猫的语音信号灯,确认光猫语音的注册状态。

② 检查光猫的发光和收光的光功率值是否达标。

③ 核对光猫的语音账号密码是否正确。

④ 检查光猫的语音数据配置是否正确。

⑤ 更换光猫进行测试,排除硬件故障。

⑥ 检查用户在 IMS/软交换平台的数据配置是否正确。

(四) ITV 业务类故障案例

1. 案例一(电视机开机黑屏)

(1) 故障现象描述

FTTH 用户在开机后,电视机黑屏,除了出现电视厂商图标外,无任何显示。

(2) 故障原因分析

① 信号源设置问题。

② 机顶盒设置问题。

③ 客户电视机问题。

(3) 故障处理方法

① 检查电视机的信号源输入通道。

② 检查机顶盒与电视机的视音频连接线为 AV 线还是 HDMI 线,接口是在哪个接口

下面。

③ 如果电视机的信号源输入通道与机顶盒和电视机之间的接口连线不一致，则会导致电视机黑屏。

总结：电视机无任何显示仅有待机文字时，通常表示电视机的当前信号源通道未能搜索到信号输入，遇到此类故障现象后应检查机顶盒与电视机的视音频线连接情况，并根据机顶盒的指示灯确定其是否上电工作，然后通过电视机遥控器设置与连接匹配的信号源通道。

2. 案例二(遥控器无法控制节目选择)

(1) 故障现象描述

机顶盒开机后进入 EPG 主界面，但是机顶盒遥控器无法控制节目选择。

(2) 故障原因分析

① 遥控器没电。

② 机顶盒或 ONU 终端故障。

③ 上层媒体服务器问题。

④ 客户电视机问题。

(3) 故障处理方法

① 检查遥控器有没有电，在操作遥控器时查看机顶盒的红外指示灯有没有闪亮，如果有反应，则遥控器没问题，反之有问题。

② 更换机顶盒、ONU 终端后进行测试。

③ 咨询网管是否有媒体服务器的问题。

④ 当判断线路、终端皆无问题后应怀疑客户电视机问题，可以将机顶盒拿到别的电视机上进行测试，从而进行故障排除。

总结：此类故障很多都是遥控器没电或机顶盒故障造成，注意不要轻易判断是客户电视机的问题，以免造成后面不必要的纠纷。

任务实施

一、任务实施流程

具体任务实施流程如图 2-87 所示。

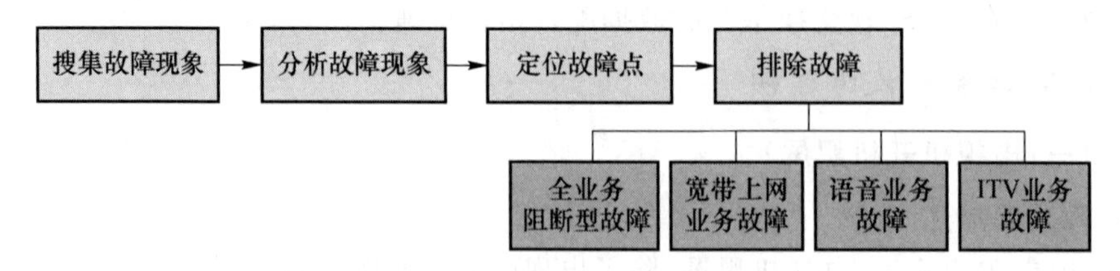

图 2-87　故障排除实施流程

二、任务实施

1. 步骤 1

验证常见的 FTTH 全业务阻断型故障。

(1) 测试验证光路问题导致的全业务阻断型故障。

(2) 测试验证光猫注册 LOID 号错误导致的全业务阻断型故障。

(3) 测试验证光猫因配置数据未恢复出厂设置而注册失败,所导致的全业务阻断型故障。

(4) 测试验证光猫电源适配器问题导致的全业务阻断型故障。

注:在操作过程中,要求记录每个测试故障的故障现象、故障点位置和故障排除方法。

2. 步骤 2

验证常见的 FTTH 宽带上网业务故障。

(1) 测试验证宽带账号密码问题导致的宽带上网业务故障。

(2) 测试验证用户侧宽带上网业务硬件线路问题导致的宽带上网业务故障。

(3) 测试验证光猫上网数据配置问题导致的宽带上网业务故障。

(4) 测试验证计算机 DNS 设置问题导致的宽带上网业务故障。

(5) 测试验证计算机或光猫安全设置问题导致的宽带上网业务故障。

注:在操作过程中,要求记录每个测试故障的故障现象、故障点位置和故障排除方法。

3. 步骤 3

验证常见的 FTTH 语音业务故障。

(1) 测试验证语音注册失败问题导致的语音业务故障。

(2) 测试验证电话线问题导致的语音业务故障。

(3) 测试验证光猫语音数据配置问题导致的语音业务故障。

注:在操作过程中,要求记录每个测试故障的故障现象、故障点位置和故障排除方法。

4. 步骤 4

验证常见的 FTTH ITV 业务故障。

(1) 测试验证机顶盒开机读条失败型 ITV 业务故障。

(2) 测试验证播放质量型 ITV 业务故障。

① 机顶盒电视制式错误类。

② 网线质量不达标。

③ 节目画面占屏比不匹配。

(3) 测试验证组播业务不能使用型 ITV 业务故障。

注:在操作过程中,要求记录每个测试故障的故障现象、故障点位置和故障排除方法。

任务成果

(1) 分类罗列各个测试故障的测试报告,要求如下。

① 测试报告中对每个故障的故障现象描述准确、全面、无遗漏。

② 测试报告中对每个故障的故障点位置描述正确,与故障现象一一对应。

③ 测试报告中对每个故障的故障排除方法描述合理,要求排障方法目的明确、操作可行、实施效率高。

(2) 每个故障的测试报告描述中要求有故障现象、故障点位置和故障排除方法信息。

任务思考与习题

一、不定项选择题

1. 假设有一个小区的 ONU 集体掉线，请判断可能是以下哪些原因引起的(　　)。

A. 小区 ONU 设备供电线路断电

B. OLT 至 ODN 之间的光路中断

C. OLT 的下联光口板运行故障

D. 小区的 ONU 网络出现某些故障

2. 如果一个 ONU 用户上网，本来应该有 10 Mbit/s 的速率，但是实际只能达到 100～200 kbit/s 的下载速度，可能的原因是(　　)。

A. 光路不稳定　　B. 业务端口进行了限速

C. 下载服务器带宽问题　　D. ONU 上行端口带宽不足

3. 可能造成上网速度慢或者掉线的原因有(　　)。

A. ONU 带宽配置过小　　B. DBA 算法为内部算法

C. 光强度太高或者太弱　　D. 上联设备工作异常

4. 若 ONU 下的用户 PPPoE 出现 691 错误，则可能的原因有(　　)。

A. 用户名/密码不对

B. ONU 上 VLAN 未配置

C. ONU 上配置的 VLAN 与用户绑定的 VLAN 不一致

D. 账号已经在别的地方使用

二、简答题

1. FTTH 故障的类型有哪些？是按照什么方式进行分类的？各类故障的特点是什么？

2. 请简述 FTTH 故障的查修流程。

3. 请列举 FTTH 故障诊断中常用的诊断方法和工具。

4. 如果 FTTH 用户的语音、数据、电视业务均不正常，分析可能出现的故障原因。

项目三　无线接入技术

无线接入技术是推动移动互联网及智能终端增长的主要驱动力，是改善社会信息化水平、提高社会效益的有效手段，几乎每个智能手机、平板电脑和笔记本计算机都具备宽带无线接入能力，几乎有人聚集的地方就有宽带无线接入网络的覆盖。

本项目的主要内容是无线接入技术，通过四个任务的操作与实践，可了解当今主流的无线接入技术，需重点掌握无线局域网的规划、组网、管理与维护等内容。

本项目的知识结构如图 3-1 所示。

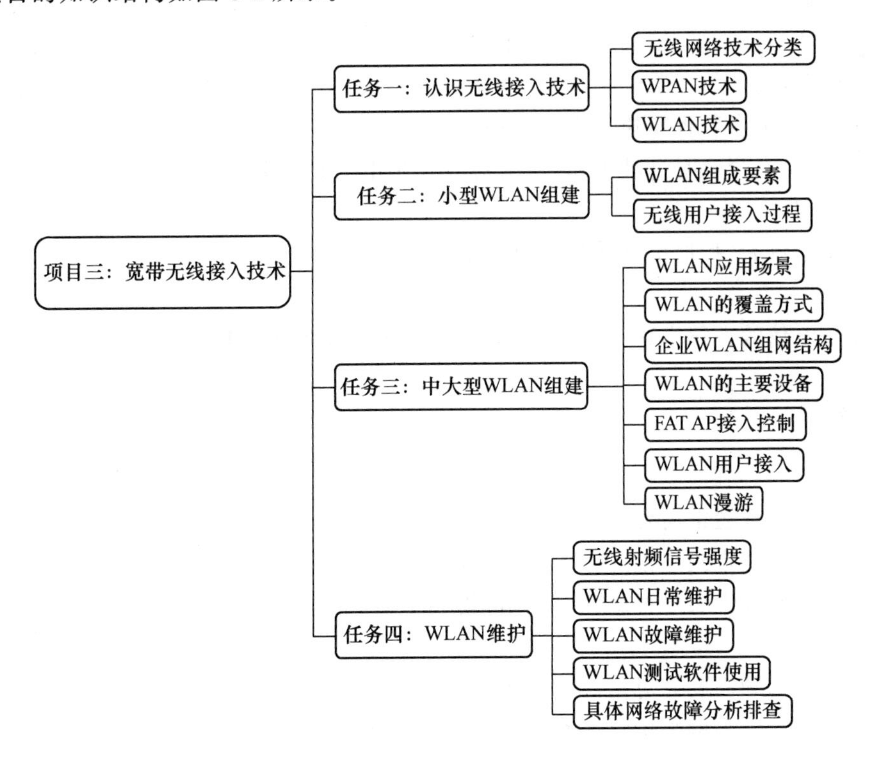

图 3-1　项目三的知识结构

(1) 认识无线接入技术

基础技能包括能操作笔记本计算机、手机 APP 等无线终端。

专业技能包括能正确组建 WPAN 网络并应用。

(2) 小型 WLAN 网络组建

基础技能包括认识小型 WLAN 网络设备，能正确连接设备，能正确配置无线路由器。

专业技能包括能正确组建对等网，组建家庭 SOHO 无线网络。

（3）中大型 WLAN 网络组建

基础技能包括认识不同 WLAN 应用场景，认识 WLAN 常见的设备，能区分胖 AP(FAT AP)和瘦 AP(FIT AP)，能正确配置相关设备。

专业技能包括能组建 FAT AP 模式的无线局域网和“FIT AP＋AC”模式的无线局域网。

（4）WLAN 网络维护

基础技能包括能正确使用各种测试仪器仪表、各种测试分析软件。

专业技能包括熟悉 WLAN 测试方法，能正确分析和排查 WLAN 网络故障。

任务一　认识无线接入技术

任务描述

王先生最近搬了新家，他希望打造一个舒适、温馨和智慧的家园。

当他回到家中，随着门锁的开启，家中的安防系统自动解除室内警戒，背景灯缓缓点亮，新风系统自动启动，舒缓的音乐轻轻响起，电视机里播放出自己喜爱的节目，微波炉里烹饪着美味的佳肴，电饭煲里有着香喷喷的米饭……

当他入睡前，窗帘定时自动关闭，所有灯和家用电器自动关闭，同时安防系统自动开启，处于警戒状态……

当他离家上班后，扫地机开始自动打扫卫生，洗衣机开始自动洗衣服，晾衣竿自动伸缩晾晒衣服……

如果你是电信的智慧家庭工程师，你如何帮助王先生实现这样舒适、便利和安全的智慧家庭呢？

任务分析

智慧家庭的实现通常需要将有线接入技术和无线接入技术进行有机结合。智慧家庭的实现需要先通过光纤宽带到户接入方式，将家庭网络接入运营商的公用网络中，然后通过无线局域网和无线个域网技术布局智慧家庭网络，集成不同厂商或同一厂商的智慧家庭产品，实现各种智慧家庭应用。

智慧家庭工程师需要先对用户需求进行分析，并实地勘查用户室内装修及网络布局情况，根据实际情况提出室内网络优化方案以及智慧家庭整体解决方案，然后进行网络的优化以及智慧家庭设备的安装、调试及测试，最后给用户演示智慧家庭的各个功能，直到用户满意为止。

任务目标

一、知识目标

（1）掌握无线网络新技术分类。

（2）掌握无线个域网(WPAN)技术：蓝牙技术、Zigbee 技术、IrDA 技术、NFC(近场通信)技术、UWB(超宽带)技术等。

(3) 掌握无线局域网(WLAN)技术。

二、能力目标

(1) 能够完成智慧家庭方案的设计。
(2) 能够完成智慧家庭的组网。
(3) 能够实现蓝牙、NFC等无线技术的应用。

专业知识链接

一、无线网络技术分类

近几年,无线网络新技术层出不穷,从无线个域网到无线体域网,从无线局域网到无线城域网,从无线广域网到无线低功耗广域网,从固定宽带无线接入到移动宽带无线接入,从3G、4G到5G,从NB-IoT(窄带物联网)到WTTx等,这一切的起因都是因为人们对无线网络的需求越来越大,对无线网络的研究越来越深入,从而导致无线网络技术的日趋成熟。

无线网络可以基于无线频率、覆盖范围、传输速率、拓扑结构、应用类型等要素进行分类。从覆盖范围的角度出发,无线网络可以分为无线广域网(WWAN)、无线城域网(WMAN)、无线局域网(WLAN)、无线个域网(WPAN)和无线体域网(WBAN),如图3-2所示。

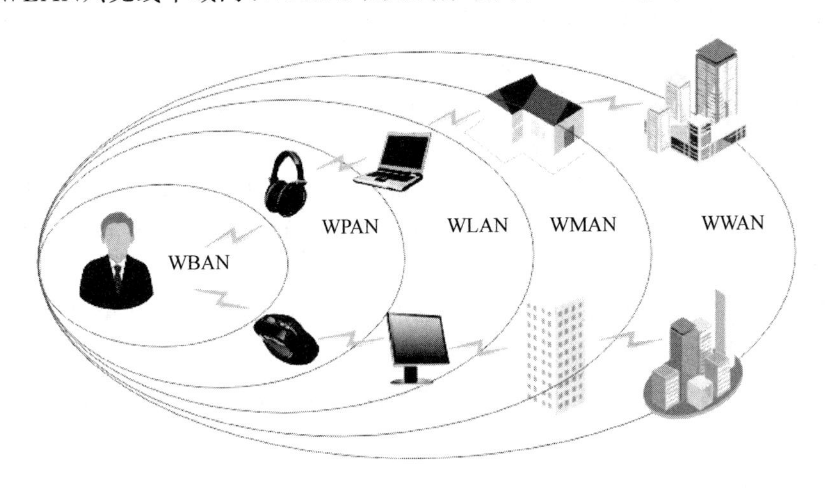

图3-2　无线网络覆盖范围

(一) WWAN

WWAN是指覆盖全国或全球范围的无线网络,可以提供更大范围内的无线接入,让更多分散的局域网连接起来,用户终端可以通过一个身份或账号在广域范围和快速移动下接入无线网络。

WWAN根据接入中心转发站的不同类型,分为基于"陆地移动通信系统"的接入和基于"移动卫星系统"的接入。其中,陆地移动通信系统从2G、3G、4G技术一路演进到5G技术,传输速率也是从kbit/s到Mbit/s,甚至到Gbit/s,足以媲美有线接入技术。

(二) WMAN

WMAN是指在地域上覆盖城市及其郊区范围的本地分配无线网络,能实现语音、数据、图像、多媒体、IP等多业务的接入服务。

WMAN的覆盖范围的典型值为3～5k m，点到点链路的覆盖范围甚至高达几十千米，具有一定范围移动性的共享接入能力。MMDS、LMDS和WiMAX等技术属于固定无线城域网接入的范畴。

（三）WLAN

WLAN是指覆盖范围较小的无线网络，是现代无线通信技术在计算机网络中的应用，通常指采用无线传输介质的计算机局域网。WLAN作为传统布线网络的一种替代方案或延伸，把个人从固定的桌边解放出来，人们可以随时随地获取信息。

WLAN的无线连接距离通常在50～100 m，数据传输速率为11～600 Mbit/s（甚至更高）。在技术标准方面，WLAN标准主要是针对物理层和媒质访问控制层，涉及所使用的无线频率范围、空中接口通信协议等技术规范，IEEE 802.11系列标准是WLAN主要的技术标准。

（四）WPAN

WPAN是指在很小范围内终端与终端之间的无线连接，即点到点的短距离连接，它被用于电话、计算机、附属设备以及小范围（10 m以内）的数字辅助设备等之间的通信。

WPAN属于短距离通信，根据不同的应用场合分为低速WPAN、中速WPAN、高速WPAN和超高速WPAN。

① 低速WPAN是按照IEEE 802.15.4标准建立的、数据传输速率为几百千比特每秒的WPAN，主要适用于办公和家庭自动化控制、工厂和仓库自动化控制、环境安全监测、医疗保健监测、农作物监测、互动式玩具等低速应用场合。

② 中速WPAN是按照IEEE 802.15.1标准建立的、数据传输速率可达1 Mbit/s的WPAN，主要适用于语音、数据的传输。

③ 高速WPAN是按照IEEE 802.15.3标准建立的、数据传输速率高达55 Mbit/s以上的WPAN，适合于大量多媒体文件、短视频流和音频文件的传送，并可在确保的带宽上提供一定的服务质量。

④ 超高速WPAN是按照IEEE 802.15.3a标准建立的、数据传输速率可达480 Mbit/s的WPAN，主要是满足人们对高数据传输速率的需求。

WPAN技术主要包括蓝牙技术、ZigBee技术、UWB技术、IrDA（红外线通信）技术、RFID技术、NFC技术等。

（五）WBAN

WBAN是指将数个放置在人体不同部位、功能不同的传感器和便携式移动设备组成的短距离无线网络，主要用于监测人体身体状况或提供各种无线应用的短距离无线网络。

WBAN的覆盖范围非常小，大致在1m以内，属于近人体的微型网络。WBAN的微小性和实用性使得它在人们的日常生活、医疗、娱乐、体育、教育、军事、航空等领域具有广阔的应用前景。

二、WPAN技术

（一）蓝牙技术

1. 蓝牙技术的发展

蓝牙技术是1998年5月由爱立信、英特尔、诺基亚、IBM、东芝五家公司共同提出的。历经 20 年的发展，蓝牙标准已经发展到蓝牙 5.0，新的蓝牙标准在极大程度上降低了功耗，具有高达 24 Mbit/s 的数据传输速率，有效传输距离增加到 300 m，并且具备更好的导航、传输、组网能力。蓝牙技术的发展历程如图 3-3 所示。

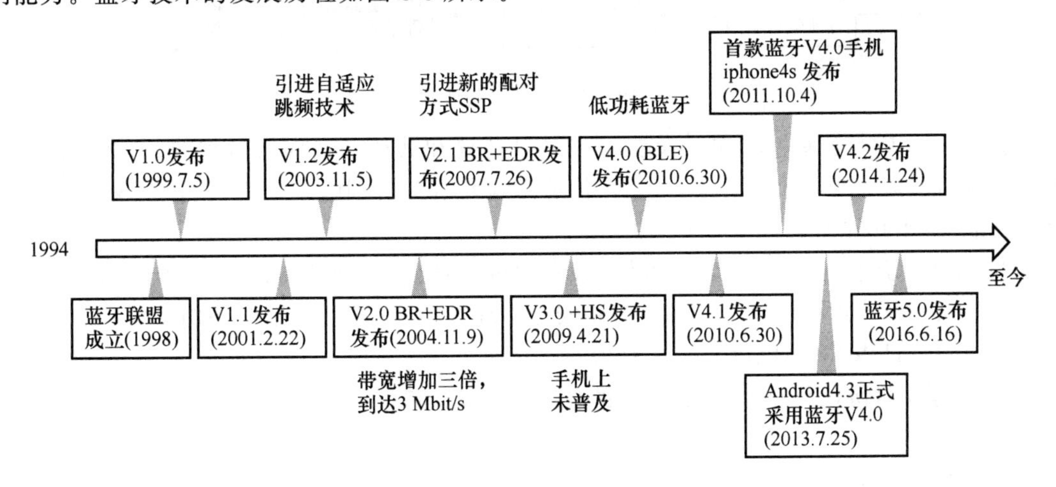

图 3-3　蓝牙技术的发展历程

2. 蓝牙关键技术

(1) 工作频段

蓝牙工作在 2.4 GHz 的 ISM 频段上，工作频率范围为 2.4～2.483 5 GHz；蓝牙使用 79 个信道，每个信道占用 1 MHz 的宽度。为了减少带外辐射的干扰，保留上、下保护带宽为 3.5 MHz 和 2 MHz。

(2) 跳频(FHSS)技术

蓝牙物理信道是由伪随机序列控制的 79 个跳频点构成的，不同跳频序列代表不同的信道。蓝牙跳频速率为每秒 1 600 次，即信道被分为连续的时间片(即时隙)，每个时间片为 625 μs(1/1600)。每个(或多个)时间片可以传输一个数据包(数据包可以有 1、3、5 个时间片长)，时间片交替做双向传输。不过蓝牙在建链时跳频速率会提高到每秒 3 200 次。图 3-4 为蓝牙跳频和 TDD 机制。

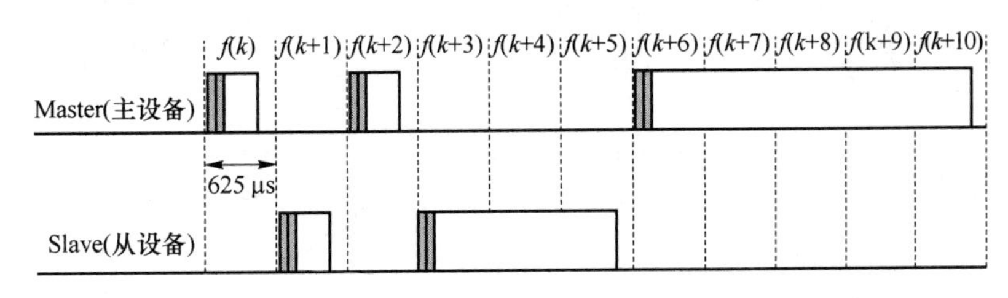

图 3-4　蓝牙跳频和 TDD 机制

(3) 系统组成

蓝牙系统主要由蓝牙射频单元、蓝牙基带与链路控制单元、蓝牙链路管理单元和蓝牙主机协议栈单元组成，如图 3-5 所示。

① 蓝牙射频单元负责数据和语音的发送和接收，特点是短距离、低功耗。蓝牙天线一般体积小、重量轻，属于微带天线，发射功率分为一级功率 100 mW(20 dBm)、二级功率 2.5 mW (4 dBm)和三级功率 1 mW(0 dBm)。

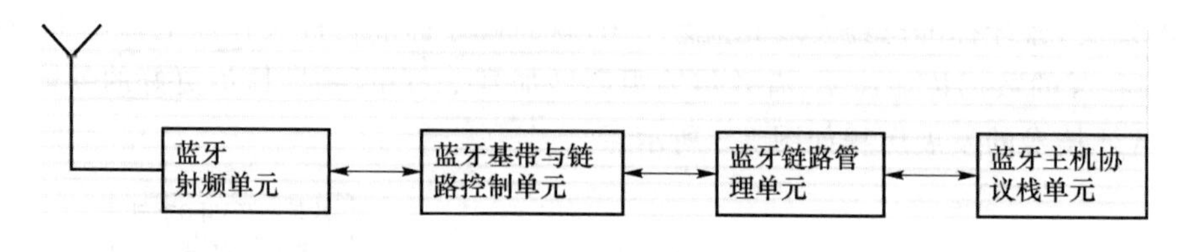

图 3-5 蓝牙系统组成

② 蓝牙基带与链路控制单元负责处理基带协议和其他一些底层常规协议，实现跳频选择、蓝牙编址（蓝牙 MAC 地址为 48 bit）、信道编译码、信道控制、收发规则、音频规范、安全设置等功能，属于硬件模块。

③ 蓝牙链路管理单元负责管理蓝牙设备之间的通信，实现链路控制管理（如链路建立和链路拆除）、功率管理、链路质量管理、链路安全管理等功能，并且控制设备的工作状态为呼吸（Sniff）、保持（Hold）和休眠（Park）三种模式。

④ 蓝牙主机协议栈单元属于独立的作业系统，不和任何操作系统捆绑，符合蓝牙规范要求。

（4）组网结构

蓝牙设备按特定方式可组成两种网络：微微网（Piconet）和分布式网络（Scatternet）。

① 微微网

微微网的建立由两台设备的连接开始，微微网最多可由八台设备组成。在一个微微网中，只有一台为主设备（Master），其他均为从设备（Slave），不同的主从设备对可以采用不同的链接方式，而且在一次通信中的链接方式可以任意改变。微微网的结构如图 3-6(a)所示。

② 分布式网络

几个相互独立的微微网以特定方式链接在一起便构成了分布式网络。所有的蓝牙设备都是对等的，所以在蓝牙中没有基站的概念。一个分布式网络内的所有设备共享物理区域和全部带宽。分布式网络的结构如图 3-6(b)所示。

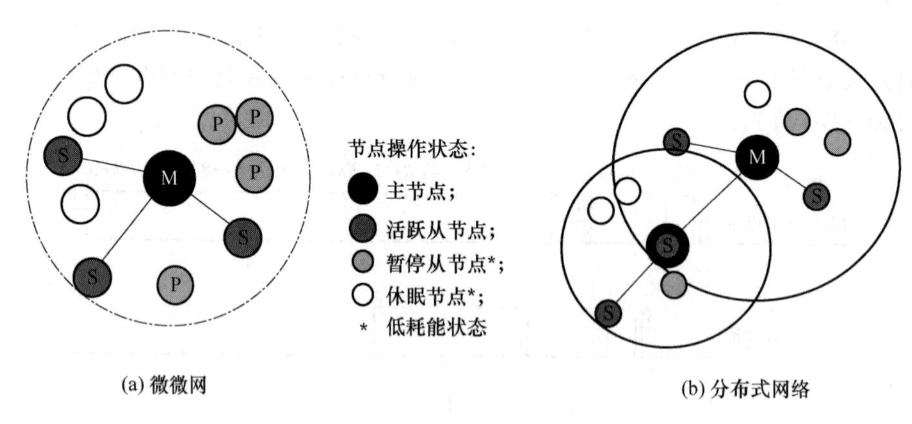

图 3-6 蓝牙组网结构

（5）匹配规则

两个蓝牙设备在进行通信前，必须将其匹配在一起，以保证其中一个设备发出的数据信息只会被经过允许的另一个设备所接受。

蓝牙主设备一般有输入端，在进行蓝牙匹配操作时，用户通过输入端可输入随机的匹配密码，从而将两个设备匹配。蓝牙手机、安装有蓝牙模块的 PC 等都是蓝牙主设备。手机的蓝牙可以同时连接几个蓝牙设备，但是只有蓝牙设备使用的硬件不一样或者不冲突才能正常使用。例如，当蓝牙手机同时连接两副耳机时，由于耳机都是使用手机的声卡，而声卡只能供给一个耳机使用，所以这个蓝牙手机只能连接一副耳机。

蓝牙从设备一般没有输入端，在从设备出厂时，会将一个4位或6位数字的匹配密码固化在蓝牙芯片中。蓝牙耳机、蓝牙鼠标等都属于蓝牙从设备，而且从设备之间是无法匹配的。

3. 蓝牙应用——蓝牙智能门锁

如今的蓝牙智能门锁通常利用的都是蓝牙4.2以上的技术，其功耗低，保密性高，使用便捷，如图3-7所示。因为两个蓝牙设备之间通过蓝牙传输是需要配对的，而蓝牙智能门锁属于非人工操作，所以在首次使用前，需要使用智能门锁管理APP作为媒介。在蓝牙智能门锁管理APP里，添加、绑定锁具，完成绑定后，只需要打开APP，单击进入需要打开的锁界面，然后单击开锁图标即可完成开锁，如图3-8所示。

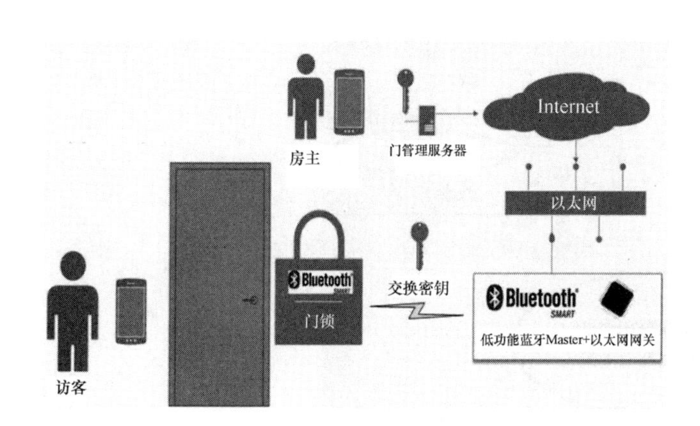

图3-7　蓝牙智能门锁应用

图3-8　蓝牙智能门锁管理APP

智能门锁管理APP通常是由门锁的开发商提供，可以绑定、管理多个锁具。蓝牙智能门锁凭借“无钥匙进入”和“远程授权访问”等功能，将智能化、设想中的生活场景带到了现实中，受到消费者的热捧。

4.【工作小任务1】组建蓝牙无线个域网

(1) 子任务说明

在工作环境中有三台笔记本计算机，它们具备蓝牙功能，相互之间有文件共享的需求。现在需要通过蓝牙组建无线个域网，实现文件传输的目的。

(2) 网络拓扑

子任务的网络拓扑结构如图3-9所示。

(3) 实施步骤

① 开启蓝牙

Nodepad1是WIN10系统，单击“开始菜单”→“设置”→“设备”，开启蓝牙设备，如图3-10所示。Nodepad2和Nodepad3是WIN7系统，单击计算机右下角的蓝牙图标，进行相关设置，如图3-11所示。

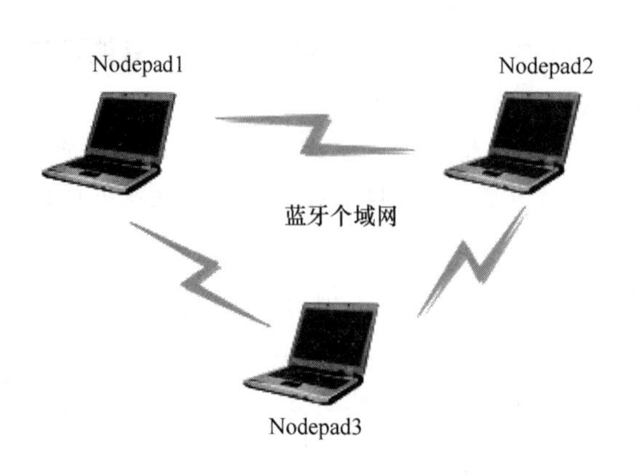

图 3-9　蓝牙个域网络的拓扑结构

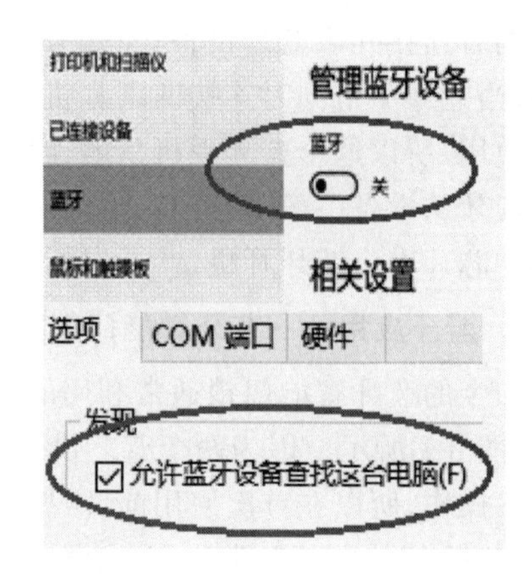

图 3-10　Nodepad1 开启蓝牙设备

图 3-11　Nodepad2/3 开启蓝牙设备

② 蓝牙匹配

当三台笔记本计算机都相互查找到蓝牙设备后，就可以进行蓝牙匹配。任何一台笔记本计算机都可以发起蓝牙匹配请求，我们以 Nodepad2 向 Nodepad1 发起蓝牙匹配请求为例。

在 Nodepad2 中单击“控制面板”→“硬件和声音”→“设备和打印机”→“添加蓝牙设备”，将发现 Nodepad1 的计算机名，如图 3-12 所示。同时 Nodepad1 会出现图 3-12 所示的匹配密码，如果密码一致，则选择“是”。

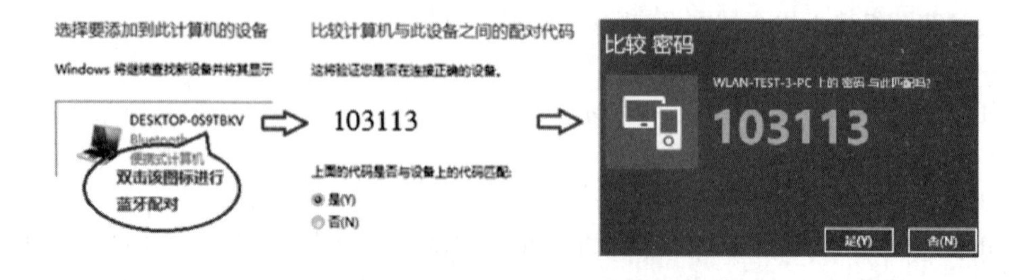

图 3-12　Nodepad2 向 Nodepad1 发起蓝牙匹配请求

③ 匹配结果

三台笔记本计算机经过蓝牙匹配后的结果如图 3-13 所示，此时形成了蓝牙个域网。

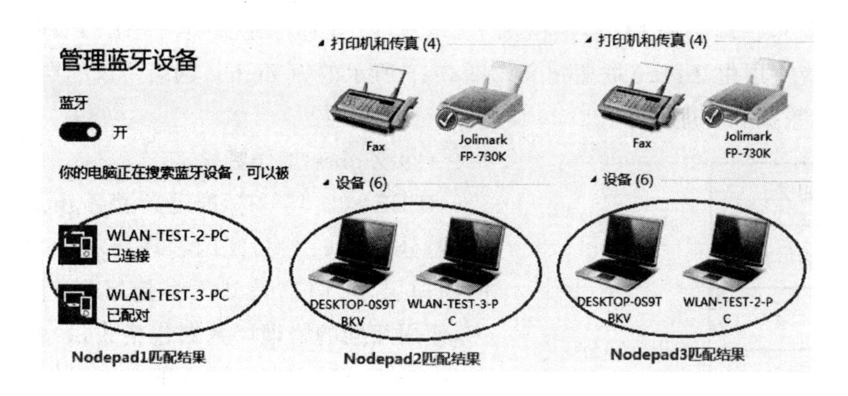

图 3-13　笔记本蓝牙匹配结果

④ 文件传输

Nodepad3 向 Nodepad2 发送文件过程如图 3-14 所示。

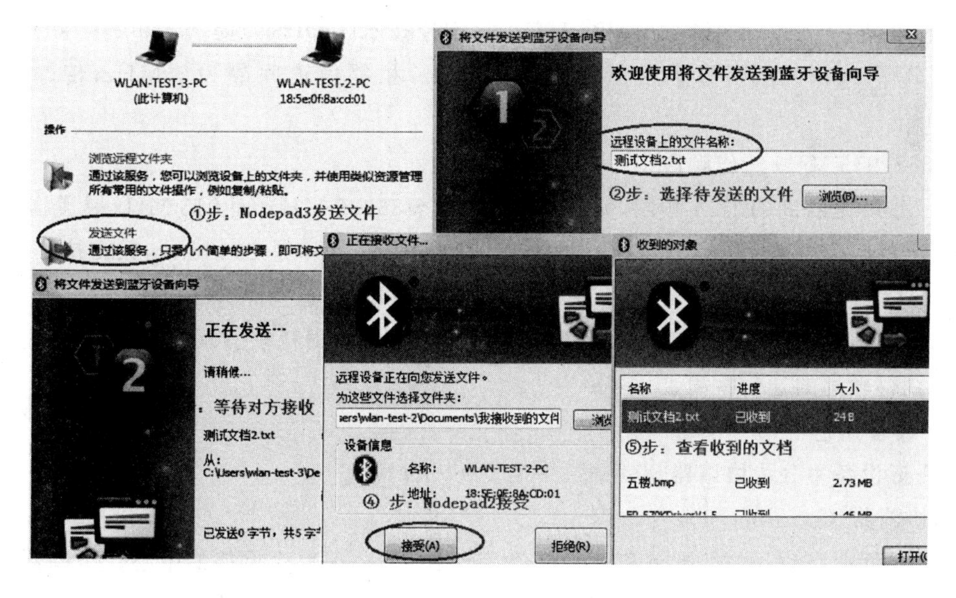

图 3-14　Nodepad3 向 Nodepad2 发送文件的过程

（二）ZigBee 技术

1. ZigBee 技术发展

ZigBee 是一个基于 IEEE 802.15.4 标准的低功耗局域网协议，是一种短距离、低功耗的无线通信技术。

与蓝牙技术相比，ZigBee 技术应该是晚辈。2001 年 Zigbee 联盟成立，2004 年第一个 ZigBee 标准 ZigBee 1.0（即 ZigBee 2004）正式问世，经历 ZigBee 2006、ZigBee 2007 的发展，直到 2016 年 5 月，Zigbee 联盟推出了 ZigBee 3.0 标准，其主要的任务是为了统一众多的应用层协议，解决不同厂商 Zigbee 设备之间的互联互通问题。

2. ZigBee 关键技术

（1）ZigBee 网络协议层次

Zigbee 网络分为 4 层，从下向上分别为物理层、媒体访问控制（MAC）层、网络层（NWK）

和应用层。其中,物理层和 MAC 层由 IEEE 802.15.4 标准定义,合称 IEEE 802.15.4 通信层;网络层和应用层由 Zigbee 联盟定义。图 3-15 所示的为 Zigbee 网络协议的层次,每一层向它的上层提供数据和管理服务。

图 3-15　Zigbee 网络协议的层次

(2) Zigbee 工作频段

IEEE 802.15.4 标准定义了 Zigbee 的两个物理标准,分别是 2.4 GHz 的物理层和 868M/915 MHz 的物理层,它们都是基于直接序列扩频(DSSS)技术,使用相同的物理层数据包格式,发射功率范围一般为 0～10 dBm,它们的区别在于工作频段、调制技术和传输速率不同。

① 2.4 GHz 工作频段(2.4～2.483 5 GHz)

ZigBee 没有采用跳频技术,而是采用直接序列扩频技术,2.4 GHz 频段通过采用偏移正交相移键控技术(OQPSK)提供 250 kbit/s 的传输速率,共划分了 16 个信道,每个信道带宽为 2 MHz,相邻信道间隔为 5 MHz,传输距离为 10～100 m。

② 868/915 MHz 工作频段

868 MHz 是欧洲的 ISM 频段,频率范围为 868～868.6 MHz,而 915 MHz 是美国的 ISM 频段,频率范围为 902～928 MHz。其中,868 MHz 的传输速率是 20 kbit/s,只支持 1 个信道,而 915 MHz 的传输速率是 40 kbit/s,共划分了 10 个信道,信道间隔为 2 MHz。这两个频段上都采用直接序列扩频技术和 BPSK 调制技术,无线信号传播损耗较小,可以降低对接收灵敏度的要求,获得较远的通信距离。

(3) 设备角色

Zigbee 设备里分为协调器、路由器、终端设备三种角色 。

① 协调器(Coordinator)

协调器负责启动、配置、维持和管理整个 ZigBee 网络,是整个网络的中心。协调器选择一个信道和一个网络 ID(即 PAN ID),随后启动整个网络,它是网络的第一个设备,整个统一的网络中只能有 1 个协调器。

② 路由器

路由器可以加入协调器建立的网络,它主要负责路由发现、消息传输,并允许其他网络节点通过它接入到网络。

③ 终端设备(Device End)

终端设备通过协调器或者路由器接入网络中,主要负责数据采集或控制功能,但不允许其他节点通过它加入网络中(即没有路由功能)。终端设备功耗极低,可选择睡眠与唤醒工作模式。

(4) 组网结构

Zigbee 网络拓扑结构有星型拓扑、树型拓扑和网状型拓扑,如图 3-16 所示。

① 星型拓扑。所有的终端设备只和协调器之间进行通信。协调器作为发起设备,一旦被激活,它就建立一个自己的网络,并作为 PAN 协调器。路由设备和终端设备可以选择 PAN

ID 加入网络。星型拓扑结构的缺点是节点之间的数据路由只有唯一的路径，协调器可能成为整个网络的瓶颈。

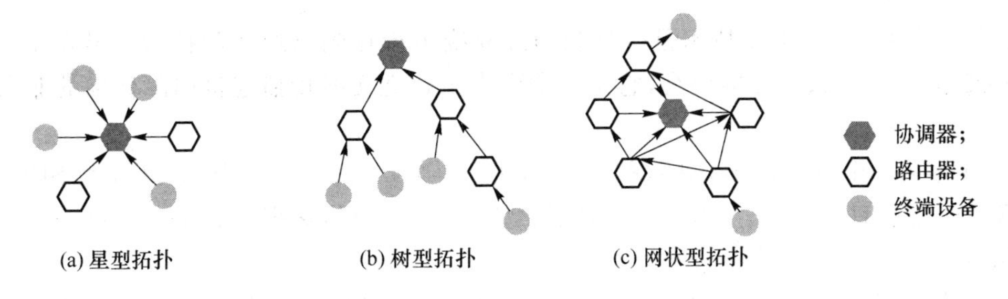

图 3-16　ZigBee 网络拓扑结构

② 树型拓扑。由协调器发起网络，路由器和终端设备加入网络后，由协调器为其分配 16 位短地址，协调器和路由器可以包含自己的子节点。树型拓扑结构的缺点是信息只有唯一的路由通道。

③ 网状型拓扑。每个设备都可以与在无线通信范围内的其他任何设备进行通信。任何一个设备都可定义为 PAN 主协调器，但在实际应用中，用户往往通过软件定义协调器，并建立网络，路由器和终端设备加入此网络。MESH 网状型扑结构可以通过“多级跳”的方式通信，组建复杂的网络结构，且具有自组织、自愈功能。

3. ZigBee 应用——智能家居

基于 ZigBee 技术的智能家居应用可以把 ZigBee 模块嵌入智能家居环境监测系统的各传感器设备中，实现近距离无线组网与数据传输。ZigBee 智能家居应用如图 3-17 所示。

用户在外通过手机访问运营商网络，从而可控制各类家居；用户在家通过手机、平板电脑接入 WiFi 热点，从而控制各类家居。

用户手机、无线路由器、ZigBee 网关以及各种传感器等设备组成了完整的系统，实现了智慧门禁、智慧家电、智慧安防等功能，给人们带来更健康、更愉悦的生活。

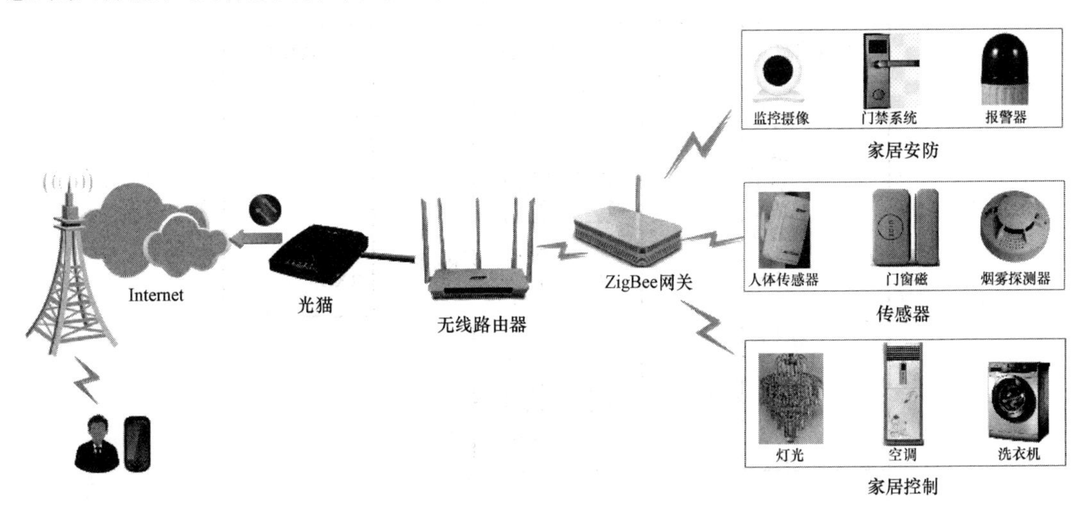

图 3-17　ZigBee 智能家居应用

（三）IrDA 技术

1. IrDA 技术发展

我们现在所知的 IrDA 技术是一种利用红外线进行点到点通信的技术。早在 1993 年，IrDA 指的是红外线数据标准协会，它是一个致力于建立无线传播连接国际标准的非营利性组织。

1994 年第一个 IrDA 的红外数据通信标准——IrDA1.0——发布，它又称为 SIR（Serial InfraRed），是一种异步的、半双工的红外通信方式，最高通信速率只有 115.2 kbit/s，适用于串行端口。

1996 年，IrDA 发布了 IrDA1.1 标准，即 FIR（Fast InfraRed），FIR 采用 4PPM 脉冲位置调制技术，最高通信速率达到 4 Mbit/s。之后，IrDA 又发布了 VFIR（Very Fast InfraRed）标准，最高通信速率提高到 16 Mbit/s。

不断提高的通信速率使得 IrDA 技术在短距离无线通信领域中占有一席之地，它适合于低成本、跨平台、点对点的高速数据连接，虽然受视距影响限制了传输距离，且组网不是很灵活，但是 IrDA 技术仍然被广泛应用于计算机及其外围设备、移动电话、数码相机、工业设备和医疗设备、网络接入设备等领域。

2. IrDA 关键技术

（1）工作波长

红外线俗称红外光，是介于微波与可见光之间的电磁波，波长在 770 nm 至 1 mm 之间，在光谱上位于红色光外侧，具有很强热效应，并易于被物体吸收，通常被作为热源。

红外线可分为三部分，即近红外线（波长在 0.77～1.50 μm 之间）、中红外线（波长在 1.50～6.0 μm之间）、远红外线（波长在 6.0～1 000 μm 之间）。

（2）数据传输模型

红外线通信的实质就是对二进制数字信号进行调制和解调，以便利用红外信道进行传输，IrDA 数据传输模型如图 3-18 所示。

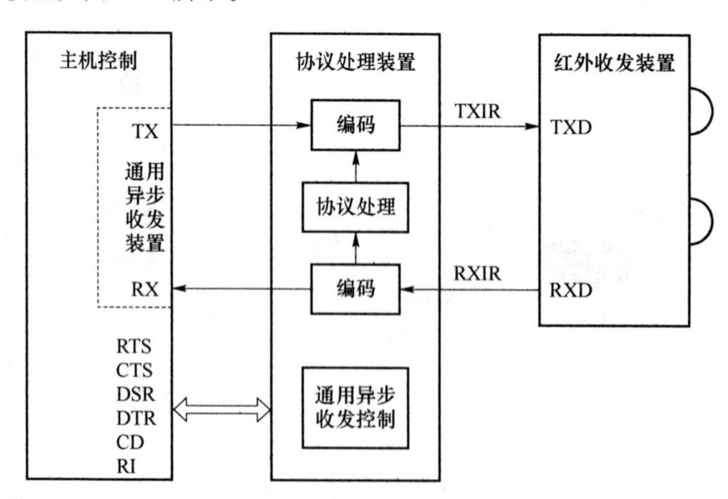

图 3-18　IrDA 数据传输模型

① 红外收发装置集发射和接收功能于一体。红外发射器通常采用红外发光二极管；红外接收器通常内部集成了放大、解调和带通滤波功能。

② 协议处理装置包含红外编解码和通用异步收发控制功能。红外编解码器件是实现调制解调的主要器件，通常采用脉宽调制（PWM）和脉位调制（PPM）；通用异步收发控制是对主机接口（如为通用异步串行接口）进行收发控制。

（3）协议层次

IrDA 协议包括物理层、连接建立协议层、连接管理协议层、应用层，其协议层次如图 3-19 所示。

<table>
<tr><td rowspan="2">应用层</td><td>IrTRAN-P</td><td>IrObex</td><td>IrLAN</td><td>IrCOMM</td><td>Ir-MC</td></tr>
<tr><td>LM-IAS</td><td colspan="4">Tiny Transport Protocol (Tiny TP)</td></tr>
<tr><td rowspan="2">协议层</td><td colspan="5">IrLMP
连接管理协议层</td></tr>
<tr><td colspan="5">IrLAP
连接建立协议层</td></tr>
<tr><td>物理层</td><td colspan="2">SIR
(9.6~115.2 kbaud)
非同步串行红外</td><td colspan="2">SIR
(1.15 Mbaud)
同步串行红外</td><td>FIR
(4 Mbaud)
高速红外</td></tr>
</table>

图 3-19　IrDA 协议层次

① 物理（IrPHY）层

IrPHY 层制订了红外线通信硬件在设计上的目标和要求，即规定了红外线通信的硬件规格（通信距离、通信角度、通信速率、数据的调制方式、脉冲宽度等）。

② 连接建立协议（IrLAP）层

IrLAP 层制定了底层连接建立的过程规范，描述了建立和终止一个基本可靠连接的过程和要求。

IrDA 建立连接通信分为四个阶段：设备发现和地址解析（查明在通信范围内是否有其他设备的过程，若有重复的 32 位 IrDA 地址，启动地址解析过程）→连接建立（由应用层决定连接到哪一个被发现的设备）→信息交换和连接复位（主设备控制从设备的访问）→连接终止（主从设备断开连接）。

③ 连接管理协议（IrLMP）层。

IrLMP 层制定了在单个 IrLAP 连接的基础上复用多个服务和应用的规范。

④ 应用层

在 IrLAP 和 IrLMP 基础上，针对一些特定的红外通信应用领域，IrDA 陆续发布了一些高级别的可选协议，如 TinyTP、IrObex、IrCOMM、IrLAN 等。

3. IrDA 应用

红外通信有着成本低廉、连接方便、简单易用和结构紧凑的特点，因此在小型的移动设备和家用电器中获得了广泛的应用。这些设备包括笔记本计算机、掌上电脑、游戏机、移动电话、仪器仪表、MP3 播放机、数码相机、打印机之类的计算机外围设备以及电视机、机顶盒、空调、音箱等家用电器。

智慧家庭的红外通信应用通常体现在家用电器的遥控上，通过智能遥控器可以对家庭中的多数红外遥控设备进行集中控制，并且可以与其他设备联动。图 3-20 为 Broadlink 博联的智能遥控器 RM PRO+，它能支持 9 000 多款电器，如电视、机顶盒、空调、音箱、电动窗帘等。不管是红外遥控还是射频遥控，都可以集成到手机，实现手机 APP 控制。

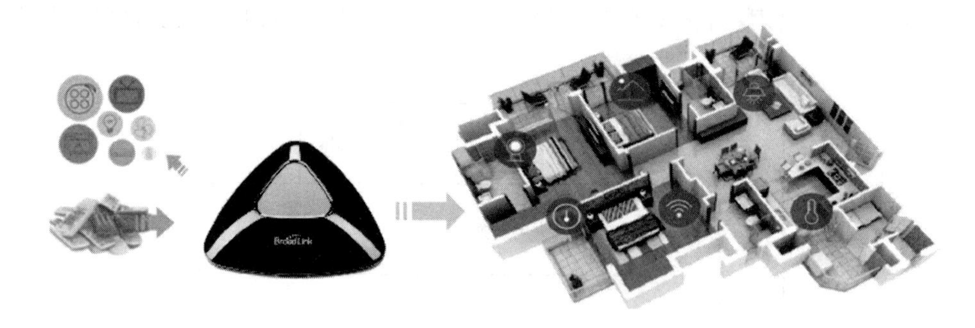

图 3-20　IrDA 的应用

（四）NFC 技术

NFC 技术是由非接触式射频识别（RFID）演变而来的非触控式的互联技术，在单一的芯片上实现感应式读卡器、感应式卡片以及点到点通信的功能，允许某种设备在限定范围内和另一种设备进行识别和数据交换。

1. NFC 技术的发展

NFC 技术于 2002 年由飞利浦公司和索尼公司共同研发，并被 ISO、ECMA（欧洲电脑制造商协会）接收为标准（NFCIP-1）。2004 年，诺基亚、飞利浦和索尼公司成立了 NFC 论坛，共同制定行业应用的相关标准（NFCIP-2），旨在推广 NFC 技术的商业应用。

NFCIP-1 标准详细规定 NFC 设备的调制方案、编码、传输速度、RF 接口的帧格式、传输协议以及在主动与被动 NFC 模式初始化过程中解决数据冲突的方案等。

NFCIP-2 标准指定了一种灵活的网关系统，用以检测和选择操作模式是采用 NFC 卡模拟模式、读写器模式还是点对点通信模式。

2. NFC 关键技术

(1) 工作频率

NFC 设备工作于 13.56 MHz 中心频率的范围，作用距离为 10 cm 左右，它能在 0.1 ms 内迅速建立连接，具有双向连接和识别的特点。它可以选择 106 kbit/s、212 kbit/s、424 kbit/s 中的一种传输速率，将数据发送到另一台设备。

(2) 工作模式

NFC 的工作模式主要有主动通信模式和被动通信模式。

NFC 通信是在发起设备（主设备）和目标设备（从设备）间发生的。任何的 NFC 装置都可以为发起设备或目标设备。发起设备产生无线射频磁场并进行初始化，目标设备则响应发起设备所发出的命令，并选择由发起设备所发出的无线射频磁场或是自行产生的无线射频磁场进行通信。

① 主动通信模式

在主动通信模式下，每台设备要向另一台设备发送数据时，都必须产生自己的射频磁场。如图 3-21 所示，发起设备和目标设备都要产生自己的射频磁场，以便进行通信，这是对等网络通信(点到点通信)的标准模式,可以非常快速地连接。

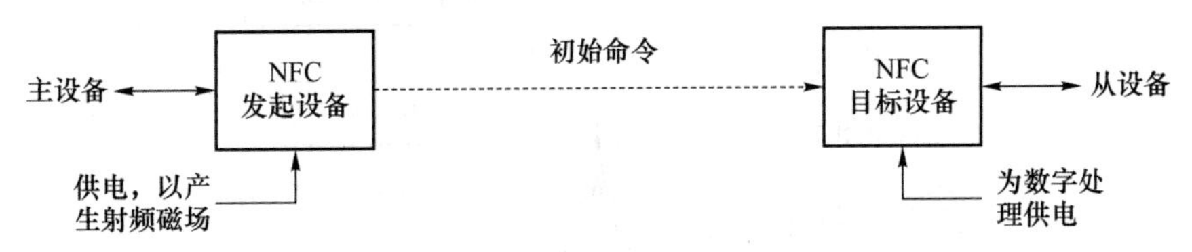

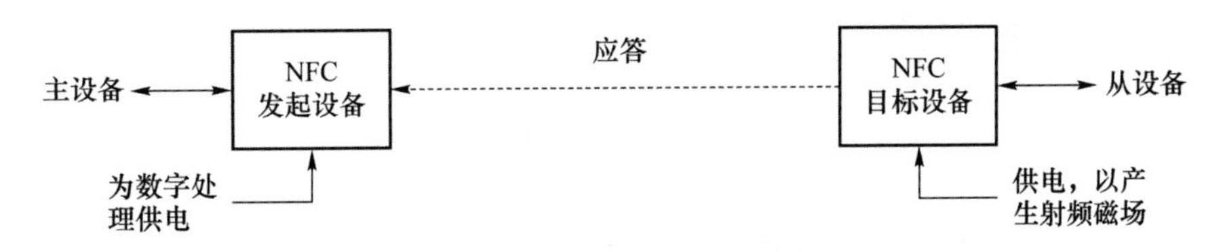

图 3-21　NFC 主动通信模式

② 被动通信模式

在被动通信模式下,发起设备在整个通信过程中提供射频磁场(如图 3-22 所示),选定一种传输速率,将数据发送到目标设备;目标设备不必产生射频磁场,可利用感应的电动势提供工作所需的电源,使用负载调制技术就可以以相同的速度将数据传回发起设备。

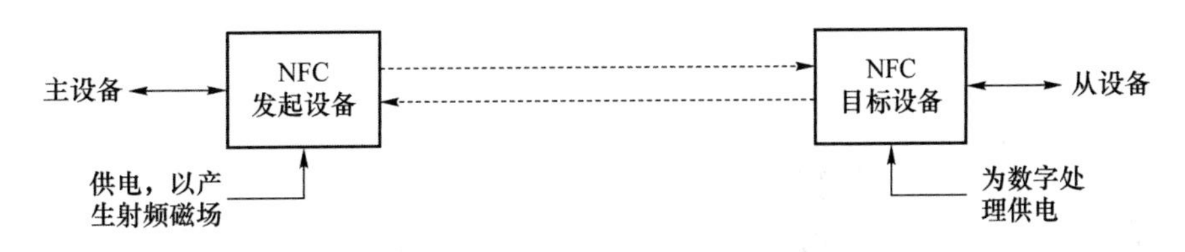

图 3-22　NFC 被动通信模式

(3) 应用模式

NFC 设备具有三种应用模式:读写器应用模式(NFC 设备作为识读设备)、卡模拟应用模式(NFC 设备作为被读设备)、点对点应用模式(NFC 设备间点对点通信)。

① 读写器应用模式

在图 3-23 所示的读写器应用模式中,具备识读功能的 NFC 手机从具备标签的物品中采集数据,然后根据应用的要求进行处理。有些应用可以直接在本地完成,而有些应用则需要通过与网络交互才能完成。典型应用有门禁控制、车票、门票、从海报上读取信息等。

② 卡模拟应用模式

在图 3-24 所示的卡模拟应用模式中,NFC 识读器从具备标签的 NFC 手机中采集数据,然后通过无线网络 PLMN 将数据送到应用系统 1 中进行处理,或通过有线网络将数据送到应用处理系统 2 中进行处理。典型应用有非接触移动支付、交通、电子票据等。

③ 点到点应用模式

在图 3-25 所示的点到点应用模式下,两个 NFC 设备可以交换数据,后续可以通过本地应用处理系统处理数据,也可以通过网络应用处理系统处理数据。典型应用有下载音乐、交换图片、同步设备地址簿等。

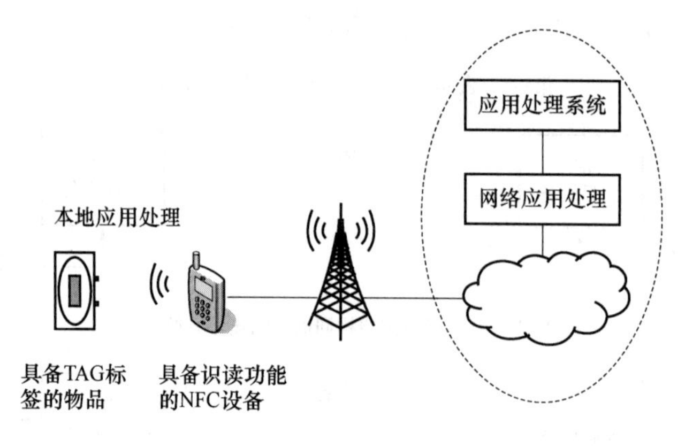

图 3-23 读写器应用模式

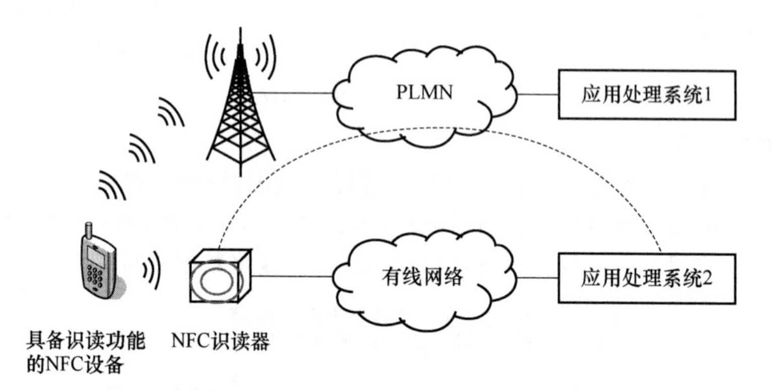

图 3-24 卡模拟应用模式

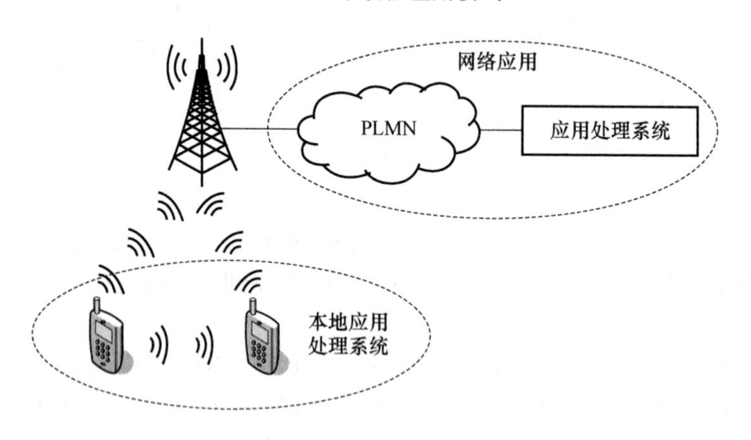

图 3-25 点到点应用模式

3. NFC 的主要应用

NFC 有接触通过、接触支付、接触连接以及接触浏览等多种应用。

(1) NFC 用于移动支付

目前国内 NFC 手机的移动支付功能会用到银联的云闪付服务，应用模式为 NFC 手机的卡模拟应用模式。NFC 手机无须绑定银行卡的完整信息，只需形成特殊 Token 号码，在支付时将 Token 号码传递给 POS 机，POS 机再把 Token 号码和交易金额发送给银联、银行，最后进行验证就可完成交易，整个过程手机是不需要联网的。

（2）NFC 用于数据传输

在传输数据方面，NFC 只是起到了对两台设备进行配对接头的作用，实际数据传输是依靠蓝牙或 WiFi 方式完成的。支持 NFC 配对的两个蓝牙设备只需相互靠近 NFC 标识的位置，便可以让两个设备之间快速地完成配对，并且在数据传输过程中，用户可以将两台设备分开，无须保持 NFC 的作用距离。目前 NFC 传输还是以图片、文本、网页链接等小文件为主。

4.【工作小任务 2】使用 NFC 手机充值校园一卡通

（1）子任务说明

目前校园一卡通是当代大学生很常用的一种卡，学生需要向里面充值才能进行各种消费，但是多数校园卡需要到固定的 POS 机上刷卡圈存。在本次任务中通过“完美校园”APP 对校园卡进行充值，利用手机的 NFC 功能直接领款。

（2）子任务实施步骤

① 打开手机 NFC 功能。确定手机上安装有“完美校园”APP，然后打开手机 NFC 功能，将“默认付款应用”设置为“完美校园”，如图 3-26 所示。

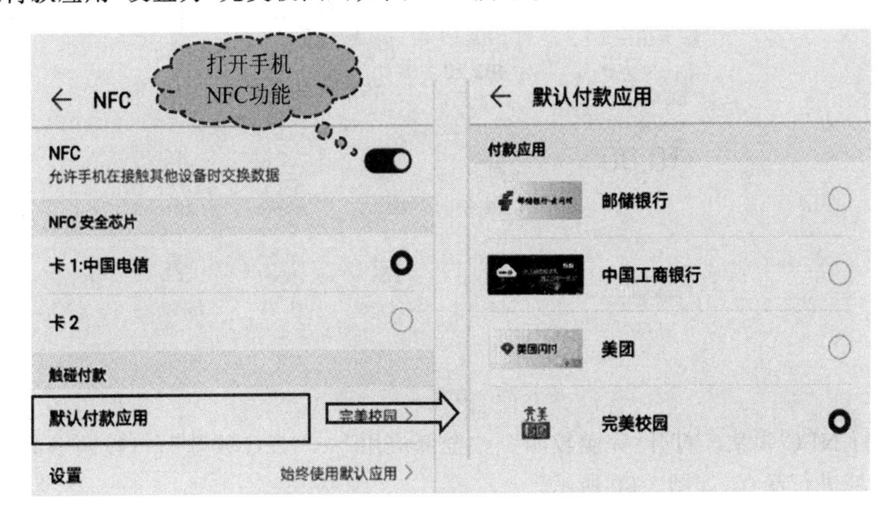

图 3-26　打开手机 NFC 功能

② 打开“完美校园”APP，查看校园卡余额，如图 3-27 所示。

图 3-27　打开“完美校园”APP

③ 选择一种支付方式支付，如图 3-28 所示。

图 3-28　校园卡充值

④ 查看账户余额，如图 3-29 所示。充值成功后需要等待 3 到 5 分钟，等金额入账后才能进行圈存。

图 3-29　查看账户余额

⑤ 进行 NFC 领款。打开"完美校园"→"全部应用"→"NFC 领款"，将校园卡放到手机背后 NFC 区域进行圈存，如图 3-30 所示。

图 3-30　NFC 领款

⑥ 在领款时将校园卡紧贴手机，不要轻易移动。静待几秒之后，即可提示领款成功，如图 3-31 所示。

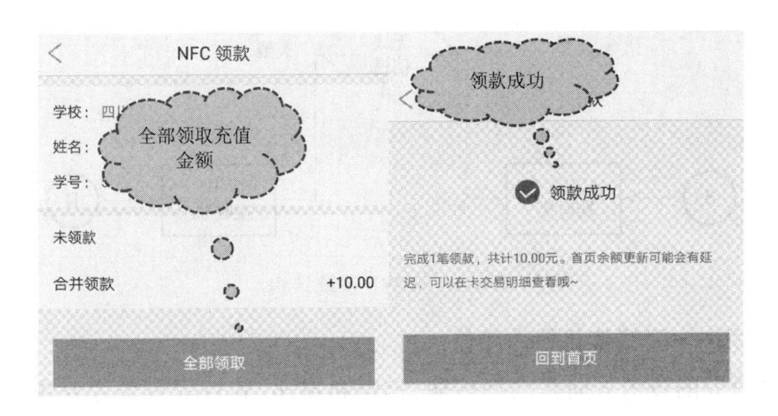

图 3-31　圈存成功

（五）UWB 技术

UWB 技术是一种无载波通信技术，利用纳秒至微秒级的非正弦波窄脉冲传输数据，又称为脉冲无线电技术、时域通信技术。通过在较宽的频谱上传送极低功率的信号，UWB 技术能在 10 m 左右的范围内实现每秒数百兆比特至每秒数吉比特的数据传输速率。

1. UWB 技术发展

现代意义的 UWB 无线技术起源于 19 世纪 60 年代，不过早期它仅仅应用在军事雷达和定位设备中，属于无载波通信技术。1989 年，美国国防高级研究计划署首次使用了 UWB 这个术语，并定义了 UWB 信号。直到 2002 年美国联邦通信委员会（FCC）才发布 UWB 的商用化规范，并重新对 UWB 做了定义，即 UWB 信号的带宽应大于或等于 500 MHz 或其相对带宽大于 20％ 。2007 年，ISO 正式通过了 WiMedia 联盟提交的 MB-OFDM 标准，其正式成为了 UWB 技术的第一个国际标准。

2. UWB 关键技术

（1）工作频段

UWB 技术是在较大的带宽上实现 100 Mbit/s～1 Gbit/s 数据传输速率的技术。

为了保护 GPS、导航和军事通信频段，UWB 系统可使用的频段被限制在 3.1～10.6 GHz 范围内，并且在该频段内，UWB 设备的发射功率必须低于－41.3 dBm/MHz。

（2）脉冲信号

UWB 中的信息载体为脉冲无线电。脉冲无线电指的是冲激脉冲（即超短脉冲），它的持续时间往往小于 1 ns。对冲激脉冲信号进行调制，以获取非常宽的带宽来传输数据。

（3）调制方式

UWB 的调制方式主要包括脉冲位置调制、脉冲幅度调制（PAM），其他调制包括传输参考调制（TR）、码参考调制（CR）、开关键控调制（OOK）、脉冲形状调制（PSM）等。随着光通信技术的发展，基于光脉冲波形产生和调制的 UWB 系统成了新的研究方向。

（4）系统结构

UWB 系统具有简单的系统结构，如图 3-32 所示。

UWB 系统的发射机和接收机都直接使用脉冲小型微带天线。由于 UWB 系统不需要对载波信号进行调制和解调，故不需要混频器、滤波器、射频转换器、中频转换器及本地振荡器等复杂器件。

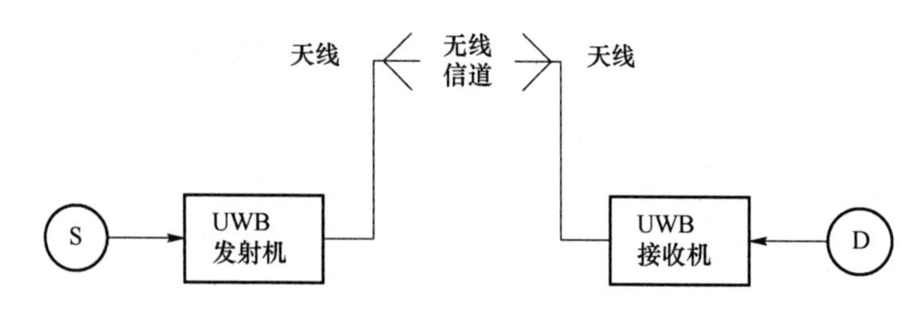

图 3-32 UWB 系统结构

3. UWB 应用——高精度机器人定位

UWB 主要研究的技术方向是数据传输、定位和雷达，其目标市场主要集中在物流、健康管理、商业零售、工业制造、商业大厦、智慧家庭、个人消费电子产品等。

UWB 系统与传统的窄带系统相比，具有穿透力强、功耗低、抗多径效果好、安全性高、系统复杂度低、能提供精确定位精度等优点。因此，UWB 技术可以应用于室内静止或者移动物体以及人的定位跟踪与导航，且能提供十分精确的定位精度。

图 3-33 是南京沃旭通讯公司制作的 UWB 高精度机器人定位解决方案。整个系统结构非常简单，只需布置四个 UWB 基站，在人形机器人上安装标签，便可以实现精准定位和自行走效果。系统采用四个 UA-100 设备作为 UWB 基站，将一块带 WiFi 模块的 UM-208 作为标签。UM-208 会根据接收到的 UWB 数据自动解算，并将解算结果发送至服务器上的呈现软件，由呈现软件把结果呈现出来，系统的定位精度可以达到 5 cm。

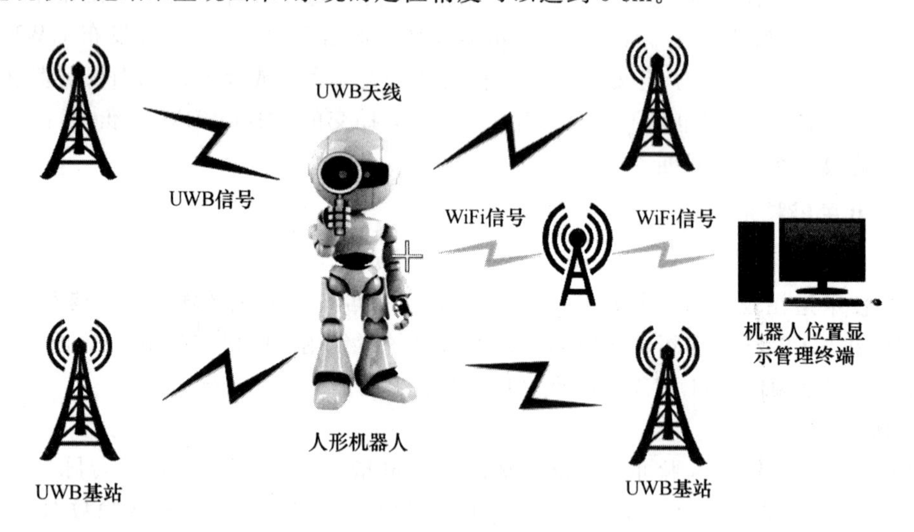

图 3-33 UWB 高精度机器人定位应用

三、WLAN 技术

WLAN 是目前最常见的无线网络之一。广义的 WLAN 是指以各种无线电波作为无线信道来代替有线局域网中的部分或全部的传输介质所构成的网络；狭义的 WLAN 是指基于 IEEE 802.11 系列标准，利用高频无线射频(如 2.4 Hz 或 5 GHz 无线电波)作为传输介质的网络。WLAN 与有线网络技术相比，具有灵活、建网迅速等特点。

（一）WLAN的演进与发展

最早出现的WLAN可以认为是夏威夷大学于1971年开发的ALOHANET网络，它使得分散在4个岛上的7个校园里的计算机可以通过无线电连接的方式与位于瓦胡岛的中心计算机进行通信。

1985年，美国联邦通信委员会（FCC）颁布的电波法规为WLAN分配了两种频段。一种是专用频段，这个频段避开了比较拥挤的、用于蜂窝电话和个人通信服务的频段，采用了更高频率；另一种是免许可证的频段，主要是ISM频段（工业、科学和医疗），它在WLAN的发展上发挥了重要作用。

1990年，IEEE 802标准委员成立了IEEE 802.11标准工作组，并于1997年发布IEEE 802.11标准，它支持2.4 GHz频段，最高速率支持2 Mbit/s。

1999年，IEEE发布了802.11a标准和802.11b标准。802.11a支持5 GHz频段，最高速率支持54 Mbit/s；802.11b则支持2.4 GHz频段，最高速率支持11 Mbit/s。

2003年，IEEE发布了802.11g标准，它最高速率支持54 Mbit/s，802.11g向后兼容802.11和802.11b。

2009年，IEEE发布了802.11n标准，它同时支持2.4 GHz频段和5 GHz频段，支持两种频宽模式——HT20和HT40，最多支持4个空间串流。HT40单流最高速率为150 Mbit/s，HT40 2×2 MIMO最高速率为300 Mbit/s，HT40 3×3 MIMO最高速率为450 Mbit/s，HT40 4×4 MIMO最高速率为600 Mbit/s。802.11n向下兼容802.11a、802.11b、802.11g。

2013年，802.11ac发布，是802.11n标准的延续支持5 GHz的频段，支持四种频宽模式（VHT20、VHT40、VHT80和VHT160），最多支持8个空间串流。VHT80单流最高速率为433.3 Mbit/s，VHT80 2×2 MIMO最高速率为866.6 Mbit/s，VHT80 3×3 MIMO最高速率为1 299.9 Mbit/s，VHT80 4×4 MIMO最高速率为1 733.2 Mbit/s，而VHT160 8×8 MIMO最高速率为6 928 Mbit/s。802.11ac向下兼容802.11a、802.11n。

2013年，下一代WLAN研究组HEW成立，研究下一代WLAN标准IEEE 802.11ax。下一代局域网的目标是在密集用户环境中将用户的平均吞吐量8提高至少4倍。802.11ax相较于802.11n、802.11ac在物理层和MAC层进行了增强：采用上下行方向正交频分多址机制（OFDMA），可同时为多个使用者提供较小的子信道，进而改善每位用户的平均传输速率；采用上下行方向多用户-多入多出机制（MU-MIMO），使上下行链路最多可以同时为8个用户提供服务；采用更高阶的调制技术1024-QAM，使容量提升25%；采用基本服务集着色机制（BSS Coloring），最大限度地减少同频干扰；采用目标唤醒时间机制（TWT），减少用户之间的争用和重叠，增加STA休眠时间，从而降低功耗。

经过20年的发展，如今802.11逐渐形成了一个家族，除了上述这些标准外，还包括802.11e（MAC层对QoS支持）、802.11i（与802.11X一起为WiFi提供认证和安全机制）、802.11h〔在802.11a基础上增加动态频率选择（DFS）和发送功率控制（TPC）〕等标准。

（二）WLAN关键技术

1. WLAN的射频与信道

WLAN可工作于2.4 GHz频段和5 GHz频段。其中，IEEE 802.11b/g/n工作于2.4 GHz频段，IEEE 802.11a/n/ac工作于5 GHz频段。

① 2.4 GHz 频段

WLAN 的 2.4 GHz 频段带宽示意如图 3-34 所示。

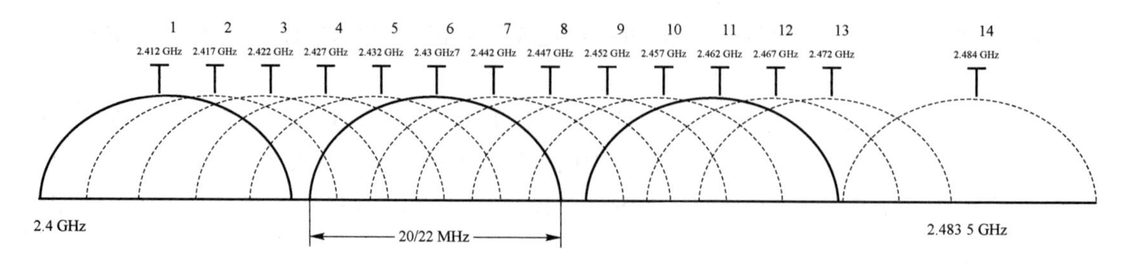

图 3-34　工作频段 2.4 GHz

从图 3-34 可以看出，2.4 GHz 频段的带宽为 2.4～2.483 5 GHz，共划分为 14 个交叠的信道，信道编号从 1～14，每两个相邻信道中心频率间隔为 5 MHz，每个信道的带宽为 20 MHz/22 MHz(802.11g/n 的每个信道带宽为 20 MHz，802.11b 的每个信道带宽为 22 MHz)，每个信道都有自己的中心频率。

中国支持 1～13 号信道，在这 13 个信道可以找出 3 个独立没有交叠的信道。运营商部署 WLAN 时为了避免邻频干扰，一般都采用 1、6、11 这 3 个信道进行频率规划，不过在有较高网络容量需求和频率复用困难的情况下，可以采用 1、7、13 频点或者 1、5、9、13 频点进行复用；为了避免同频干扰，一般采用蜂窝式信道布局信道。

② 5 GHz 频段

WLAN 还可以使用 5 GHz 频段，5 GHz 频段带宽示意如图 3-35 所示。

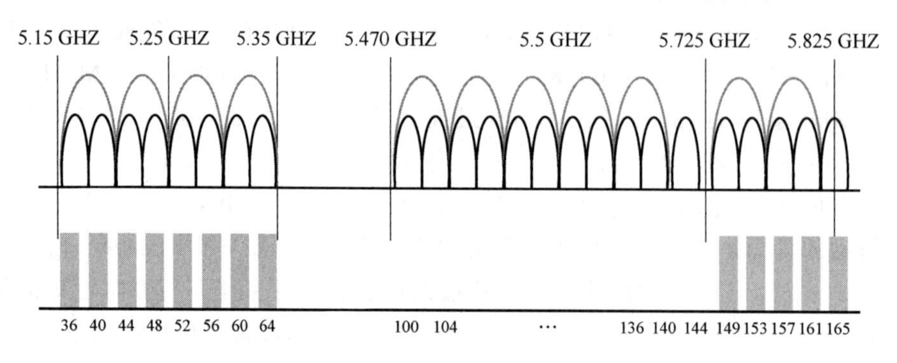

图 3-35　工作频段 5 GHz

从图 3-35 可以看出，5 GHz 频段分为三段：5.2 GHz、5.5 GHz 和 5.8 GHz，全部频段带宽为 555 MHz。

- 5.2 GHz 频段分为 8 个信道，信道编号为 36、40、44、48、52、56、60 和 64。
- 5.5 GHz 频段为新增频段，分为 45 个信道，信道编号为 100～144，中国尚未放开使用。
- 5.8 GHz 频段分为 5 个信道，信道编号为 149、153、157、161 和 165。
- 相邻信道间的中心频率间隔为 20 MHz，信道带宽为 20 MHz。

802.11n、802.11ac 可以通过信道绑定技术将两个或多个 20 MHz 信道捆绑合成单个信道，使得传输通道变得更宽，传输速率增加。将 5 GHz 相邻的两个相邻 20 MHz 信道绑定成 40 MHz 信道，图 3-35 中的浅色半圆就是将 2 个黑色半圆独立信道进行信道绑定，如将 149 和 153 信道捆绑。由于 2.4 GHz 频段的信道资源较拥挤，故一般不推荐使用信道绑定。

由于很多国家的军用雷达也在使用 5 GHz 频段，使用该频段的民用无线设备很可能对雷达等重要设施产生干扰，因此 WLAN 产品必须具备发射功率控制(避免功率过大干而扰军方雷达)和动态频率选择功能(主动探测军方使用的频率，当发生冲突时主动避让)。

2. WLAN 协议层次

WLAN 全网交互过程实质就是一个 802.3 协议数据包和 802.11 协议数据包相互封装和解封装的过程。IEEE 802.11 协议只规定了 WLAN 的物理层和数据链路层的 MAC 子层，具体协议层次如图 3-36 所示。从图 3-36 可以看出，802.11 协议具有不同的物理层特性、相同的 MAC 层功能。

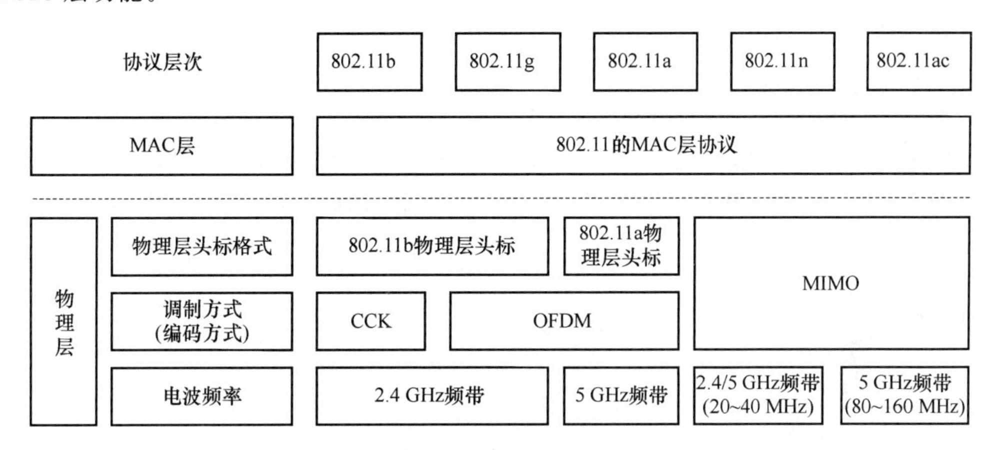

图 3-36　WLAN 协议层次

① 物理层

物理层又分为物理汇聚(PLCP)子层和物理介质相关(PMD)子层。

PLCP 子层规定了如何将 MAC 层协议数据单元映射为合适的帧格式，用于收发用户数据和管理信息；PMD 子层规定了两点和多点之间通过无线介质收发数据的特性和方法，如编码、复用和调制方式等。

② MAC 层

MAC 层负责无线网络终端与无线接入点之间的通信，包括扫描、接入、认证、加密、漫游和同步。802.11 定义了 MAC 帧格式的主体框架结构，无线局域网中发送的各种类型的 MAC 帧都采用这种帧结构。802.11 的 MAC 帧格式如图 3-37 所示。

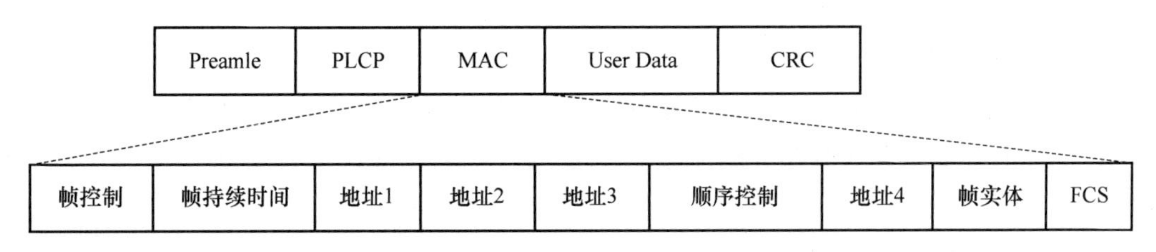

图 3-37　MAC 帧结构

Preamle：前导码字段，用于唤醒接收设备，使其与接收信号同步。

PLCP：物理汇聚子层字段，包含一些物理层的协议参数。

MAC：包括帧控制、帧持续时间、地址和顺序控制等字段。其中，帧控制字段主要用于定义一个 MAC 帧的类型是管理帧、控制帧还是数据帧；帧持续时间主要是一个帧的持续发送时间；地址字段主要包含不同类型的 48 bit 地址，如源地址、目的地址和基本业务集地址(BSSID)等；顺序控制字段用于过滤重复帧。

3. 媒体访问控制机制 CSMA/CA(载波侦听多路访问/冲突避免)

WLAN 采用 CSMA/CA 机制在一个共享媒体上支持多个用户共享媒体资源。WLAN 在无线媒体中传输数据时，发射机不可能边发射边检测，只能试图避免碰撞。CSMA/CA 的基本原理是需要发送数据的站点检测信道，当信道“空闲”时，站点开始等待一个随机时长，在等待期间依然对信道进行检测，直到等待时段结束，若信道仍为“空闲”，则站点进行数据发送。

任务实施

一、任务实施流程

为了满足王先生的智慧家庭需求，电信智慧家庭工程师唐工需要为王先生制订一套合理、可行、个性化的设计方案，并进行组网实施以及设备调试，最后实现智慧家庭的相关功能。智慧家庭设计流程如图 3-38 所示。

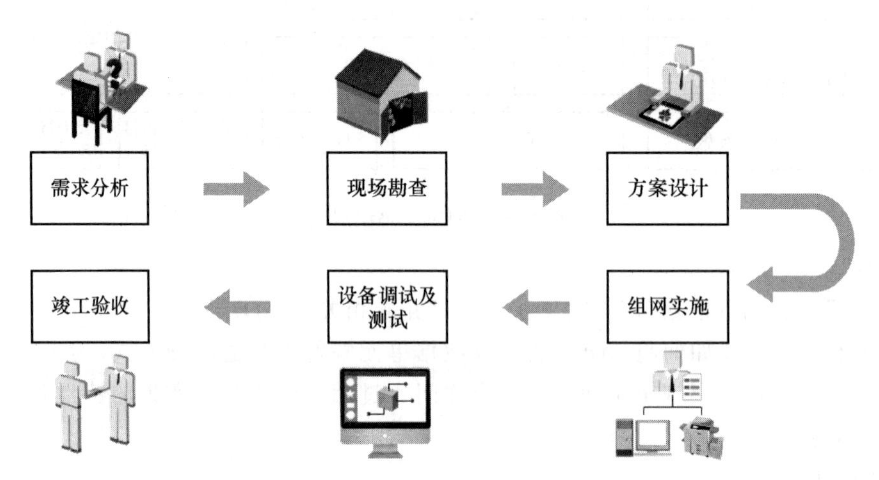

图 3-38　智慧家庭设计流程

二、任务实施

(一) 需求分析

经过多次和王先生的沟通，唐工了解到王先生对智慧家庭的需求主要体现在无线网络的全覆盖、对家用电器的集中控制和远程控制、对家庭环境安全的监测和控制、对日常生活的辅助提醒上，主要涉及以下几个方面内容。

(1) 家庭无线网络全覆盖。

(2) 安防报警：在布防状态下，家中一旦出现非法侵入或者漏气、高温等异常情况，系统立即响应，通过网络将警情发送给业主。

(3) 远程监控：无论业主身在何处，通过智能手机连接安装在家中的网络摄像机，可以随时观看查看家中情况。

(4) 智能门锁：在家人平安到家开门时，系统会发送短信到手机。

（5）环境感知：自动检测环境的温度、湿度、空气质量等参数，并自动开启空调、新风、地暖、加湿器等设备，将居住环境调整到最佳状态。

（6）智能家电：通过智能遥控器、智能触控面板、智能开关或者智能终端等，可以实现空调、电视、热水器、电冰箱等家电设备的集中控制与管理。

（二）现场勘查

现场勘查包括对房屋整体面积、房间数量、综合布线等的勘查。勘查结果如图 3-39 所示。

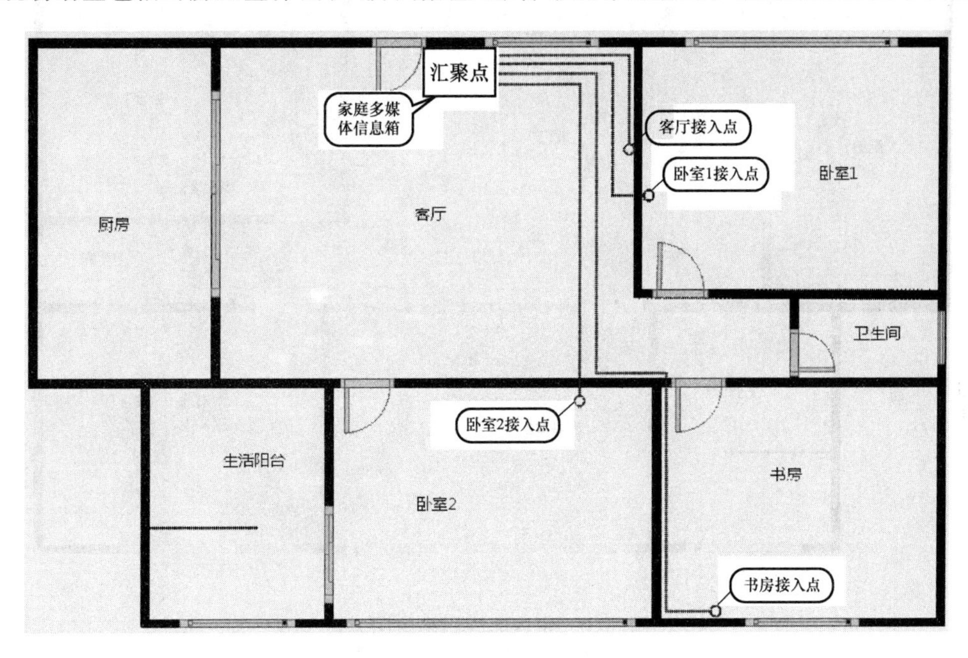

图 3-39　勘查结果

王先生的住宅面积为 100 m² 左右，三室两厅单卫，家庭多媒体信息箱在入户处，为家庭的汇聚点。卧室、书房和客厅均已布放有线接入点，其中卧室 1 布放的是同轴电缆接入点，其余地方布放的是网线接入点。

（三）方案设计

1. 无线网络方案设计

根据现场勘查结果，唐工对王先生家进行了室内无线网络设计，主要针对日常活动区域进行无线信号覆盖。无线网络组网方案如图 3-40 所示。无线网络组网方案设计思路如下。

（1）客厅餐厅区域通过大功率的天翼网关进行覆盖。

（2）卧室 1 是因为没有布放网线，所以通过无线路由器覆盖，通过将网线接机顶盒可实现 IPTV 功能。

（3）卧室 2 因为是小孩的卧室，按照王先生的要求，接收的无线信号强度尽量小一些。

（4）书房因为布置了网线接口（挨着网线接口就是电源接口），所以采用迷你无线路由器实现无线信号覆盖。

（5）其他区域（如厨房和生活阳台等）WiFi 信号也覆盖了，但是信号强度不是太大。

2. 智慧家庭解决方案设计

根据需求分析，王先生对智慧家庭的主要需求是实现安防监控、环境监测、家电智能控制等。如今市场上智慧家庭的产品琳琅满目，品牌厂商通常提供整体解决方案，但价格不菲，而小厂商产品往往会出现兼容问题。唐工经过和王先生多次讨论与协商，最后选择了整套“小米”智慧家庭设备进行组网，智能门锁自行购置(如凯迪仕门锁等)。智能家庭设备布放如图3-41所示。

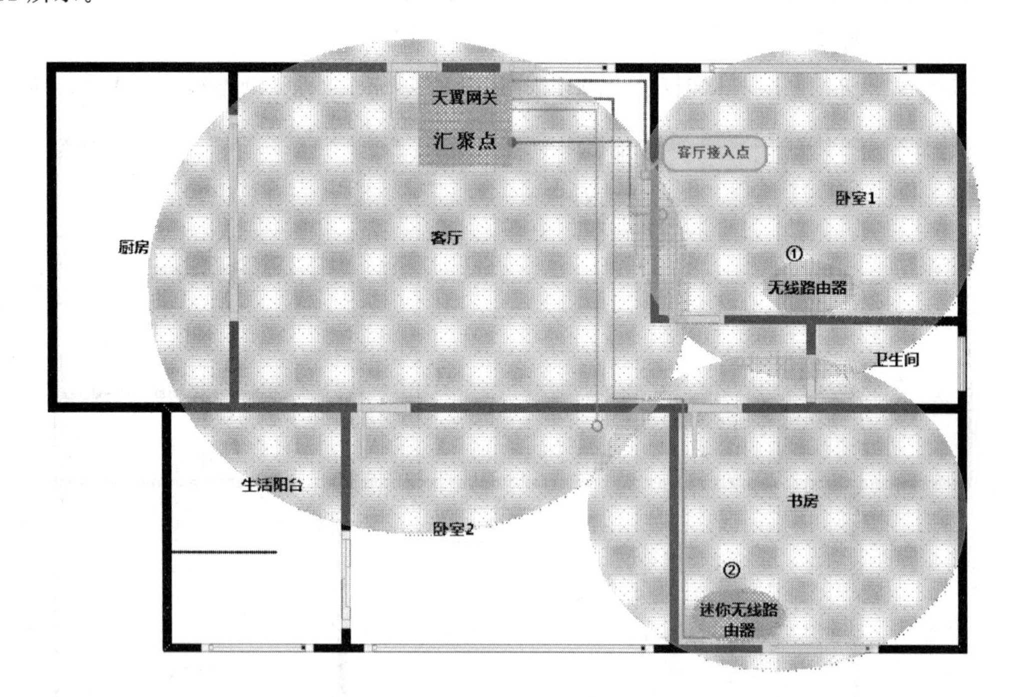

图 3-40　室内无线网络组网方案

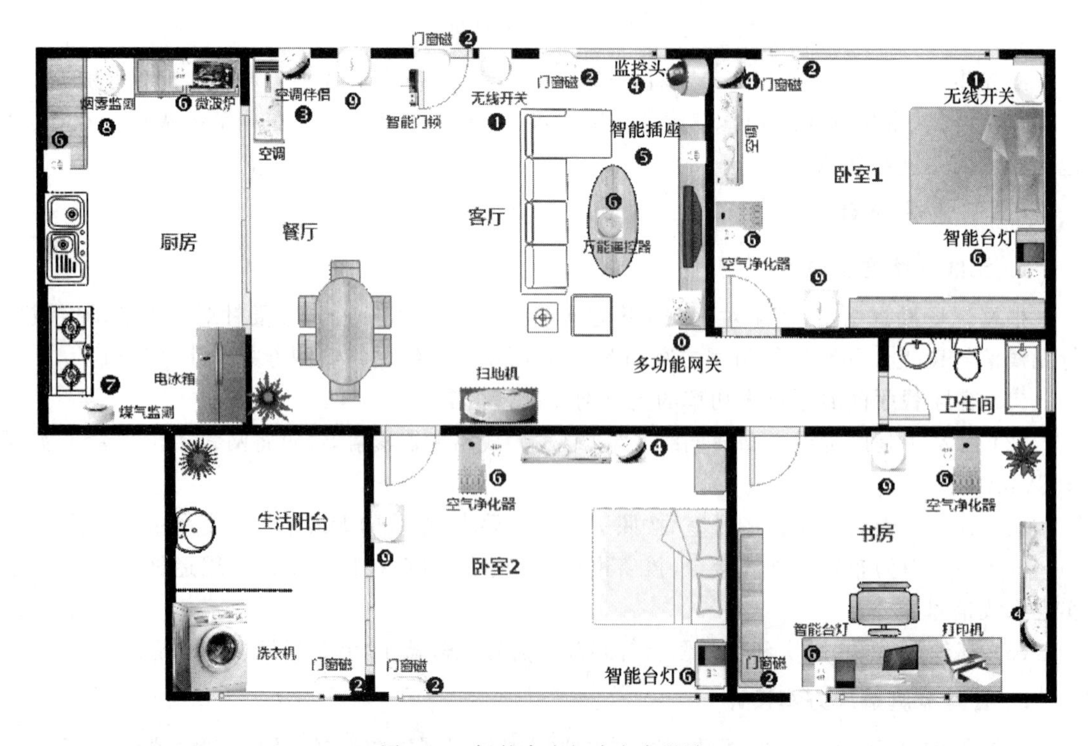

图 3-41　智慧家庭解决方案设计

智慧家庭解决方案描述如下。

(1) 家庭安防

① 凯迪仕 K5 智能锁可以实现蓝牙开门、远程授权开门、指纹开门、刷卡开门、密码开门功能。

② 通过监控摄像机可以远程查看室内情况。

③ 在工作外出期间,当门窗突然开启或室内出现异常声音时,智能网关将联动手机端报警。

(2) 智能家电

① 使用智能插座实现手机端遥控台灯、电饭煲、饮水机、空气净化器、扫地机的开关,也可以使用无线开关联动小家电的开关。

② 使用空调伴侣实现空调的定时开关、温度调节等。

③ 使用万能遥控器实现电视、机顶盒等红外家电的控制。

(3) 智能环境

① 根据不同环境变化,通过手机、平板电脑、计算机等调整室内相应环境。

② 对烟雾环境、煤气泄漏量、PM2.5 超标等进行监测,当超过阈值时联动报警器和手机端进行报警。

3. 组网设备和智能设备

在图 3-40 和图 3-41 中,无线网络组网设备和智能设备使用情况如表 3-1 所示。

表 3-1　组网设备和智能设备

分类	图中序号	名称	数量/个	厂商型号	单价/元	总价/元
组网设备	①	无线路由器	1	TP-LINK 880N	85	85
	②	迷你无线路由器	1	TP-LINK 800N	88	88
智慧家庭设备	⓿	多功能网关	1	小米	134	134
	❶	无线开关	2	小米	39	78
	❷	门窗磁	6	小米	49	294
	❸	空调伴侣	4	小米	169	676
	❹	智能摄像机	1	小米	199	199
	❺	智能插座	9	小米	69	621
	❻	万能遥控器	1	小米	79	79
	❼	天然气报警器	1	小米	184	184
	❽	烟雾报警器	1	小米	134	134
	❾	温湿度传感器	4	小米	49	196
合计价格/元						2 768

4. 费用预算

智慧家庭解决方案费用包括设计费用、设备费用、耗材费用和施工费用。其中,设备费用主要是表 3-1 所涉及的费用;耗材费用主要是网络实施过程中的网线、水晶头、信息模块等费用;施工费用主要涉及设备安装调测费用和信息点调测费用;设计费用按照规定计取。

（四）组网实施

1. 迷你无线路由器安装

TP-LINK 迷你无线路由器的安装非常简单，如图 3-42 所示。

(a) 网线一端插到墙上的网线接口

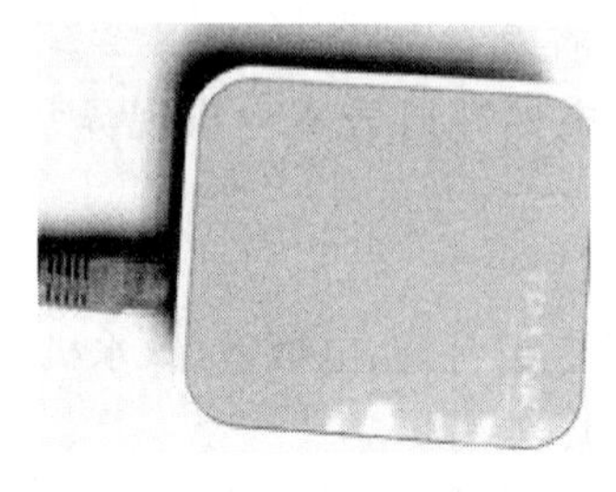

(b) 另一端插入迷你路由器网口

(c) 将此开关拨到AP模式

图 3-42　天线路由器的安装

2. 智慧家庭设备安装

小米智慧家庭设备的安装非常方便，要么直接插在电源插座上，要么直接贴在需要放置的家具上。

（五）设备调测

1. 智慧家庭设备调测

① 下载小米 APP

我们需要下载并安装控制小米智能硬件的“米家”APP。

② 添加智能设备

登录 APP 后，可以看到“米家”APP 主页面“我的设备”中显示了目前所连接的智能设备以及一些常用的智能场景应用。添加所有的智能设备都在“我的设备”页面，单击右上角的“+”号，出现“添加设备”界面，然后进行设备添加，需添加表 3-1 中所有的小米智能设备。

③ 设置智能场景

“自动化”的设备分为“输入”和“输出”设备两大类。能接入“米家”APP 并能为自动化提供“条件”的设备为输入设备，如门窗磁、温湿度传感器、人体传感器等，而输出设备是指能执行动作的小米设备，如灯、插座、万能遥控器等。有的小米设备同时具有输入输出功能，如小米空气净化器、烟雾报警器等。它们不仅是个输出的执行者，也可以检测环境值，为自动化提供了条件。

举例：当大门打开后忘关了或未锁紧时，这时就需要提示的声音。在大门加装小米门磁，当大门打开超过 1 分钟未关时，网关会发出你指定的报警音，同时给你的手机推送“大门打开超过 1 分钟未关”的通知，提醒你关好门。智能场景设置如图 3-43 所示。

2. 无线路由器和迷你路由器

TP-LINK 的无线路由器和迷你路由器都可以设置成无线中继模式，我们下面介绍迷你路由器的配置。

（1）确认中继无线信号的无线名称、无线密码等参数。例如，无线网络名称为 zhangsan；加密方式为 WPA2-PSK；无线密码为 1a2b3c4d。

（2）将计算机和迷你路由器连接并进行配置。

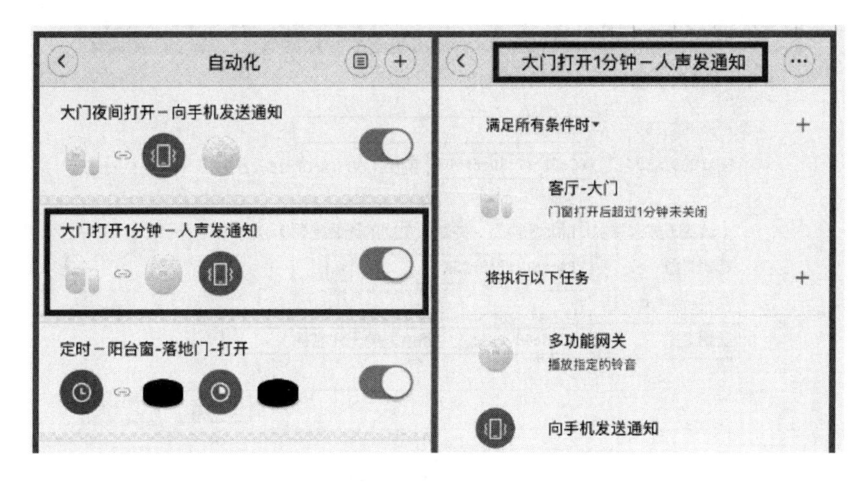

图 3-43　智能场景设置

① 浏览器中输入 tplogin. cn，单击回车键后页面会弹出登录框。

② 按照设置向导进行设置，选择工作模式为“Reapter”，如图 3-44 所示。

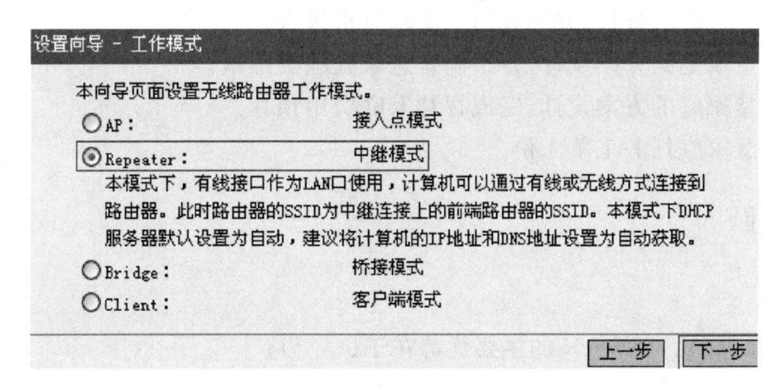

图 3-44　工作模式为“Reapter”模式

③ 接着扫描信号，找到主路由器的无线网络名称“zhangsan”，如图 3-45 所示。

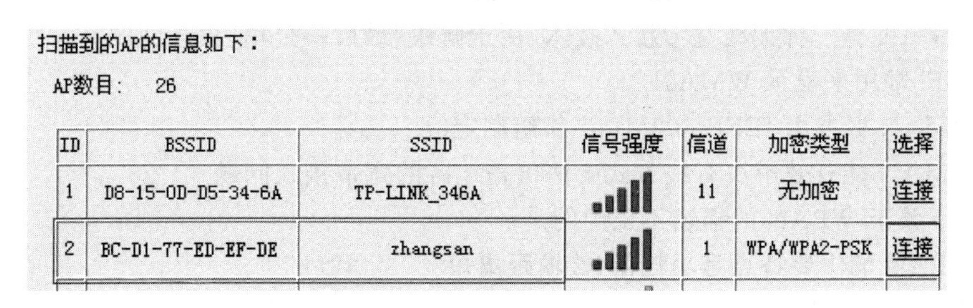

扫描到的AP的信息如下：

AP数目：　26

ID	BSSID	SSID	信号强度	信道	加密类型	选择
1	D8-15-0D-D5-34-6A	TP-LINK_346A		11	无加密	连接
2	BC-D1-77-ED-EF-DE	zhangsan		1	WPA/WPA2-PSK	连接

图 3-45　扫描主路由器网络

④ 输入无线密码，如图 3-46 所示，然后重启路由器。

⑤ 设置成功后，连接上网。

（六）竣工验收

所有设备测试成功后，给客户演示各种智慧家庭功能，并耐心讲解各种设备的使用方法以及相关 APP 的设置方法，直到客户学会并满意为止。

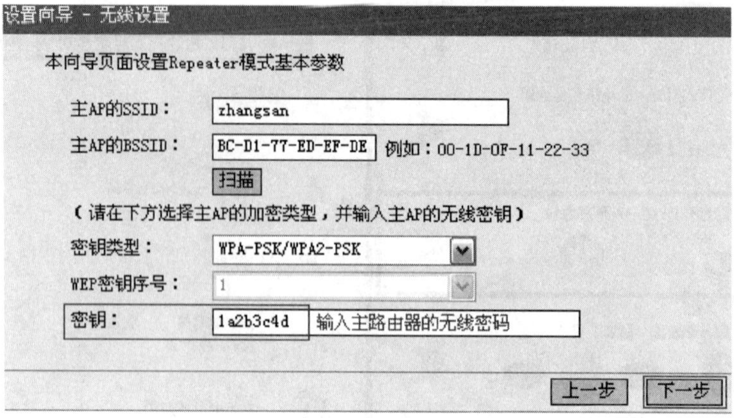

图 3-46　输入无线密码

任务成果

（1）对用户进行需求分析，并完成用户需求分析报告。

（2）完成智慧家庭的方案设计，并绘制智慧家庭施工图纸。

（3）根据智慧家庭的方案设计，完成智慧家庭费用预算。

（4）完成智慧家庭任务工单 1 份。

任务思考与习题

一、单选题

1. 与 WLAN 相比，WWAN 的主要优势在于（　　）。

A. 支持快速移动性　　B. 传输速率更高

C. 支持 L2 漫游　　D. 支持更多无线终端类型

2. 以下关于 WMAN 的描述中不正确的是（　　）。

A. WMAN 是一种无线宽带接入技术，用于解决“最后一公里”接入问题

B. WiFi 常用来表示 WMAN

C. WMAN 标准由 IEEE 802.16 工作组制定

D. WMAN 能有效解决有线方式无法覆盖地区的宽带接入问题

3. 以下关于 WPAN 的描述不正确的是（　　）。

A. WPAN 的主要特点是功耗低、传输距离短

B. WPAN 工作在 ISM 波段

C. WPAN 标准由 IEEE 802.15 工作组制定

D. 典型的 WPAN 技术包括蓝牙、IrDA、Zigbee、WiFi 等

4. 蓝牙耳机是（　　）的一个典型应用。

A. WWAN　　B. WMAN　　C. WLAN　　D. WPAN

5. 以下不属于 WPAN 技术的是（　　）。

A. 蓝牙　　B. ZigBee　　C. WiFi　　D. IrDA

6. IEEE 802.11 规定 MAC 层采用（　　）协议来实现网络系统的集中控制。

A. CSMA/CD　　B. CSMA/CA　　C. CDMA　　D. TDMA

7. 在设计一个要求具有 NAT 功能的小型无线局域网时，应选用的无线局域网设备是（　　）。

A. 无线网卡　　B. 无线接入点　　C. 无线网桥　　D. 无线路由器

8. 蓝牙物理地址是（　　）位，Zigbee 物理地址是（　　）位，IrDA 物理地址是（　　）位，WLAN 物理地址是（　　）位。

A. 32,16,48,48　　B. 48,64,32,48

C. 32,48,32,48　　D. 16,16,32,32

9. 根据无线网卡使用的标准不同，WiFi 的速率也有所不同。IEEE 802.11b 最高的速率为________ Mbit/s；IEEE 802.11a 最高速率为________ Mbit/s，IEEE 802.11g 最高速率为________ Mbit/s。

A. 2　54　11　　B. 11　54　11　　C. 11　11　54　　D. 11　54　54

10. 下列哪项不是 ZigBee 工作频率范围（　　）。

A. 2 400～2 483.5　　B. 902～928　　C. 868～868.6　　D. 512～1024

11. 下列无线通信技术中消耗最小的是（　　）。

A. UWB　　B. 蓝牙　　C. 802.11a　　D. HomeRF

12. 以下关于卫星网络的描述中，不正确的是（　　）。

A. 通信距离远　　B. 通信频带宽　　C. 传输延迟小　　D. 通信线路可靠

13. WLAN 常用的传输介质为（　　）。

A. 广播无线电波　　B. 红外线　　C. 激光　　D. 地面微波

二、简答题

1. 分析造成家庭局域网无线信号接收质量不好的主要因素。

2. 如何优化家庭无线局域网的网络结构，解决家庭无线局域网覆盖不到位的问题？

3. 主要用于智慧家庭的智能终端有哪些？如何利用这些智能终端打造方便、舒适、温馨、智能的家居生活？

4. WLAN 主要有哪些标准？画出 WLAN 的协议模型。

5. WLAN、蓝牙、ZigBee 之间有哪些区别？

任务二　小型 WLAN 组建

任务描述

小王是一家小型 IT 公司的网络管理员。在平时的工作中，经常会遇到组建各种小型 WLAN 的场景。

子任务场景一：在一次在工作时，需要将三台笔记本计算机通过无线连接，组建成对等 WLAN，实现计算机之间快速地传输大量的文件资料。

子任务场景二：公司临时租用了一个场地作为会议室，但是该会议场所没有提供无线网络，为了方便开会时的信息交流和沟通，需要在不破坏租用场地的现场环境条件下，临时组建 WLAN，保证参会人员的网络接入需求。

任务分析

作为网络管理员，不仅需要管理和维护公司的办公网络、计算机系统，及时解决公司职员在使用OA、电子邮件等信息化系统时遇到的问题，而且需要在一些特殊的环境下，临时搭建有线网络或无线网络来满足网络接入与应用需求。

对于临时有大量文件资料传输、现场又没有网络条件(没有可接入的网络、网线、设备等)的情况，我们可以利用笔记本计算机自身的无线网卡，临时组建对等WLAN来完成文件资料的共享。

对于公司在外租赁的会议场所，现场只是提供了一个有线网口接入，且在不破坏现场环境的前提下，我们可以利用无线路由器或无线AP，在会议场所快速灵活地部署SOHO无线网络，以尽可能地保证参会人员均能接入网络。

任务目标

一、知识目标

(1) 掌握WLAN的组成。
(2) 掌握WLAN的拓扑结构。
(3) 掌握无线用户的接入过程。
(4) 掌握组建小型WLAN的方法。

二、能力目标

1. 能够组建对等WLAN。
2. 能够组建基础结构WLAN，即能够组建SOHO无线网络。
3. 能够灵活应用分布式WLAN技术。

专业知识链接

一、WLAN组成要素

WLAN可以独立存在，也可以与有线局域网共同存在。WLAN分为IBSS(独立型基本服务集)网络和BSS(基础型基本服务集)网络，如图3-47所示。WLAN主要包含以下一些基本元素。

1. 工作站STA

STA是无线网络终端，通常指配置支持802.11协议的无线网卡的终端设备，如手机、笔记本计算机、掌上电脑等。STA之间可以直接相互通信，也可以通过无线接入点接入网络，然后进行通信。每个STA都支持鉴权、加密、数据传输等功能。

2. 无线AP

802.11网络所使用的帧必须经过转换后才能被传递至其他不同类型的网络。具备无线至有线桥接功能的设备称为无线AP，如无线路由器、FAT AP和FIT AP等。

3. 无线介质

802.11 标准以无线介质在工作站之间传递数据帧，其定义的物理层不止一种（早期物理层还支持红外线），但最终采用 RF 无线射频作为物理层的标准。

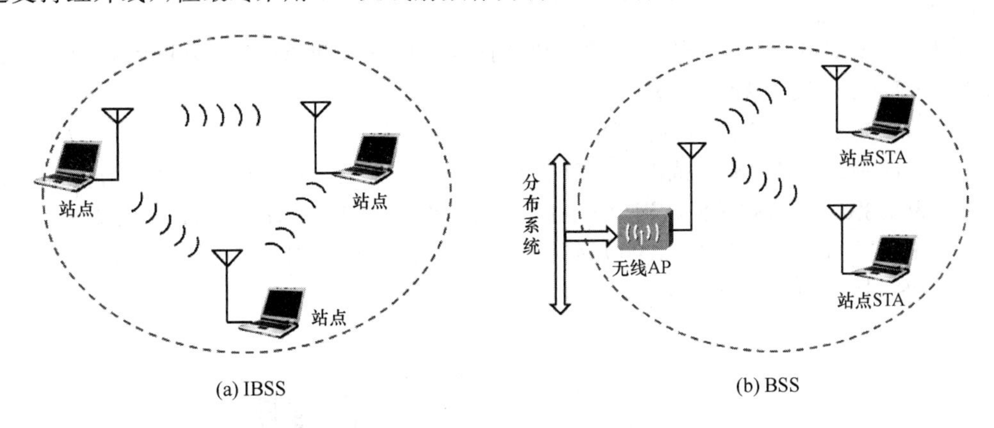

图 3-47　WLAN 网络组成

4. 无线网络类型

STA 之间的通信距离由于天线辐射能力和应用环境的不同而受到限制，所以 WLAN 覆盖的区域也会受到限制。WLAN 覆盖区域范围称为服务区（SA），由移动站点的无线收发信机及地理环境确定的覆盖区域称为基本服务区（BSA）或无线蜂窝，是网络的最小单元。只要位于基本服务区内，相互联系且相互通信的一组站点就可组成基本服务集。

基本服务集又分为独立型基本服务集（Independent BSS，IBSS）和基础型基本服务集（Infrastructure BSS，简称 BSS）。

（1）IBSS 网络

如图 3-47(a)所示，在 IBSS 中，工作站彼此可以直接通信，两者间的距离必须在可以直接通信的范围内。IBSS 网络又称为 Ad-Hoc 网络，是点到点的对等网络，中间没有 AP，这种拓扑的网络无法接入有线网络中，只能独立使用。通常 IBSS 网络是由少数工作站针对特定目的而组成的临时性网络。例如，临时会议开始时，与会人员形成一个 IBSS，以便于传递数据，当会议结束时，IBSS 随即解散。

（2）BSS 网络

如图 3-47(b)所示，在 BSS 中，由 AP 负责同一服务区所有站点之间的通信。BSS 网络属于集中式网络，工作站必须先与 AP 建立连接，才能取得网络服务。和 IBSS 网络比较，BSS 网络具有网络易扩展、集中管理、数据传输性能高、用户身份可验证等显著优势。

由一个 AP 提供的覆盖范围所组成的局域网是一个 BSS，多个 BSS 可组成一个扩展服务集（ESS），借此延伸无线网络的覆盖区域。

① SSID

SSID 是无线网络名，是区别于其他 WLAN 的业务集标识，最多包括 32 个大小写敏感的字母、数字等字符，同一服务组内所有设备的 SSID 必须配置相同。SSID 标识一个无线服务，内容包括接入速率、工作信道、认证加密方法、网络访问权限等。

② BSSID

BSSID 是一个长度为 48 位的二进制标识符，是 AP 无线射频卡的 MAC 地址，也是 STA 识别 AP 的标识之一。BSSID 通常位于 802.11 帧的帧头中。

现在多数企业级的AP产品都可以支持多个SSID和多个BSSID,在逻辑上把一个AP分成多个虚拟的AP。如果一个AP可以同时支持多个SSID的话,则AP会分配不同的BSSID来对应这些SSID。

③ ESSID

ESSID是SSID的扩展形式,同一个ESS内的所有STA和AP都必须配置相同的ESSID(也就是SSID)才能接入无线网络中。

④ SSID、BSSID和ESSID的区别

如图3-48所示,AP1覆盖范围为BSS1,用BSSID1标识,网络标识SSID1为"test";AP2覆盖范围为BSS2,用BSSID2标识,网络标识SSID2为"test";AP1和AP2构成一个ESS,ESSID为"test",当站点STA1从A地移动到B地,接入点从AP1切换到AP2时,SSID不变,BSSID从BSSID1切换到BSSID2。

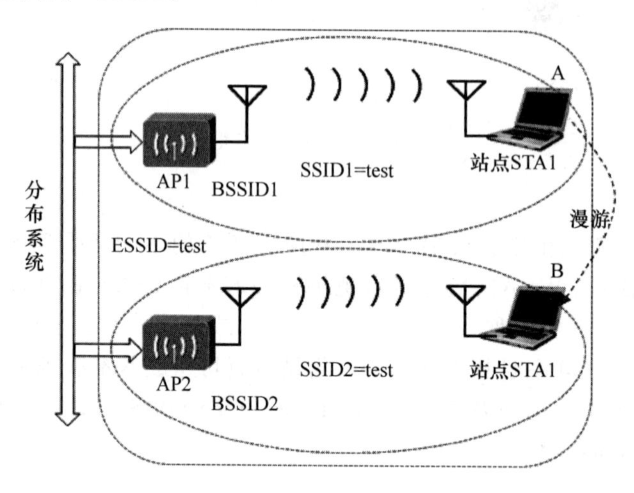

图3-48 SSID、BSSID与ESSID区别

5. 分布系统(DS)

如果一个WLAN的规模比较大,需要多个AP进行覆盖,则会连接多个AP的骨干网络,该骨干网络即称为分布式系统。当一个以上的AP连接到分布式系统上时,该覆盖区域就被称为扩展服务区域(ESA)。

分布式系统的介质可以是有线介质,也可以是无线介质。在多数情况下,有线分布系统采用IEEE 802.3局域网,而无线分布系统(WDS)通过将接入点间的无线通信取代有线电缆来实现不同BSS的连接。

二、无线用户接入过程

无线媒介是开放的,所有在其覆盖范围之内的用户都能够监听无线信号,所以必须通过一定的手段既可以使终端设备感知无线网络的存在,又可以保证无线网络的安全性和保密性。IEEE 802.11协议规定了无线站点和接入点之间的接入和认证过程。如图3-49所示,无线站点的接入过程需要经历扫描、链路认证和关联三个过程。

1. 扫描

无线站点想要连接到无线网络,就需要搜索到无线网络。无线站点搜索无线网络的过程就是扫描,扫描有主动扫描和被动扫描两种方式。

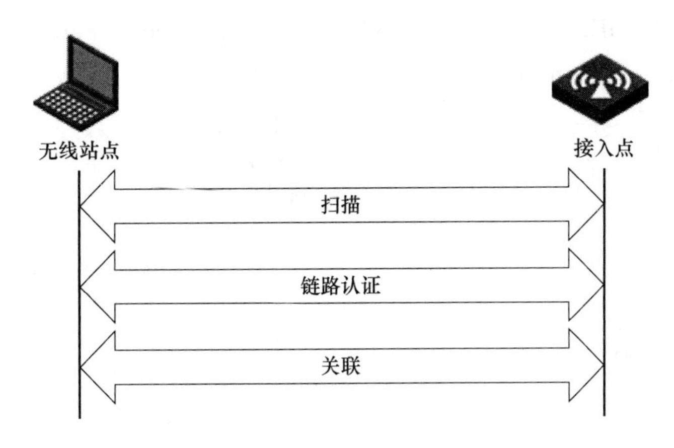

图 3-49　无线用户接入过程

① 主动扫描

主动扫描是指 STA 主动去探测搜索无线网络。

在主动扫描情况下，STA 会主动在其所支持的信道上依次发送探询信号，用于探测周围存在的无线网络，STA 发送的探询信号称为探询请求帧(Probe Request)。

如果探询请求帧里面没有指定 SSID，则意味着这个探询请求想要获取到周围所有能够获取到的无线网络信号。所有收到这个探询请求帧的 AP 都会回应 STA，并表明自己的 SSID 是什么，这样 STA 就能够搜索到周围的所有无线网络了。如果 AP 的无线网络中配置了在信标帧中隐藏 SSID 的功能，则此时 AP 是不会回应 STA 的广播型探询请求帧的，STA 也就无法通过这种方式获取到 SSID 信息。

如果探询请求帧中指定了 SSID，这就表示 STA 只想找到特定的 SSID，不需要除指定 SSID 之外的其他无线网络。AP 收到了请求帧后，只有发现请求帧中的 SSID 和自己的 SSID 是相同的情况下，才会回应 STA。

② 被动扫描

被动扫描是指 STA 只会被动地接收 AP 发送的无线信号。

在被动扫描情况下，STA 是不会主动发送探询请求帧的，它要做的就只是被动地接收 AP 定期广播发送的信标帧(Beacon 帧)。在 AP 的信标帧中，会包含有 SSID、支持速率和能力信息等。STA 通过在其支持的每个信道上侦听信标帧来获知周围存在的无线网络。如果无线网络中配置了在信标帧中隐藏 SSID 的功能，那么 AP 发送的信标帧中携带的 SSID 就是空字符串，这样 STA 是无法从信标帧中获取到 SSID 信息的。

一般来说，手机或计算机的无线网卡都会支持这两种扫描方式。无论是主动扫描还是被动扫描，探测到的无线网络都会显示在手机或计算机的网络连接中，以供使用者选择接入。当手机扫描到无线网络信号后，我们就可以选择接入的网络了，这时 STA 就需要进入链路认证阶段。

2. 链路认证

为了保证无线链路的安全，AP 需要完成对 STA 的认证，只有通过认证后才能进入后续的关联。IEEE 802.11 链路认证只是单向认证，即 STA 必须通过链路认证，而网络方面不会对

STA 证明自己的身份。IEEE 802.11 协议支持开放系统认证(Open System Authentication)和共享密钥认证(Shared Key Authentication),如图 3-50 所示。

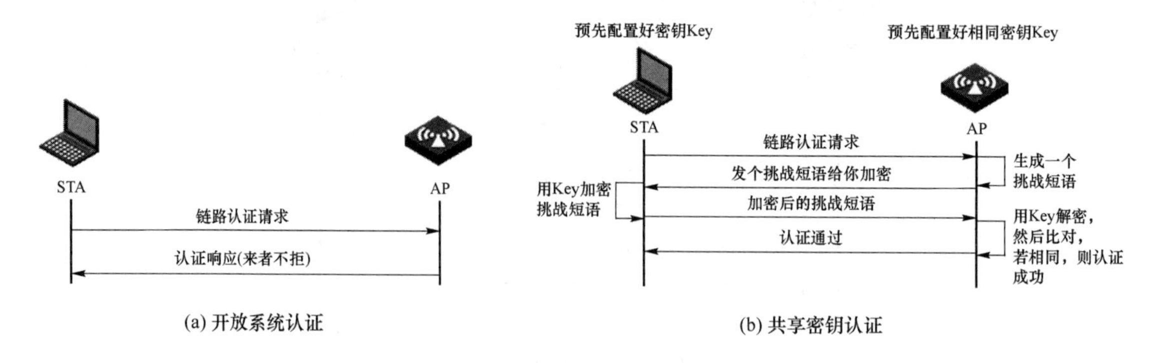

图 3-50　链路认证

① 开放系统认证

开放系统认证是缺省使用的认证机制,如图 3-50(a)所示。开放系统认证包括两个步骤:第一步是 STA 发起认证请求;第二步是 AP 进行来者不拒地认证响应。

开放系统认证又称为不认证,只要有 STA 发送认证请求,AP 都会允许其认证成功,所以开放系统认证是一种不安全的链路认证方式。在实际使用中,开放系统认证通常会和其他的接入认证方式结合使用,以提高无线网络的安全性。

② 共享密钥认证

共享密钥认证要求 STA 和 AP 必须有一个公共密钥 Key,这个过程只能在使用 WEP 机制的工作站之间进行。共享密钥认证包括四个步骤:第一步,由 STA 向 AP 发送一个链路认证请求;第二步,AP 在收到请求后生成一个挑战短语,并将这个挑战短语发送给 STA;第三步,STA 用自己的密钥 Key 将挑战短语加密,加密后再发给 AP;第四步,AP 收到 STA 的加密后信息后,用自己的密钥 Key 进行解密,AP 会将解密结果与最开始发给 STA 的挑战短语进行对比,如果结果一致,则告知 STA 认证成功,否则就会认证失败。

由于 WEP 加密的安全性较弱,在很多场合已经不再采用,因此实际无线网络部署中采用的认证方式通常是 IEEE 802.1X/EAP(Extensible Authentication Protocol)认证机制。

3. 关联

一旦 STA 与 AP 完成身份验证,STA 就会立即向 AP 发起关联请求。STA 发送的关联请求帧中会包含一些信息,如 STA 支持的速率、信道、QoS 的能力以及选择的接入认证方法和加密算法等。

如果是 FAT AP 或者无线路由器接收到了 STA 的关联请求,那么 FAT AP 或无线路由器会直接判断 STA 后续是否要进行接入认证并回应 STA。

如果是 FIT AP 接收到了 STA 的关联请求,FIT AP 要负责将关联请求报文发送给无线控制器 AC,由 AC 进行判断处理,最后用 AC 的处理结果回应 STA。

关联完成后,STA 和 AP 间已经建立好了无线链路,如果没有配置接入认证,STA 在获取到 IP 地址后就可以进行无线网络的访问了;如果配置了接入认证,STA 还需要完成接入认证、密钥协商等阶段才能进行网络访问。

任务实施

一、任务实施流程

本次有两个任务场景，一个是需要建立对等 WLAN，另一个是建立基础结构 WLAN。对于小型 WLAN 组建，一般的工作流程如图 3-51 所示。

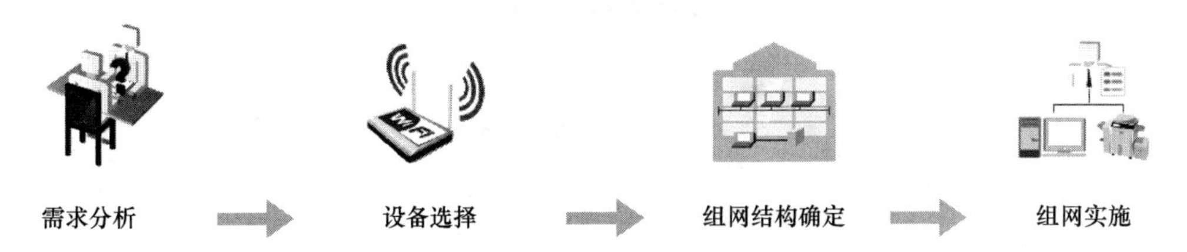

图 3-51 小型 WLAN 组建流程

二、子任务一实施

（一）需求分析

三台笔记本计算机临时有大量资料和应用软件需要相互传输，现场没有有线网络，也没有其他可接入的无线网络。为了实现资料的快速互传，考虑通过笔记本计算机自身的无线网卡，组建 Ad-Hoc 结构的 WLAN。

（二）设备选型

设备：3 台安装了 Windows 7 系统的笔记本计算机。

（三）组网结构确定

3 台笔记本计算机组建成 Ad-Hoc 结构的 WLAN，网络拓扑结构如图 3-52 所示。

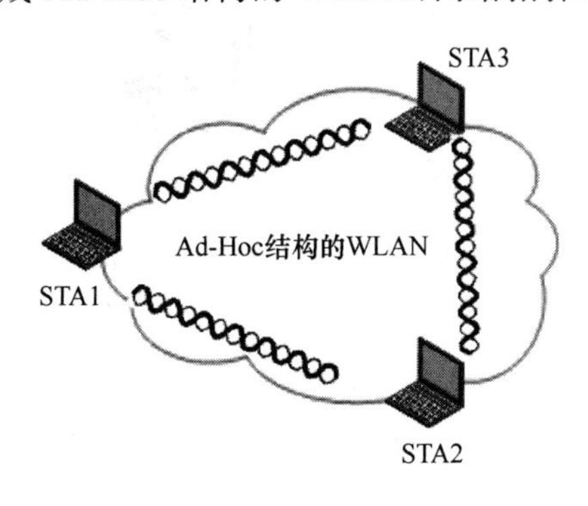

图 3-52 网络拓扑结构

（四）组网实施

Ad-Hoc 结构的 WLAN 为点到点网络，STA1 分别和 STA2、STA3 建立点到点的无线连接，STA2 和 STA3 再单独建立无线连接。现以 STA1 和 STA2 建立无线连接为例进行说明。

（1）在 STA1 上建立无线热点。

① 设置新的连接或网络。

将鼠标移动到桌面右下角网络连接图标“ ”→单击右键 →打开“网络和共享中心”，选择“设置新的连接或网络”选项，如图 3-53 所示。

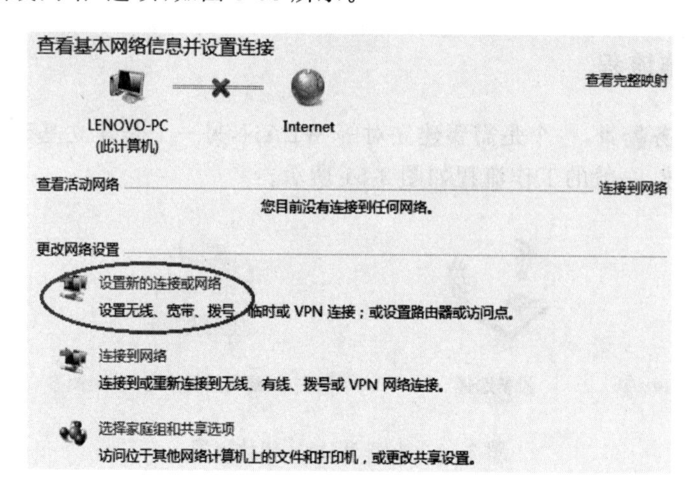

图 3-53　设置新的连接和网络

② 设置无线临时网络。

选择“设置无线临时(计算机到计算机)网络”选项，然后单击“下一步”，在弹出的界面中，继续单击“下一步”，如图 3-54 所示。

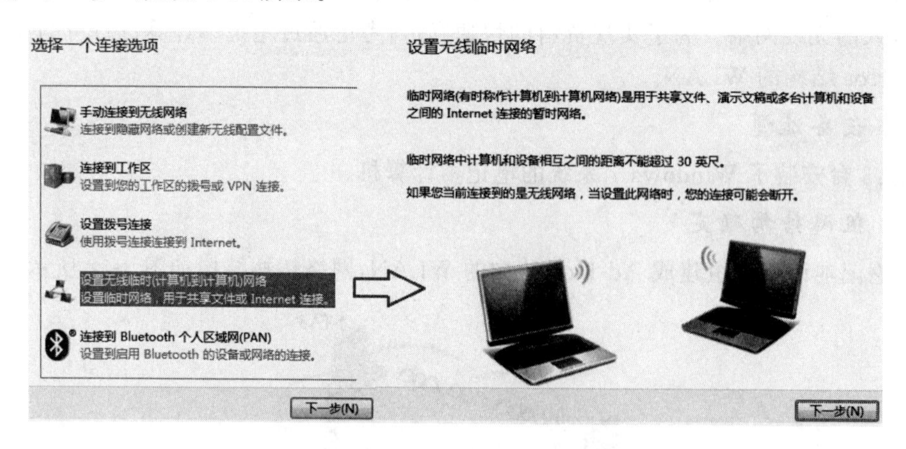

图 3-54　设置无线临时网络

③ 为无线网络命名并选择安全选项。

为无线网络命名(如命名为“test”)，选择安全类型为“WPA2-个人”，设置安全密钥，并复选“保存这个网络”，然后单击“下一步”，此时将出现“test 网络已经可以使用”界面，如图 3-55 所示。

④ 无线网络等待用户连接。

打开无线网络，会发现网络名为“test”的无线网络连接的状态为“等待用户”，现在 STA2 和 STA3 就可以搜索和连接了。

(2) 建立无线连接。

STA2 打开无线功能，搜索“test”网络，输入密钥后与 STA1 建立无线连接，STA1 的“test”无线网络状态改变为“已连接”，如图 3-56 所示。

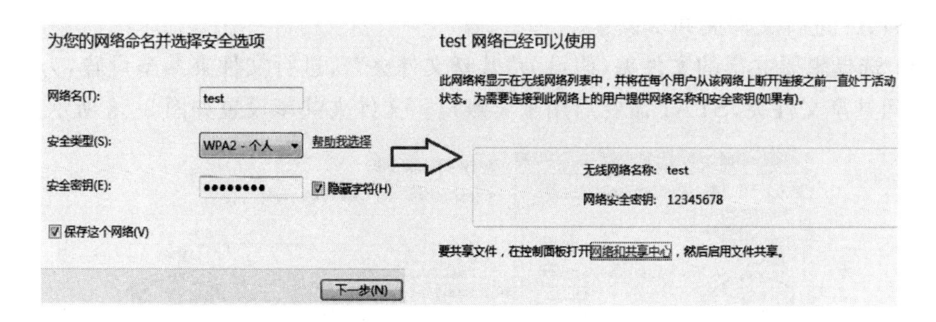

图 3-55　为网络命名并选择安全选项

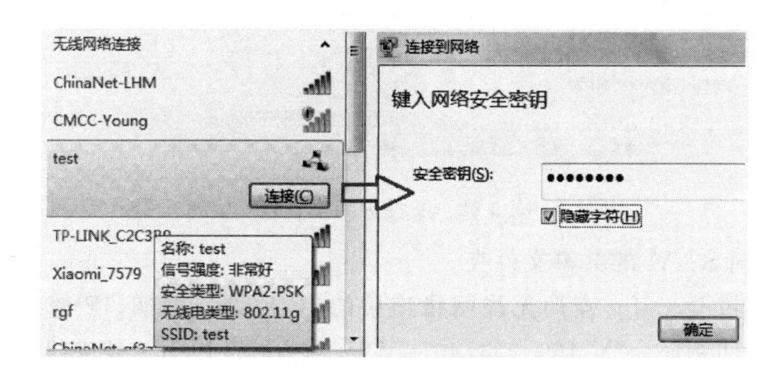

图 3-56　建立无线连接

(3) STA1 启用网络发现和文件共享。

STA1 打开“网络和共享中心”，单击“更改高级共享设置”，完成相关设置，如图 3-57 所示。

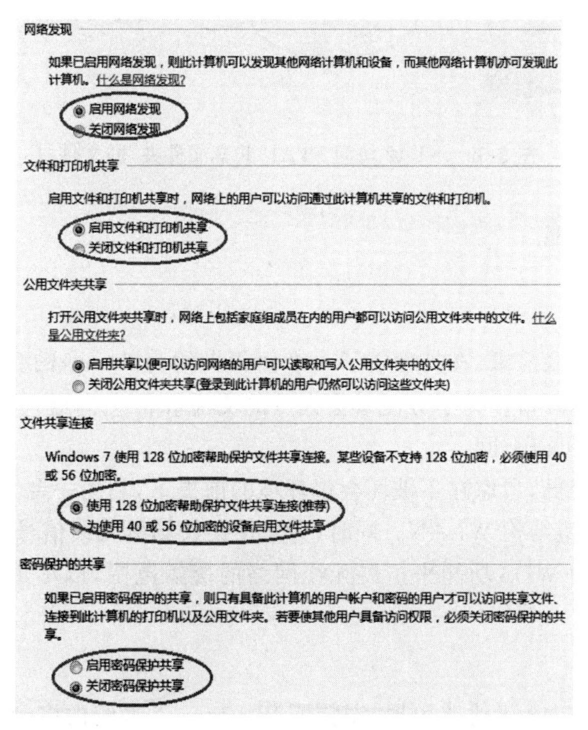

图 3-57　更改高级共享设置

(4) STA1进行文件夹共享设置。

STA1选择想要共享的文件夹(假设为“共享文件夹”),进行文件夹共享设置,为了其他计算机能访问共享文件夹,STA1需要启用来宾账户。文件夹共享设置如图3-58所示。

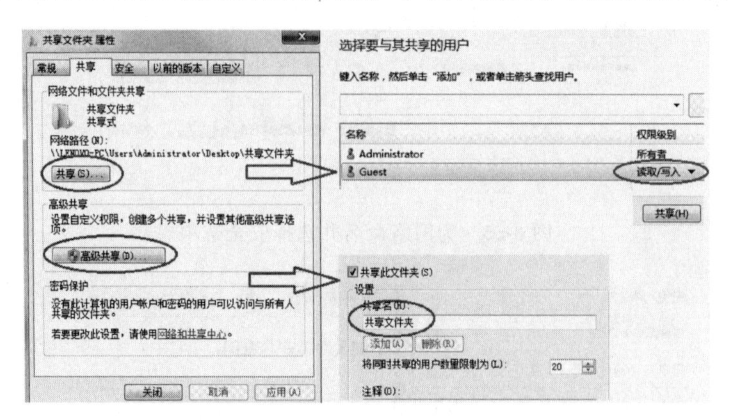

图3-58　文件夹共享设置

(5) STA2访问STA1的共享文件夹。

在STA1上通过ipconfig查询无线网络连接的IP地址。例如,IP地址为169.254.40.60),则在STA2上使用命令“\\169.254.40.60”对STA1的共享文件夹进行访问,如图3-59所示。

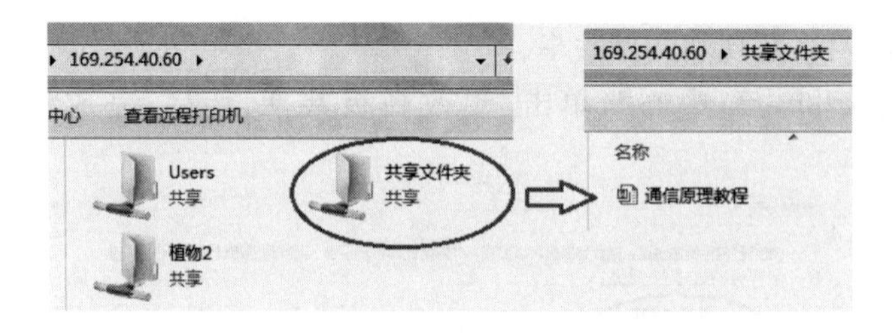

图3-59　STA2访问STA1“共享文件夹”的文件

三、子任务二实施

(一) 需求分析

小王的公司因为会议需求,在外租赁了一个面积大约为60 m^2 的会议场所。但是该会议现场只能提供一个有线网口。为了方便参会人员的交流和信息沟通,公司希望在会议室内能让20台左右的计算机可以上网。

小王作为网络管理员,考虑在不破坏会议环境的前提下,利用一台无线路由器在会议现场快速、灵活地部署基础型结构WLAN。同时,为了使会议场所无线信号的全面覆盖,小王利用了另一台无线路由器的WDS功能来扩展无线网络的覆盖范围,以尽可能地保证参会人员均能接入网络。

(二) 设备选型

设备:2台华为WS318无线路由器,安装了Windows 7系统的多台笔记本计算机。

WS318无线路由器是一款专为家庭用户和小型办公用户精心打造的高速无线路由产品。

1. 外观结构

图 3-60(a)是 WS318 无线路由器的前面板示意图,前面板上主要有各种指示灯,图 3-60(b)是 WS318 无线路由器的后面板示意图,后面板主要有各种接口和按钮。表 3-2 是 WS318 无线路由器的指示灯名称及功能说明,表 3-3 是接口和按钮功能说明。

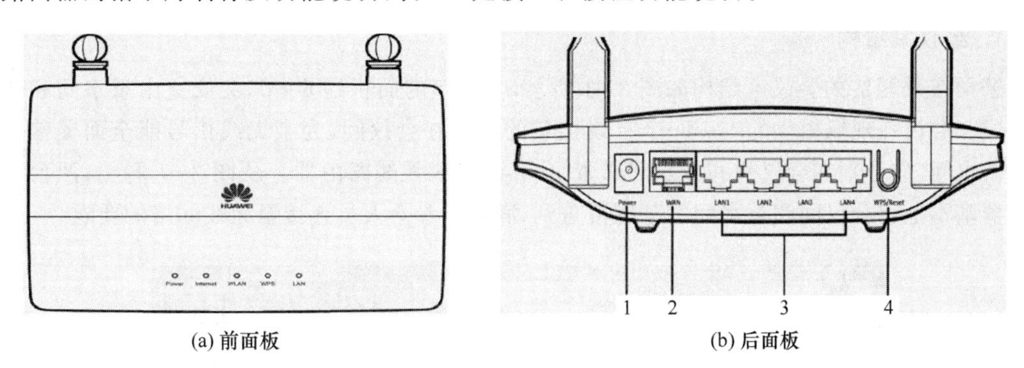

(a) 前面板　　(b) 后面板

图 3-60　WS318 无线路由器前/后面板示意图

表 3-2　WS318 无线路由器指示灯名称及功能

指示灯	状态	含义
Power	常亮	已接通电源
	熄灭	未接通电源
Internet	常亮	WAN 接口已连接到因特网
	熄灭	WAN 接口没有连接到因特网
WPS	常亮	已经通过 WPS 功能与无线客户端成功建立无线网络连接
	闪烁	正在通过 WPS 功能尝试与无线客户端建立无线网络连接
	熄灭	WPS 功能未启用
LAN	常亮	LAN 接口已经通过网线和计算机等以太网设备建立连接
	熄灭	LAN 接口未与计算机等以太网设备建立连接

表 3-3　WS318 接口及按钮功能

序号	名称	功能描述
1	Power	电源接口,用于连接电源适配器
2	WAN	广域网接口,用于连接调制解调器、交换机等提供因特网接入接口的以太网设备
3	LAN1～LAN4	以太网接口,用于连接计算机、机顶盒、交换机等以太网设备
4	WPS/Reset	WPS 按钮:在通电状态下,按下该按钮可以启动 WPS 协商功能。 复位按钮:在上电时,长按(6 s 以上)可使 WS318 恢复到出厂缺省设置。此操作会使您自定义的数据丢失,请慎重使用

2. 功能特性

(1) WS318 无线路由器支持多种无线局域网协议——802.11b/g/n,采用 802.11n 双天线 MIMO 设计,无线网络传输速率最高可达 300 Mbit/s。

(2) WS318 无线路由器支持 WDS 无线桥接功能,可轻松实现多台无线路由器之间的无线连接，并能扩展无线连接范围，可满足大范围无线覆盖的应用需求。

(3) WS318 无线路由器支持路由功能、防火墙功能和 ARP 攻击防护功能，可提供基于 WEB 的配置管理页面，方便配置管理。

(三) 组网结构确定

1. 会议室结构

公司在外租赁的会议室结构如图 3-61 所示，会议室的面积约 $60m^2$，会议室由茶水间和会议间构成。会议室现场提供的唯一一个有线接口的位置在会议间，为了无线信号能全面覆盖会议间和茶水间，应分别在会议间和茶水间布置一台 WS318 无线路由器。从图 3-61 看出，两台无线路由器基本上将会议间和茶水间的范围覆盖到，满足了参会人员连接至无线网络的要求。

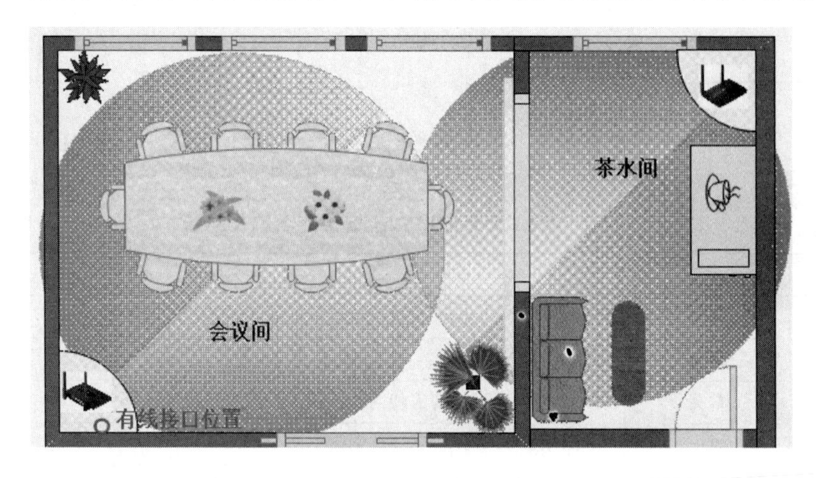

图 3-61 会议室结构图

2. 组网拓扑结构

组网拓扑结构如图 3-62 所示。会议间的无线路由器通过有线接口连接至 Internet，而茶水间的无线路由器通过 WDS 功能，连接至会议间无线路由器的无线网络，从而达到扩展无线网络覆盖范围的目的。

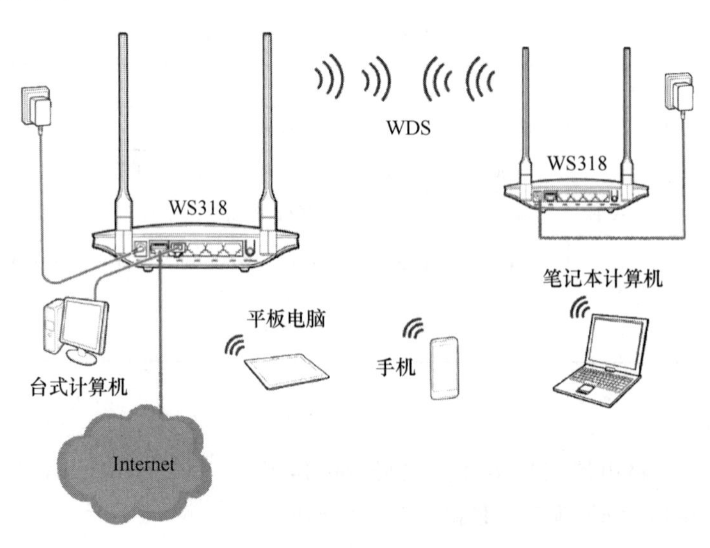

图 3-62 无线网络拓扑结构

（四）组网实施

假设会议间的无线路由器为 R1，茶水间的无线路由器为 R2，需要分别对两台无线路由器进行配置。

1. 正确连接设备

按照图 3-62 所示的拓扑结构图连接设备。将 R1 的 WAN 接口连接至会议间墙壁上的有线网络接口，并通过电源适配器供电；将 R2 放置于茶水间的圆角桌上，也通过电源适配器供电。

2. 配置 R1

（1）设置配置计算机

在配置无线路由器之前，需要将配置计算机网口与 R1 的任一个 LAN 口连接，然后根据 R1 设备背面的标签〔如图 3-63(a)所示〕，将电脑的 IP 地址与 R1 的 IP 地址设置在同一个网段，如图 3-63(b)所示。

(a) WS318背面的标签

(b) 配置电脑“本地连接”IP设置

图 3-63　设置配置电脑

（2）在 WEB 配置页面配置 R1

① 确定配置电脑与 R1 是可以 PING 通的。

② 启动计算机浏览器，在浏览器地址栏中输入“192.168.3.1”，单击回车键。

③ 出现登录界面，输入缺省用户名 admin 和密码 admin，如图 3-64(a)所示。单击“登录”按钮后将出现图 3-64(b)所示的界面。

(a) 登录界面

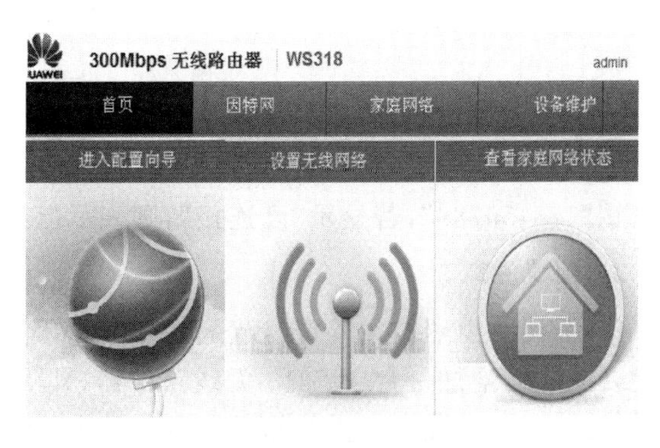

(b) WEB配置界面

图 3-64　WS318 无线路由器的登录和配置界面

④ 选择"首页"→"进入配置向导"，选择上网方式为"自动探测方式"，如图 3-65 所示。

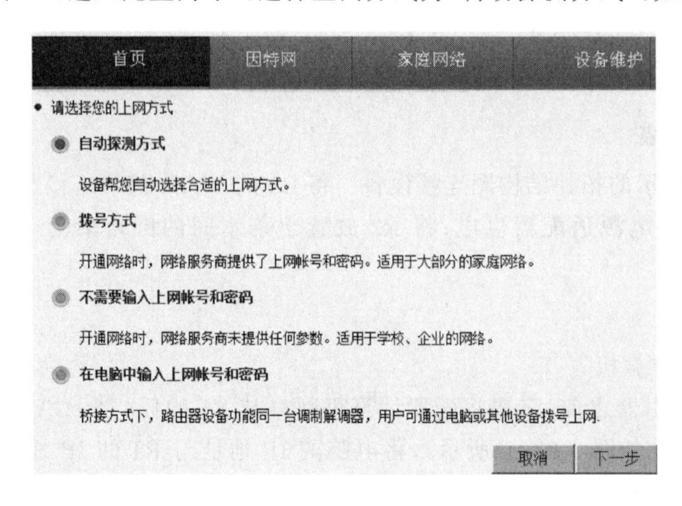

图 3-65　进入配置向导

⑤ 单击"下一步"后，将自动搜索 Internet 连接，出现"网络连接成功"意味着 WS318 与因特网连接成功，此时查看因特网状态，IP 地址自动获取了。

⑥ 单击"下一步"后，将设置无线网络参数，开启 2.5 GHz 射频，SSID 设置为"test"，密码设置为"123456789"，如图 3-66(a)所示。单击"保存"后，出现图 3-66(b)所示的"我的家庭网络"结构界面，可以看出此时还没有无线网络设备。

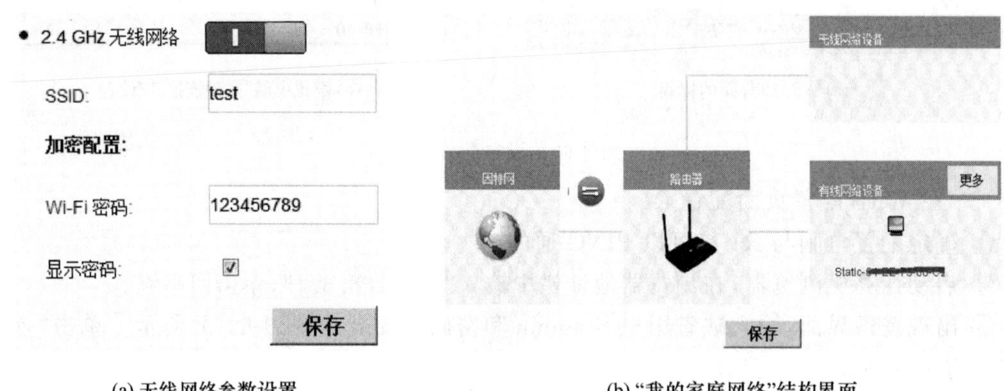

(a) 无线网络参数设置　　　　(b) "我的家庭网络"结构界面

图 3-66　设置无线网络参数

⑦ 无线终端可以搜索到 SSID 为"test"的无线网络，当我们连接到该网络时需要输入密钥"123456789"，若显示"已连接"，则表示已经连接至 Internet。

3. 配置 R2

R1 无线路由器的主要覆盖范围是会议间，经测试可发现茶水间的信号强度比较弱，不能满足要求。需增加一台 WS318 无线路由器(即 R2)，通过设置 WDS 功能，使两台无线路由器建立无线连接，从而扩展无线覆盖范围。其中，R1 作为主路由器，R2 作为副路由器。

(1) 重新连接 R1 配置

R1 和 R2 通过 WDS 功能建立无线连接，需要对 R1 的一些参数进行修改。

① LAN 接口设置

进入 R1 的配置界面，选择“家庭网络”→“LAN 接口设置”→“DHCP 服务器”，将起始 IP 地址改为 100（主要是为了方便增加路由器的桥接数量以及预防 IP 地址冲突），并配置 DNS 服务器模式，参数修改后单击“保存”，如图 3-67 所示。

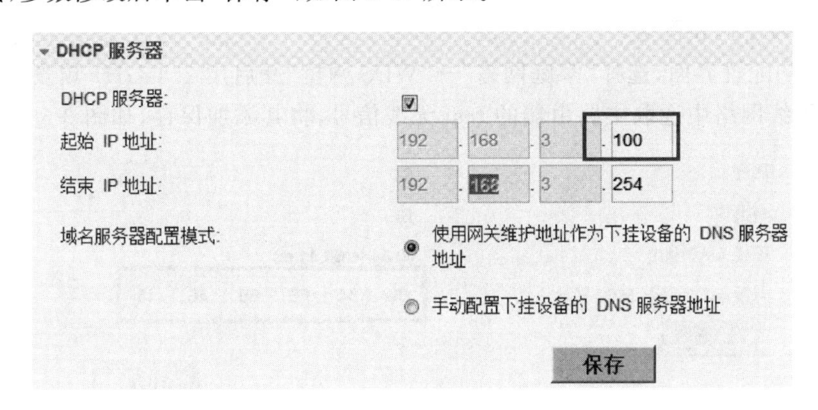

图 3-67　R1 的 DHCP 服务器参数修改

② 无线加密设置

进入 R1 配置界面，选择“家庭网络”→“无线网络设置”→“无线加密设置”，需要记住 SSID、安全模式、WPA 加密模式以及 WiFi 密码，因为对于这些参数，副路由器 R2 的要与 R1 的一致。

③ 无线高级设置

将 R1 的信道改为 10，此信道需要与副路由器的一致，如图 3-68 所示。

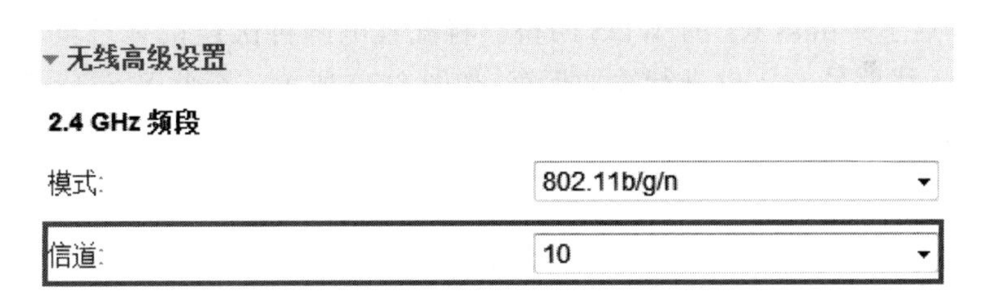

图 3-68　信道修改

(2) 连接 R2 配置

将连接 R1 的网线直接拔下来，接到 R2 的任一个 LAN 接口，配置计算机无须修改 IP 参数，在浏览器地址栏输入 192.168.3.1，即可登录到 R2。

① 修改 R2 的 LAN 接口设置。

进入 R2 的配置界面，选择“家庭网络”→“LAN 接口设置”→“LAN 接口设置”，将 IP 地址修改为 192.168.3.2（不与 R1 路由器的 IP 地址冲突）。修改了 IP 地址后，需要在浏览器地址栏输入 192.168.3.2，重新登录 R2。

② 关闭 R2 的 DHCP 服务器功能。

进入 R2 的配置界面，选择“家庭网络”→“LAN 接口设置”→“DHCP 服务器”，关闭 R2 的 DHCP 服务器功能。

③ 设置无线加密。

进入 R2 的配置界面，选择“家庭网络”→“无线网络设置”→“无线加密设置”，SSID、安全模式、WPA 加密模式以及 WiFi 密码与 R1 设置一致。

④ 进行无线高级设置。

进入 R2 的配置界面，选择“家庭网络”→“无线网络设置”→“无线高级设置”，将信道修改为 10。

⑤ 进行 WDS 网桥配置。

进入 R2 的配置界面，选择“家庭网络”→“WDS 网桥”→启用 2.4 GHz 频段，单击“扫描”，从搜索到的无线网络中选取主路由器的 test 无线信号，将其添加保存，如图 3-69 所示。

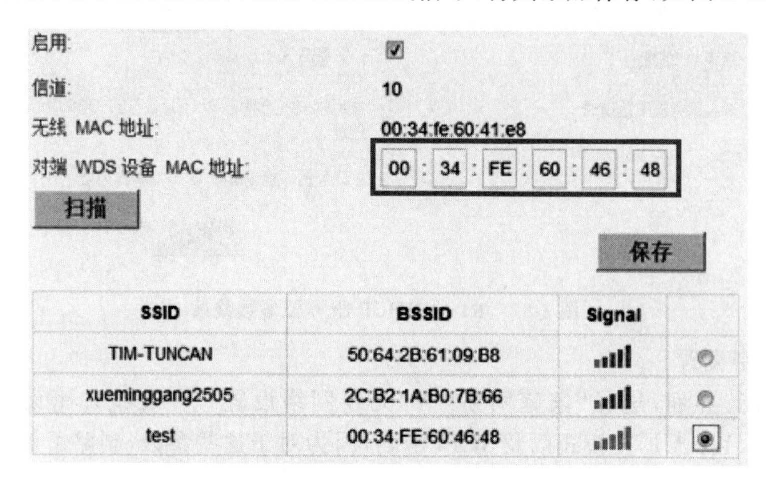

图 3-69 R2 的 WDS 网桥配置

4. 开启主路由器 R1 的 WDS 网桥

最后需要开启主路由器 R1 的 WDS 网桥。将配置电脑再次连接登录至 R1，将扫描到的副路由器 R2 的无线信号 test 也进行添加保存，如图 3-70 所示。至此 WS318 双无线路由器的 WDS 桥接设置完毕。

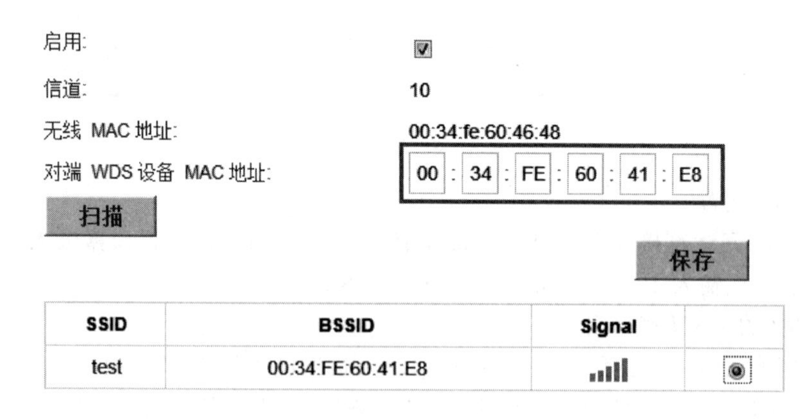

图 3-70 R1 的 WDS 网桥配置

5. 在无线终端分别接入 R1 和 R2

在无线终端分别接入 R1 和 R2，可以通过“首页”→“查看家庭网络状态”，分别查看 R1 和 R2 接入的无线设备，如图 3-71 所示。

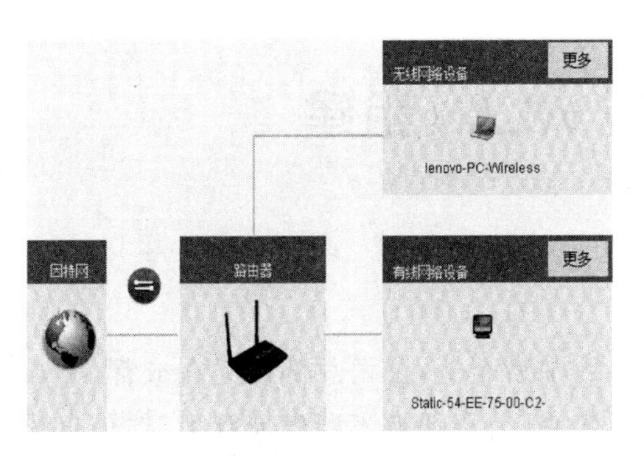

(a) 接入R1的无线设备

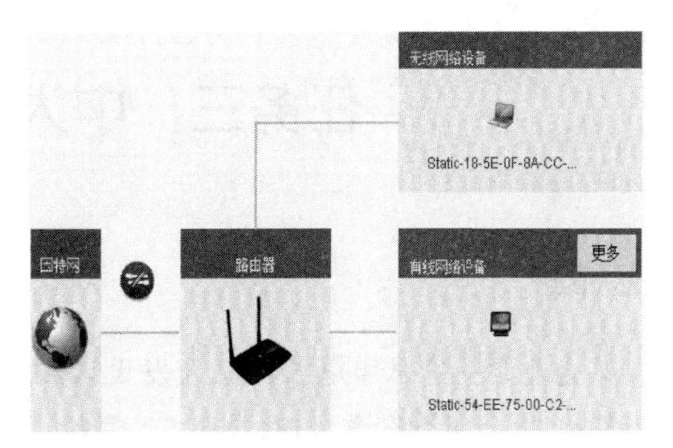

(b) 接入R2的无线设备

图 3-71　查看家庭网络状态

任务成果

(1) 设计 Ad-Hoc 小型无线网络组建方案并实施,完成实施过程记录。

(2) 设计 SOHO 小型无线网络组建方案并实施,完成实施过程记录。

(3) 实施 WDS 网络,完成实施过程记录。

(4) 完成小型 WLAN 组建任务工单 2 份。

任务思考与习题

一、不定项选择题

1. 一个基本型服务集 BSS 中可以有(　　)个接入点 AP。

A. 0 或 1　　B. 1

C. 2　　D. 任意多个

2. 在设计点对点(Ad-Hoc) 模式的小型 WLAN 时,应选用的 WLAN 设备是(　　)。

A. 无线网卡　　B. 无线接入点

C. 无线网桥　　D. 无线路由器

3. 无线接入网的拓扑结构通常分为(　　)。

A. 无中心拓扑结构　　B. 有中心的拓扑结构

C. 网状型　　D. 树型

4. 无线 STA 在接入 AP 时需要经过哪几个步骤(　　)。

A. 扫描阶段　　B. 链路认证阶段

C. 计费阶段　　D. 关联阶段

二、简单题

1. 智慧家庭组网主要采用 Ad-Hoc 无线组网方式还是 SOHO 无线组网方式?

2. 可以通过哪些组网方式将家庭中的无线信号放大?

任务三　中大型 WLAN 组建

任务描述

某企业是一家从事电子产品开发设计和销售的中型企业，公司总部设立在成都，有员工200多人，分公司设在重庆，有员工50多人。近几年来，公司业务不断发展壮大，对信息化的需求越来越高，因此需要对企业原有的网络进行升级改造，并且随着无线接入需求的增加，需要在企业原有的有线网络基础上，增加企业总部和分公司全覆盖的无线网络。

任务分析

企业原有有线网络通过“MSTP＋VRRP”技术实现链路的冗余性与网关的热备份功能，且核心交换机之间采用链路聚合，提高链路带宽；使用 IPSEC VPN 技术实现总部与分公司之间的互访，通过加密验证等机制保证数据的安全性；通过 L2TP over IPSEC 技术实现出差员工能拨入到内部网络，访问特定的资源。

企业需要增加无线网络的覆盖范围。公司总部由于员工较多，部门较多，对无线网络的速率和可靠性等都有较高的要求，需要较多的 AP 才能满足无线接入的需求，为了便于日后维护管理无线网络，总部采用“无线控制器＋FIT AP”的统一集中管理方式；分公司员工数量和部门都较少，采用 FAT AP 工作方式。图 3-72 为该企业的网络拓扑结构。

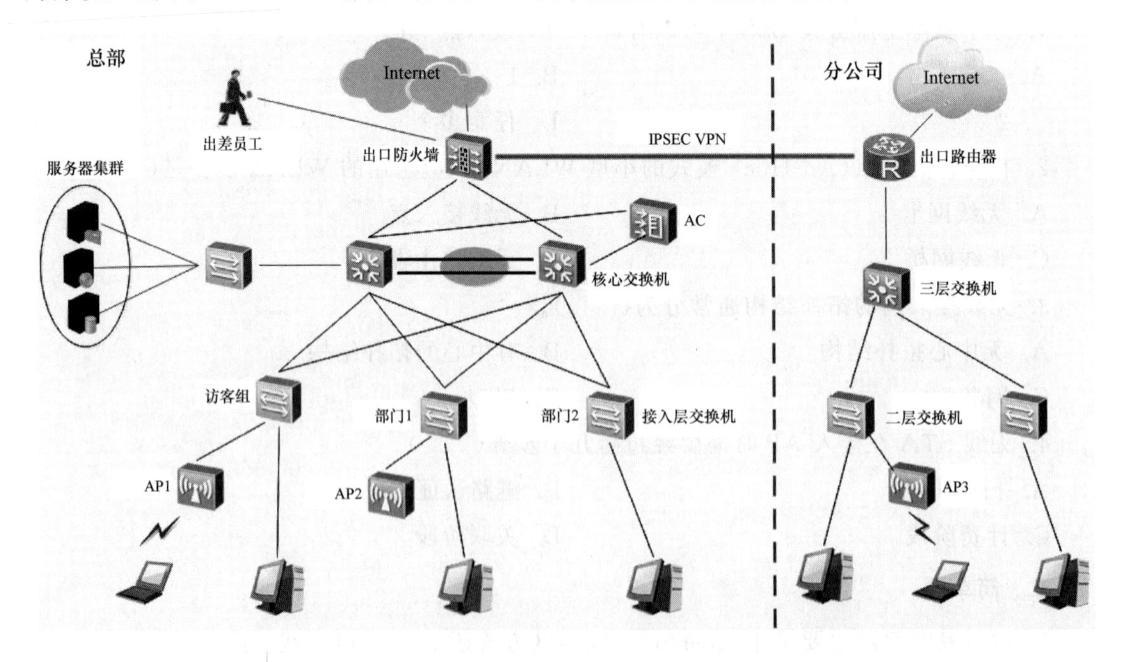

图 3-72　某企业网络的拓扑结构

任务目标

一、知识目标

(1) 掌握中大型企业/园区无线网络的架构。
(2) 掌握 FAT AP 组网模式。
(3) 掌握“FIT AP＋AC”组网模式。
(4) 掌握 WLAN 漫游概念。
(5) 了解 CAPWAP(无线接入点控制和配置协议)的工作机制。

二、能力目标

(1) 能够完成用 FAT AP 组建无线局域网。
(2) 能够完成用“FIT AP＋AC”组建无线局域网。
(3) 能够实现简单的 WLAN 漫游。

专业知识链接

一、WLAN 应用场景

随着智能手机、笔记本计算机等无线终端的普及,用户越来越习惯使用 WLAN。对用户终端类型及发展趋势进行分析,可总结出 WLAN 的主要应用场景。

1. 高校、企业

高校、企业具有人员相对固定、对带宽要求高、网络并发率高等特点,在网络覆盖上需结合高校、企业内部的不同场所(如高校中的宿舍、教室、图书馆、体育馆、食堂等,企业中的不同部门等),给出针对性的网络覆盖方案。

2. 咖啡厅、商业楼宇、机场、酒店等室内场景

在咖啡厅、商业楼宇、机场、酒店等室内场景中,用户人群具有一定的流动性,上网需求比较旺盛。在这类场景的部署中,优先考虑结合现有的 2G/3G/4G 室内分布系统来进行 WLAN 的快速部署;在没有 2G/3G/4G 室内分布系统的场合,可直接部署室内放装型 AP 设备,实现 WLAN 信号的覆盖。

3. 小区、室外街道、市民广场、农村等场景

随着 WLAN 室外覆盖以及室外宏覆盖等技术的成熟,在解决部分有线资源难以到达的小区宽带、农村宽带时,WLAN 可发挥很好的作用;在一些站点难以选择的室外街道、市民广场、公园等场景,WLAN 室外宏覆盖技术可很好地解决无线宽带接入问题。

二、WLAN 的覆盖方式

根据 WLAN 目标覆盖区域的特点、WLAN 的性能以及已有网络的资源,WLAN 主要有

以下几种覆盖方式。

（1）室内 AP 独立放装

室内 AP 独立放装方式适用于用户密度高、持续流量大、容量需求高的覆盖区域。AP 可独立安装到天花板、墙壁等处，部署灵活，网络容量大，但是安装工程量较大，后期维护相对复杂。

（2）室外 AP＋定向天线布放

室外 AP＋定向天线布放方式适合于用户较为分散、无线环境较简单的覆盖区域。室外 AP 通过定向天线来满足特定区域的覆盖要求，容量较小。室外 AP 应安装在遮挡尽量少，对目标区域良好覆盖的位置。

（3）室内分布系统合路

利用建筑物内原有的分布系统，合路 WLAN 信号。此种方式无线信号覆盖范围面积较大，信号分布均匀，但是实现大容量覆盖的难度较大。可将分布系统与 AP 独立放装方式相结合，分布系统主要用于解决目标区域的覆盖问题，而独立 AP 主要用于解决网络容量问题。

三、企业 WLAN 组网结构

1. FAT AP 组网结构

FAT AP 组网结构是传统的 WLAN 组网方案，在该组网方案中 FAT AP 承担了大部分复杂的功能，如用户认证、漫游切换、用户数据加密、QoS、网络管理等。通常 FAT AP 产品的管理平面、控制平面和数据平面都集中在同一个系统中，因此这种架构非常适合简单小型无线网络的部署，缺点就是当网络规模增大的时候，较难实现集中管理。图 3-73 为 FAT AP 典型的组网结构。

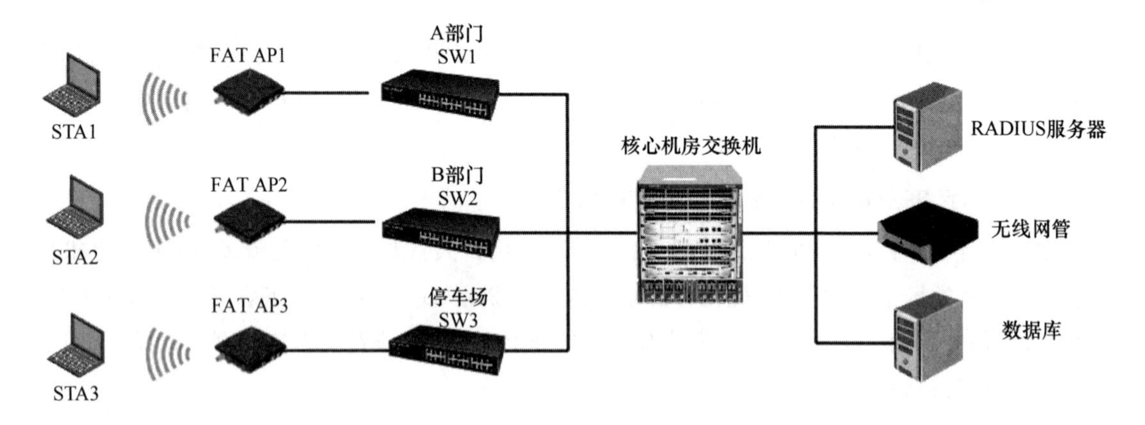

图 3-73　FAT AP 典型的组网结构

2. “FIT AP＋AC”组网结构

“FIT AP＋AC”组网结构是对传统 FAT AP 组网结构的优化，其新增 AC（作为中央控制管理设备），剥离 FAT AP 承载的用户认证、漫游切换、动态密钥等复杂功能，将其转移到 AC 上，FIT AP 与 AC 之间通过隧道方式通信，可以跨越 L2、L3 网络甚至广域网进行连接，大大提高了整网的工作效率。图 3-74 为“FIT AP ＋ AC”的典型组网结构。

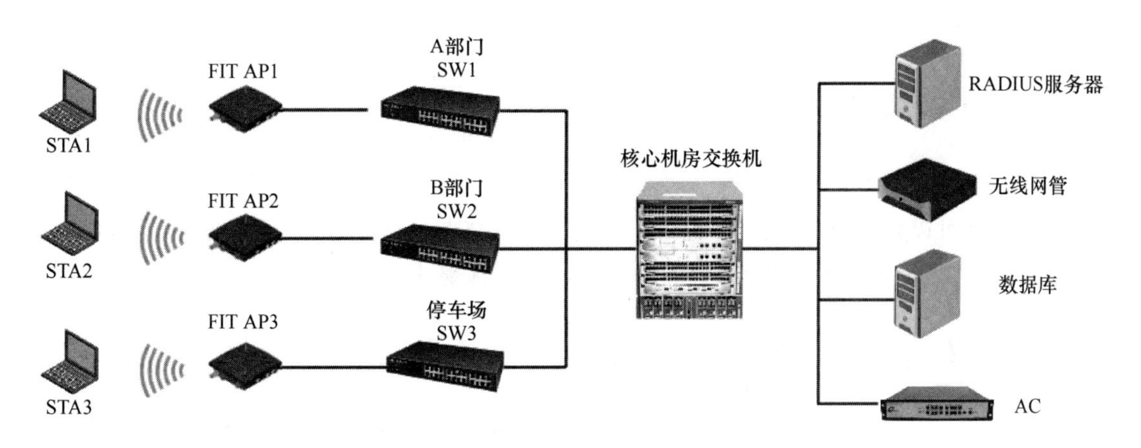

图 3-74　“FIT AP＋AC”的典型组网结构

四、WLAN 的主要设备

构成企业 WLAN 的主要设备不仅包括 FAT AP、FIT AP、AC、天线、馈线、POE 交换机、PORTAL 服务器、RADIUS 服务器等，还包括合路器、功分器、耦合器等室分设备。我们这里主要针对 AP 和 AC 设备进行介绍。

1. AP 设备

AP 是移动终端进入有线网络的接入点，主要用于家体网络、企业内部网络的部署，无线覆盖距离为几十米到上百米。AP 在逻辑上就是一个无线单元的中心点，该无线单元内的所有无线信号都要通过它才能进行交换。AP 设备从功能上可以划分为 FAT AP 和 FIT AP。

(1) FAT AP

FAT AP 主要完成 WLAN 的物理层功能，完成用户数据认证、加密、漫游、网络管理等功能。在由 FAT AP 组成的无线网络中，FAT AP 都分散在各自的覆盖区域里面，分别给各自有效的覆盖区域提供射频信号、用户安全管理策略和接入访问策略，每一个 FAT AP 都是一个独立的工作体，互不相干。

FAT AP 自身特点使得 FAT AP 主要应用于家庭网络、SOHO 网络和小型网络，无法满足中大型企业的无线网络的需求，当需要组建中大型无线网络或需要更多的增值服务时，需要采用“FIT AP＋AC”的网络结构。

(2) FIT AP

FIT AP 只完成物理层功能，其他管理性功能均由 AC 来完成。每个 FIT AP 只单独负责射频和通信的工作，它就是一个简单的、基于硬件的射频底层传感设备。无线网络中的所有 FIT AP 接收射频信号，经过 802.11 编码之后随即通过不同厂商制定的加密隧道协议（如 CAPWAP 协议等）穿过以太网络并传送到 AC，进而由 AC 集中对编码流进行加密、验证、安全控制等更高层次的工作。

2. AC 设备

AC 设备主要应用于集中式架构网络。AC 主要完成无线终端用户的接入控制、无线射频资源控制、无线业务控制、AP 设备控制以及无线用户计费信息采集工作。通过 AC 可以统一对 AP 进行查看、配置、修改、升级等操作，这不仅便于整个网络的管理和维护，而且可以提高无线网络的安全性和可靠性。

五、FIT AP 接入控制

1. FIT AP 启动顺序

FIT AP 可以直接与 AC 连接,也可以通过二层网络与 AC 连接,还可以通过三层网络与 AC 连接。图 3-75 为 FIT AP 与 AC 的连接图(AC 旁挂模式)。

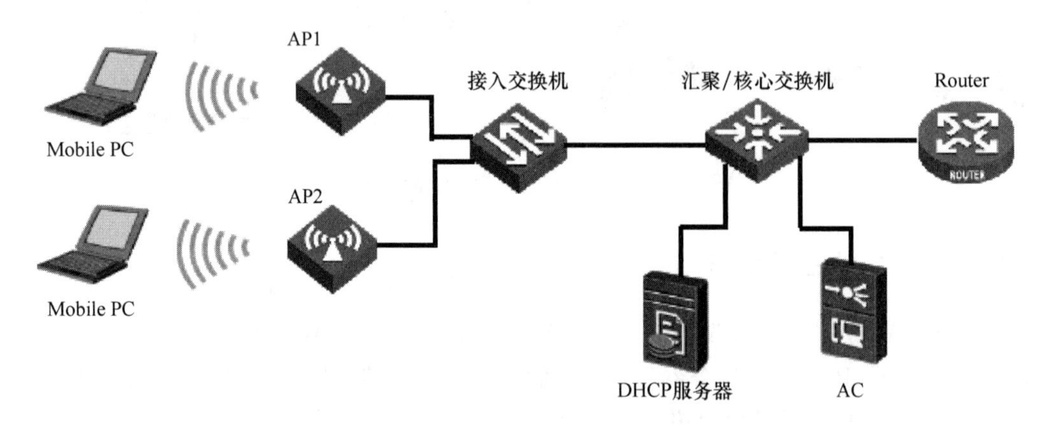

图 3-75 FIT AP 与 AC 连接图(AC 旁挂模式)

FIT AP 的启动过程如下。

(1) AP 的地址通常是动态获取的,AP 上电后的第一件事情便是通过 DHCP 服务器获取 IP 地址和 AC 的地址。

(2) AP 启动 CAPWAP 的发现机制,以广播形式发送发现请求报文,试图关联 AC。

(3) 接收到发现请求报文的 AC 会检查 AP 的权限,如果有权限(即 AP 通过 AC 的接入控制),则回应发现响应,否则拒绝。

(4) AP 从 AC 下载最新的软件版本。

(5) AP 从 AC 下载最新配置。

(6) AP 正常工作,与 AC 交换用户数据报文。

2. FIT AP 上线 AC

FIT AP 上电后发现 AC,如果通过 AC 的接入认证,则上线 AC。FIT AP 发现 AC 分为静态发现和动态发现两种方式。FIT AP 接入控制分为不认证、MAC 地址认证和 SN 序列号认证。

(1) AP 静态发现 AC

AP 静态发现 AC 是直接在 AP 上预配置 AC 的 IP 地址,AP 会向所有配置的 AC 单播发送发现请求报文,然后根据 AC 的回复,选择优先级高的一个 AC 建立 CAPWAP 隧道。在实际应用中不建议采用这种方式。

(2) AP 动态发现 AC

AP 动态发现 AC 是通过 DHCP OPTION43 或者 DNS 方式获取 AC 的 IP 地址。图 3-76 给出了 AP 动态发现 AC 的过程。

第一步:AP 通过广播 DISCOVERY 报文去发现 DHCP 服务器,如果不能发现,则通过 DHCP RELAY 去发现,直到 AP 获取 IP 地址(设备 IP)。同时,AP 会获取 AC 的 IP 地址或者获取 AC 的域名和 DNS 的 IP 地址。

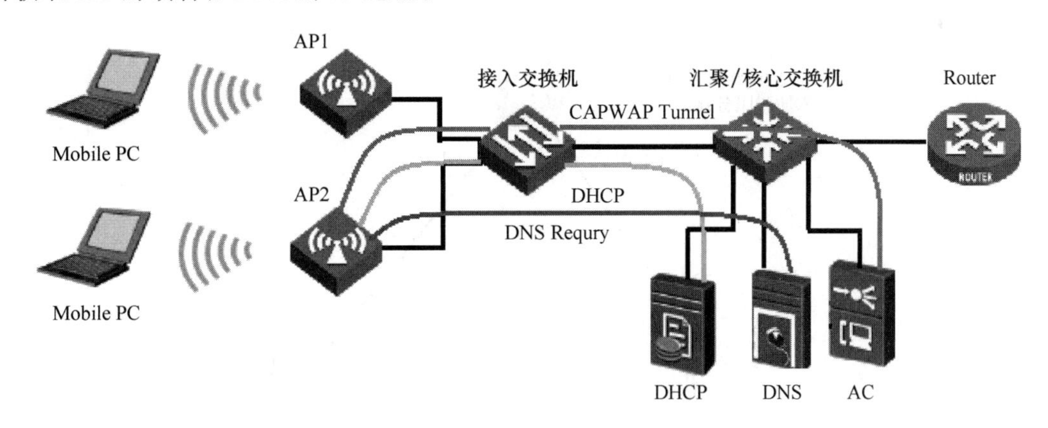

图 3-76 AP 动态发现 AC 的过程

第二步：AP 启动 CAPWAP 协议的发现机制，以广播或单播形式发送发现请求报文，试图关联 AC。

第三步：如果第一步中返回的是 AC 的 IP 地址(即 DHCP OPTION43 字段)，则 AP 会向 AC 单播发送发现请求报文，接收到发现请求报文的 AC 会检查该 AP 是否有接入本机的权限，如果有，则回应发现响应，完成 AP 到 AC 的上线。

第四步：如果第一步中返回的是 AC 的域名和 DNS 服务器的 IP 地址(即 DHCP OPTION15 字段)，则 AP 会多次广播发送发现请求报文，若均无回应，AP 便会与 DNS 服务器连接，通过 AC 域名到 DNS 服务器那里获取 AC 的 IP 地址，最后再通过 AC 的 IP 地址完成上线过程。

(3) AP 接入控制

AP 接入控制指的是在 AP 上电后，AC 经过一系列判断来决定是否允许该 AP 上线，即验证 AP 身份的合法性。

AC 判断 AP 身份的合法性的过程如下。

第一步：查看 AP 是否被列入黑名单，如果在黑名单中能匹配上 AP，则不允许 AP 接入；如果 AP 不在黑名单，则进入第二步。

第二步：判断 AP 的认证模式，如果认证方式为不认证，则允许接入；如果是 MAC 或 SN 认证，则进入第三步。

第三步：需要验证 MAC 或 SN 对应的 AP 是否已离线添加，如果已添加，则允许 AP 接入；如果没有离线添加，则进入第四步。

第四步：查看 AP 的 MAC 或 SN 是否能在白名单中匹配上，如果匹配上，则允许接入，否则 AP 被放入到未认证列表中，此时进入第五步。

第五步：可以通过手工确认未认证列表中的 MAC 或 SN，如果可以，则允许相应的 AP 接入，否则，AP 无法接入。

【工作小任务 1】采用华为仿真器 eNSP 模拟 AP 上线 AC 的过程，其中 AP 与 AC 之间采用二层组网方式。

具体数据规划：AP 与 AC 为二层组网模式，VLAN1 作为 AC 的管理 VLAN 和 AP 的设备 VLAN，网络地址为 192.168.1.0/24，网关设置在 AC 上为 192.168.100.1，DHCP 服务器也设置在 AC 上,AP 接入控制为不认证方式。具体的组网拓扑如图 3-77 所示。

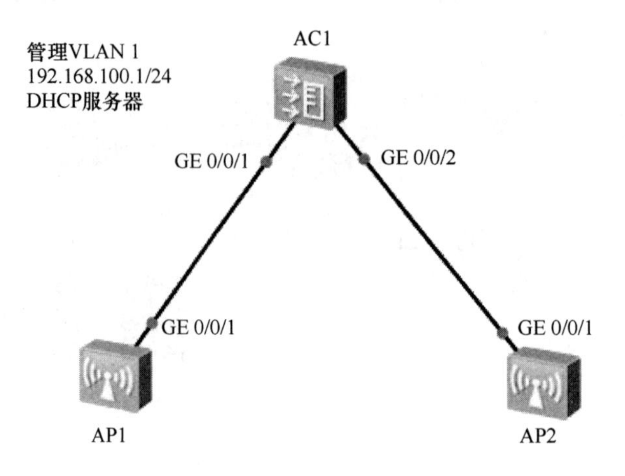

图 3-77　AP 二层上线 AC 组网拓扑

第一步:配置 AC(AP 零配置)。

```
dhcp enable
interface Vlanif1
    ip address 192.168.100.1 255.255.255.0
    dhcp select interface
wlan
wlan ac source interface vlanif1
```

第二步:检测 AP 是否分配到了 IP 地址。

```
    <AC6005>dis ip pool interface vlanif1
----------------------------------------------------------------------------
  Start             End          Total  Used  Idle(Expired) Conflict  Disable
----------------------------------------------------------------------------
192.168.100.1 192.168.100.254   253    2        251(0)        0         0
----------------------------------------------------------------------------
```

可以看出,used 选项为 2,表示已经为两个 AP 分配了 IP 地址。

第三步:查看 AP 的 MAC 地址。

因为 AC6005 默认的是使用 MAC 地址对 AP 上线认证,所以此时还看不到 AP。

```
<AC6005>dis ap all
  All AP information(Normal-0,UnNormal-0):
  ----------------------------------------------------------------------------
  AP    AP                    AP              Profile   AP          AP
    /Region
  ID    Type                  MAC             ID        State       Sysname
  ----------------------------------------------------------------------------
  Total number: 0
```

第四步:查看 AP 的 MAC 地址和 AC 连接 AP 的接口。

```
<AC6005>dis arp
```

```
IP ADDRESS        MAC ADDRESS      EXPIRE(M) TYPE   INTERFACE   VPN-INSTANCE
VLAN/CEVLAN PVC
------------------------------------------------------------------------------
192.168.100.1    00e0-fcaa-2d6d              I -    Vlanif1
192.168.100.254 00e0-fc03-8e30   20          D-0    GE0/0/1    1/-
192.168.100.253 00e0-fc03-da40   20          D-0    GE0/0/2    1/-
------------------------------------------------------------------------------
Total:3          Dynamic:2        Static:0   Interface:1
```

第五步:查看没有通过认证的 AP 列表。

```
<AC6005>dis unauthorized-ap record
  AP type: AP6010DN-AGN
  AP sn: 210235448310152A7C4D
  AP mac address: 00e0-fc03-da40
  AP ip address: 192.168.100.254
  Record time: 2018-07-07 11:35:09
  ----------------------------------------------------------------------------
  AP type: AP6010DN-AGN
  AP sn: 2102354483106D748F23
  AP mac address: 00e0-fc03-8e30
  AP ip address: 192.168.100.251
  Record time: 2018-07-07 11:35:
```

第六步:通过命令手工确认 AP 上线。

```
[AC6005]wlan
[AC6005-wlan-view]ap-confirm all
  Info: Confirm AP completely. Success count: 2. Failure count: 0.
```

可以看出,通过手工确认 AP,已有 2 台 AP 成功上线。

第七步:检测已经上线的 AP。

```
<AC6005>dis ap all
  All AP information(Normal-2,UnNormal-0):
  ----------------------------------------------------------------------------
  AP    AP                  AP                Profile   AP        AP/Region
  ID    Type                MAC               ID        State     Sysname
  ----------------------------------------------------------------------------
  0     AP6010DN-AGN     00e0-fc03-da40       0/0       normal    ap-0
  1     AP6010DN-AGN     00e0-fc03-8e30       0/0       normal    ap-1
  --------------------------------------------------
  Total number: 2
```

第八步:手工重启一个 AP(如 id 0),观察其状态。

```
[AC6005-wlan-view]ap-reset id 0
  Warning: Reset AP! Continue? [Y/N]y
  Info: Reset AP completely.
```

此时观察 AP 的状态,发现其状态由“normal”变为“fault”。

```
[AC6005-wlan-view]dis ap all
 All AP information(Normal-1,UnNormal-1):
 ------------------------------------------------------------------------------
 AP    AP                   AP              Profile    AP        AP/Region
 ID    Type                 MAC             ID         State      Sysname
 ------------------------------------------------------------------------------
 0     AP6010DN-AGN         00e0-fc03-da40  0/0        fault     ap-0
 1     AP6010DN-AGN         00e0-fc03-8e30  0/0        normal    ap-1
 ------------------------------------------------------------------------------
 Total number: 2
```

第九步:通过 Wireshark 协议抓包查看 AP 的上线过程,如图 3-78 所示。

在 AP 重启之后,需要重新获取 IP 地址,再通过 CAPWAP 协议上线 AC。

1	0.000000	HuaweiTe_03:da:40	Broadcast	ARP	Gratuitous ARP for 169.254.1.1 (Request)
2	1.419000	0.0.0.0	255.255.255.255	DHCP	DHCP Discover - Transaction ID 0xfe328d2e
3	2.028000	0.0.0.0	255.255.255.255	DHCP	DHCP Request - Transaction ID 0x158e6a23
4	2.277000	HuaweiTe_03:da:40	Broadcast	ARP	Gratuitous ARP for 192.168.100.254 (Request)
5	2.683000	HuaweiTe_03:da:40	Broadcast	ARP	Gratuitous ARP for 192.168.100.254 (Request)
6	3.088000	HuaweiTe_03:da:40	Broadcast	ARP	Gratuitous ARP for 192.168.100.254 (Request)
7	3.478000	HuaweiTe_03:da:40	Broadcast	ARP	Gratuitous ARP for 192.168.100.254 (Request)
8	3.884000	HuaweiTe_03:da:40	Broadcast	ARP	Gratuitous ARP for 192.168.100.254 (Request)
9	4.992000	192.168.100.253	192.168.100.1	CAPWAP	CAPWAP-Control - Echo Request
10	4.992000	HuaweiTe_03:da:40	Broadcast	ARP	Gratuitous ARP for 192.168.100.254 (Request)
11	4.992000	HuaweiTe_03:8e:30	Cellebri_23:00:10	0x2efc	Ethernet II
12	5.101000	192.168.100.1	192.168.100.253	CAPWAP	CAPWAP-Control - Echo Response
13	5.662000	HuaweiTe_03:8e:30	Cellebri_23:00:10	0x2efc	Ethernet II
14	7.815000	192.168.100.253	192.168.100.1	CAPWAP	CAPWAP-Control - Unknown Message Type (0x65)
15	8.112000	192.168.100.1	192.168.100.253	CAPWAP	CAPWAP-Control - Unknown Message Type (0x66)
16	8.377000	192.168.100.253	192.168.100.1	CAPWAP	CAPWAP-Control - Unknown Message Type (0x65)
17	8.611000	192.168.100.1	192.168.100.253	CAPWAP	CAPWAP-Control - Unknown Message Type (0x66)
18	16.739000	192.168.100.254	255.255.255.255	CAPWAP	CAPWAP-Control - Discovery Request
19	21.746000	HuaweiTe_03:da:40	Broadcast	ARP	Who has 192.168.100.1? Tell 192.168.100.254
20	29.999000	192.168.100.253	192.168.100.1	CAPWAP	CAPWAP-Control - Echo Request
21	29.999000	HuaweiTe_03:8e:30	Cellebri_23:00:10	0x2efc	Ethernet II
22	30.108000	192.168.100.1	192.168.100.253	CAPWAP	CAPWAP-Control - Echo Response
23	30.139000	HuaweiTe_03:8e:30	Cellebri_23:00:10	0x2efc	Ethernet II

图 3-78 Wireshark 抓包分析 AP 上线过程

六、WLAN 用户接入

WLAN 的主要目的就是为无线用户提供网络接入服务,实现用户访问网络资源的需求。

1. WLAN 用户接入过程

如果网络服务没有使用任何接入认证,则客户端可以直接接入网络服务中;如果网络服务指定了接入认证方式,则 WLAN 服务端会触发对用户的接入认证,只有接入认证成功后,WLAN 客户端才可以访问网络。图 3-79 是客户端接入 WLAN 服务的协商过程。

(1) 无线链路建立过程

经过扫描、链路认证、关联过程,WLAN 客户端和 WLAN 服务端成功建立了 802.11 链路,即 STA 身份验证成功。如果没有使用接入认证的服务,客户端已经可以访问 WLAN 网络;如果 WLAN 服务使用了接入认证服务,则 WLAN 服务端会发起对客户端的接入认证。

(2) 用户接入认证过程

用户接入认证主要是对接入用户身份进行认证,为网络服务提供安全保护。

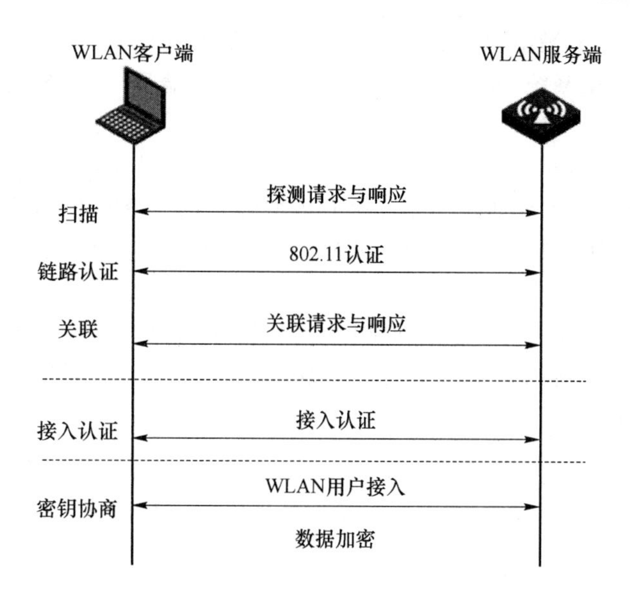

图 3-79　WLAN 用户接入网络的过程

接入认证主要有 802.1X 认证、PSK 认证、PORTAL 认证、MAC 认证等方式。其中，802.1X 认证、MAC 认证、PORTAL 认证可以对有线用户和 WLAN 无线用户进行身份认证，而 PSK 认证只是对 WLAN 无线用户提供认证。

(3) 密钥协商过程

密钥协商为数据安全提供有力保障，协商的密钥将作为 802.11 数据传输过程中的加密/解密密钥。在 WLAN 服务应用中，对于 WPA 用户或者 WPA2(RSN)用户需要进行 EAPOL-Key 密钥协商。

(4) 数据加密过程

无线用户身份确定无误并赋予访问权限后，网络必须保护用户所传送的数据不被窥视。数据的私密性通常是靠加密协议来达成的，只允许拥有密钥并经过授权的用户访问数据，以确保数据在传输过程中未遭篡改。

2. 无线网络加密技术

无线网络需要保护无线链路的私密性，所以需要通过一系列加密协议，只允许拥有密钥的授权用户访问网络。无线网络中常采用的加密技术有 WEP、TKIP 和 CCMP，表 3-4 对比了它们之间的不同。

表 3-4　几种加密方式的对比

加密方式	加密算法	密钥长度	初始向量(IV)	数据校验	密钥管理
WEP	RC4	40 位/104 位	24 bit	CRC-32	无
TKIP	RC4	128 位	48 bit	Michael	Michael
CCMP	AES	128 位	48bit	CCM	CCM

(1) WEP 加密

WEP 是 802.11 最早的安全标准，称为有线等效私密性。WEP 安全措施主要包括两个阶段：一是认证阶段，二是加密阶段。

在 WEP 安全标准中，数据加密算法采用 RC4 算法，加密密钥长度有 64 位和 128 位两种，其中有 24 bit 的 IV 是由系统产生的，所以在 WLAN 服务端和 WLAN 客户端上配置的密钥就需要 40 位或 104 位。

（2）TKIP 加密

TKIP 称为临时密钥完整性协议，实际上是增强了的 WEP，仍然采用 RC4 核心算法，TKIP 相对于 WEP 增加了 EIV（扩展 IV）和 MIC，作用是防止重放攻击、信息篡改。

（3）CCMP 加密

IEEE 802.11i 安全标准规定高级加密标准（AES）使用 128 bit 的密钥和 128 bit 的数据块，以 AES 为基础的链路层安全协议称为 CCMP（计数器模式及密码块链消息认证码协议）。

3．用户身份认证技术

用户身份认证需要对用户身份进行确定，在确认用户身份之前只允许有限的网络访问。用户身份认证策略主要包括 WPA/WPA2-PSK 认证、802.1X 认证、PORTAL 认证、MAC 认证等。

（1）WPA-PSK 认证

WPA-PSK 认证是一种通过预共享密钥进行认证的方式，我们称其为 WPA 个人版。WPA-PSK 认证不需要架设昂贵的专用认证服务器，仅要求在每个 WLAN 节点（AP、AC、网卡等）预先输入一个预共享密钥即可。只要密钥吻合，客户就可以获得 WLAN 的访问权，但是这个密钥仅仅用于认证过程，而不用于加密过程。WPA-PSK 认证在家庭局域网和小型 SOHO 网络中广泛使用。

（2）802.1X 认证

802.1X 是基于端口的网络接入控制协议，提供了一个认证过程框架，支持多种认证协议。802.1X 在局域网接入控制设备的端口上对所接入的设备进行认证和控制，连接在端口上的用户设备如果能通过认证，就可以访问局域网中的资源；如果不能通过认证，则无法访问局域网中的资源，相当于物理连接被断开。

我们通常称 802.1X 认证方式为 WPA 企业版，即 WPA-802.1X 认证，用户提供认证所需的凭证（如用户名和密码），通过特定的用户认证服务器（一般是 RADIUS 服务器）来实现。

802.1X 认证在企业网中使用较多，在运营商网络中较少使用。

（3）PORTAL 认证

PORTAL 认证即 WEB 认证。用户可主动访问位于 PORTAL 服务器上的认证页面（主动认证）或通过 HTTP 访问其他外网被 WLAN 服务端强制重定向到 WEB 认证页面（强制认证），在用户输入用户账号信息，提交 WEB 页面后，PORTAL 服务器获取用户账号信息。PORTAL 服务器通过 PORTAL 协议与 WLAN 服务端交互，将用户账号信息发送给 WLAN 服务端，服务端与认证服务器交互完成用户认证过程。

PORTAL 认证通常由客户端、接入服务器（NAS）、PORTAL 服务器、AAA 服务器组成。PORTAL 认证在 WLAN 运营网和企业网中大量使用。

（4）MAC 认证

MAC 认证可以采用本地 MAC 认证和远程 MAC 认证。

本地 MAC 认证是在本地设备上预先配置允许访问的 MAC 地址列表，如果客户端的 MAC 地址不在允许访问的 MAC 地址列表，将被拒绝其接入请求。

远程 MAC 认证是使用 RADIUS 服务器对客户端进行认证。当服务端获取客户端的

MAC 地址后,会主动向 RADIUS 服务器发起认证请求。RADIUS 服务器完成对该客户端的认证,并通知服务端认证结果以及相应的授权信息。

MAC 认证过程不需要客户端参与,不需要安装客户端软件,也不需要输入用户名和密码,常应用于安全要求不高的场合。

【工作小任务 2】采用华为仿真器 eNSP 模拟用户接入认证无线网络的过程,其中 AP 与 AC 之间采用二层组网方式,认证方式采用“OPEN＋WEP”或 WPA-PSK 方式,具体拓扑结构如图 3-80 所示。

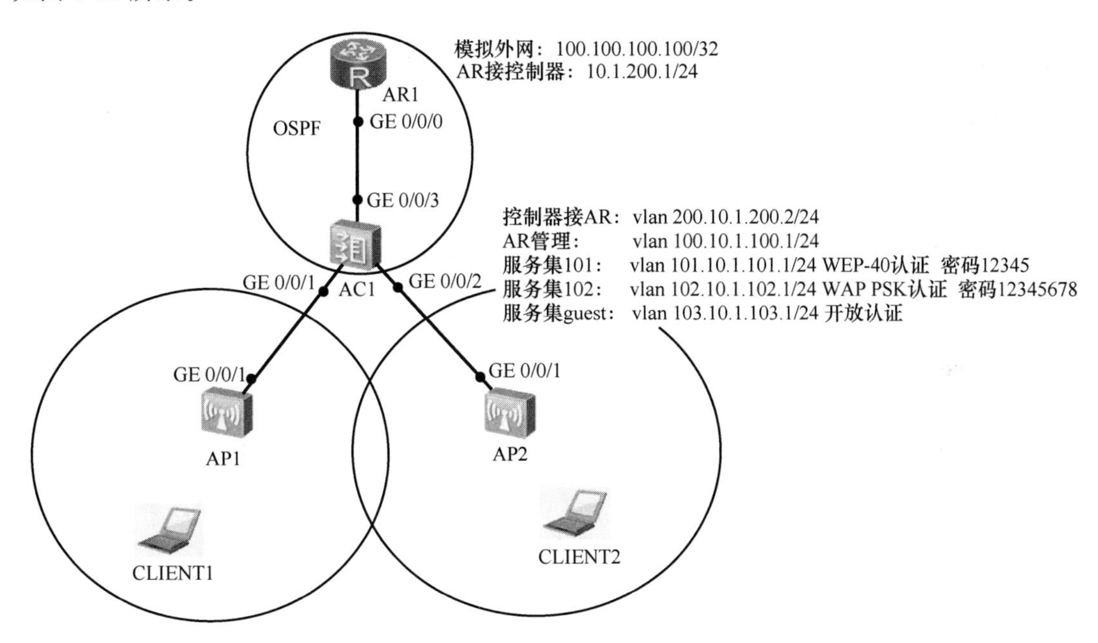

图 3-80　用户接入认证的拓扑结构图

第一步:数据规划。

AC 与 AR 之间采用动态路由协议;AC 作为 DHCP 服务器;SSID 为 vlan101 的业务集,采用 WEP 认证,共有 40 位密钥,密码为 12345;SSID 为 vlan102 的业务集,采用 WPA-PSK 认证,预共享密钥为 12345678;SSID 为 guest103 的业务集,采用开放认证,供访客使用。

第二步:AR1 配置。

AR1 模拟 AC 的上层网络,并通过 loopback100 模拟外网。

```
sysname AR1
interface GigabitEthernet0/0/0
    ip address 10.1.200.1 255.255.255.0
interface LoopBack100
    ip address 100.100.100.100 255.255.255.255
ospf 1 router-id 1.1.1.1
    area 0.0.0.0
        network 10.1.200.1 0.0.0.0
```

第三步:AC 配置。

AC 与 AP 之间直接二层连接,业务转发方式为本地转发。业务 VLAN 分别为 VLAN 101、

VLAN 102 和 VLAN103，管理 VLAN 为 VLAN100。

① 全局配置

```
sysname AC
vlan batch 100 to 103 200
dhcp enable
acl number 3001        //不允许访客访问内部网络 10.0.0.0，但可以访问外网
    rule 5  deny ip destination 10.0.0.0 0.255.255.255
    rule 10 permit ip
```

② 接口配置

```
interface Vlanif200
    ip address 10.1.200.2 255.255.255.0
interface Vlanif100
    ip address 10.1.100.1 255.255.255.0
    dhcp select interface
interface Vlanif101
    ip address 10.1.101.1 255.255.255.0
    dhcp select interface
    dhcp server dns-list 8.8.8.8    //假设 DNS 服务器地址为 8.8.8.8
interface Vlanif102
    ip address 10.1.102.1 255.255.255.0
    dhcp select interface
    dhcp server dns-list 8.8.8.8
interface Vlanif103
    ip address 192.168.103.1 255.255.255.0
    traffic-filter inbound acl 3001
    dhcp select interface
    dhcp server dns-list 8.8.8.8

interface GigabitEthernet0/0/1      //业务转发模式为本地转发，所以 AC 与 AP 连接的接口需要配置成 trunk 接口
    port link-type trunk
    port trunk pvid vlan 100
    port trunk allow-pass vlan 100 to 102
interface GigabitEthernet0/0/2      //同 G0/0/1
    port link-type trunk
    port trunk pvid vlan 100
    port trunk allow-pass vlan 100 to 102
interface GigabitEthernet0/0/3
    port link-type access
    port default vlan 200
```

③ 路由配置

```
ospf 1 router-id 2.2.2.2
    area 0.0.0.0
        network 10.1.200.2 0.0.0.0
    area 0.0.0.1
        network 10.1.100.1 0.0.0.0
        network 10.1.101.1 0.0.0.0
        network 10.1.102.1 0.0.0.0
        network 192.168.103.1 0.0.0.0
```

④ 无线配置

• 首先配置 wlan-ess 接口，这些接口是用来关联每一个服务集的，下发的时候将告诉下面的 AP 要打上什么样的 VLAN 标签。

```
interface Wlan-Ess0
    port hybrid untagged vlan 101
interface Wlan-Ess1
    port hybrid untagged vlan 102
interface Wlan-Ess2
    port hybrid untagged vlan 103
```

• 然后进入到 WLAN 配置模式，进行无线参数的配置。

```
Wlan
    wlan ac source interface vlanif100    //设置 AC 所处的 vlan 接口
    ap-confirm all                        //当 AC 与 AP 之间连接正常，采用该命令确
                                            认 AC 下所有的 AP

//以下设置无线相关模板
      wmm-profile name wmm1 id 0          //设置无线多媒体模板 0，此处没有设置固
                                            定的值
    traffic-profile name traff1 id 0      //设置流量模板 0，此处没有设置固定的值
    security-profile name open id 0       //设置安全模板 0，名称为 open
    security-profile name wep40 id 1      //设置安全模板 1，名称为 wep40
      wep authentication-method share-key  //设置认证方式为共享密钥
      wep key wep-40 pass-phrase 0 simple 12345   //密钥为 12345
     security-profile name wpapsk id 2    //设置安全模板 2，名称为 wpapsk
        security-policy wpa               //设置安全策略为 WPA
        wpa authen-method psk pass-phrase sim 12345678 encryp-method ccmp
//设置认证方式为预共享密钥和加密方式
//以下设置相关无线服务
    service-set name vlan101 id 0   //服务集 vlan101，id 为 0，隧道 Tunnel 转发
        wlan-ess 0                  //关联了 WLAN-ESS0 接口
        ssid vlan101                 //SSID 为 vlan101
```

```
        traffic-profile id 0           //关联流量模板 0
        security-profile id 1          //关联安全模板 1(wep 认证)
        ervice-vlan 101                //业务 vlan 为 101
    service-set name vlan102 id 1      //服务集 vlan102,id 为 1
        wlan-ess 1
        ssid vlan102
        traffic-profile id 0
        security-profile id 2          //关联安全模板 2(WPA + PSK 认证)
        service-vlan 102               //业务 vlan 为 102

    service-set name guest103 id 2     //服务集 guest103,id 为 2
        wlan-ess 2
        ssid guest103
        user-isolate                   //访客用户相互隔离
        traffic-profile id 0
        security-profile id 0          //关联安全模板 0(open 认证)
        service-vlan 103               //业务 vlan 为 103

//以下设置无线射频模板
    radio-profile name 2g id 0         //指定射频类型为 2.4G,关联 wmm 模板
        wmm-profile id 0               //关联之前设置的 wmm 模板
        radio-type  80211bgn           //指定射频类型(2.4GHz 射频)

//以下设置无线 AP,在设备下关联服务集与射频模板
    ap 0 radio 0                       //在第一个 ap 射频下,0 表示 2.4GHz 射频段,1 表
                                         示 5GHz 射频段。关联射频模板,然后关联服务
                                         集,服务集可以关联多个,可以多个 ssid
        radio-profile id 0             //关联射频模板 id 0(2.4GHz)
        ervice-set id 0 wlan 1         //关联服务集 vlan101
        service-set id 1 wlan 2        //关联服务集 vlan102
        service-set id 2 wlan 3        //关联服务集 vlan103

    ap 1 radio 0                       //在第二个 ap 射频下,0 表示 2.4G
        radio-profile id 0             //关联射频模板 id 0(2.4GHz)
        channel 20mhz  6               //此处需要手工分配频段(默认为 channel 1),因
                                         为模拟器不支持自动分配不冲突的频段。注意
                                         频段不要冲突
        service-set id 0 wlan 1
        service-set id 1 wlan 2
        service-set id 2 wlan 3
```

```
//需要通过 commit 命令下发业务到 AP 上
    commit all
```

第四步：Client1 连接到 SSID 为 vlan101 网络，输入 WEP 密码，然后查看获取的 IP 地址，如图 3-81 和图 3-82 所示。

图 3-81　输入 WEP 密码

```
STA>ipconfig

Link local IPv6 address...........: ::
IPv6 address......................: :: / 128
IPv6 gateway......................: ::
IPv4 address......................: 10.1.101.254
Subnet mask.......................: 255.255.255.0
Gateway...........................: 10.1.101.1
Physical address..................: 54-89-98-CF-52-6A
DNS server........................:
```

图 3-82　查看获取的 IP 地址

第五步：Client2 连接到 SSID 为 vlan102 网络，增加一部 Phone 连接到 vlan103 网络。

第六步：在 AC 上查询接入的用户。

```
<AC>dis access-user
------------------------------------------------------------------------------
UserID Username            IP address              MAC
------------------------------------------------------------------------------
17      548998cf526a        10.1.101.254            5489-98cf-526a
19      548998cfa62f        10.1.102.254            5489-98cf-a62f
20      548998cf0d45        192.168.103.253         5489-98cf-0d45
```

第七步：测试 Client1 和 Client2 相互 PING 通，如图 3-83 所示。测试 Phone PING 内网不通，PING 外网 100.100.100.100 通，如图 3-84 所示。

```
STA>ping 10.1.102.254

Ping 10.1.102.254: 32 data bytes, Press Ctrl_C to break
From 10.1.102.254: bytes=32 seq=1 ttl=127 time=468 ms
From 10.1.102.254: bytes=32 seq=2 ttl=127 time=468 ms
From 10.1.102.254: bytes=32 seq=3 ttl=127 time=327 ms
From 10.1.102.254: bytes=32 seq=4 ttl=127 time=343 ms
From 10.1.102.254: bytes=32 seq=5 ttl=127 time=343 ms

--- 10.1.102.254 ping statistics ---
  5 packet(s) transmitted
  5 packet(s) received
  0.00% packet loss
  round-trip min/avg/max = 327/389/468 ms
```

图 3-83 Client1 与 Client2 互通测试

```
STA>ping 100.100.100.100

Ping 100.100.100.100: 32 data bytes, Press Ctrl_C to break
From 100.100.100.100: bytes=32 seq=1 ttl=253 time=327 ms
From 100.100.100.100: bytes=32 seq=2 ttl=253 time=281 ms
From 100.100.100.100: bytes=32 seq=3 ttl=253 time=296 ms
From 100.100.100.100: bytes=32 seq=4 ttl=253 time=296 ms
From 100.100.100.100: bytes=32 seq=5 ttl=253 time=296 ms

--- 100.100.100.100 ping statistics ---
  5 packet(s) transmitted
  5 packet(s) received
  0.00% packet loss
  round-trip min/avg/max = 281/299/327 ms

STA>ping 10.1.101.254

Ping 10.1.101.254: 32 data bytes, Press Ctrl_C to break
Request timeout!
Request timeout!
Request timeout!
Request timeout!
Request timeout!

--- 10.1.101.254 ping statistics ---
  5 packet(s) transmitted
  0 packet(s) received
  100.00% packet loss
```

图 3-84 Phone 与内网/外网互通测试

七、WLAN 漫游

无线客户端在移动的过程中若要保持业务不中断，则需要漫游技术的支持。同一个 ESS 内包含多个 AP 设备，当无线客户端从一个 AP 覆盖区域移动到另一个 AP 覆盖区域时，可以实现无线客户端业务的平滑切换，这就是漫游。

漫游是无线终端主动发起的，当终端检测到所在 WLAN 中有一个信号更强的 AP 时，将主动与新的 AP 建立连接。

1. 漫游的条件

(1) 信号覆盖要连续，即 AP1 和 AP2 之间的信号覆盖需要有交叉。

(2) SSID 需要一致，密码也需要一致。

2. 漫游的方式

(1) 同一 AC 内的二层漫游

终端在同一个 AC 下面的不同 AP 之间进行漫游，且漫游前后的 AP 所属的用户 VLAN 不变，且 IP 地址在同一个网段，如图 3-85(a)所示。

(2) 同一 AC 内的三层漫游

终端在同一个 AC 下面的不同 AP 之间进行漫游，且漫游前后的 AP 所属的用户 VLAN 发生变化，且 IP 地址不在同一个网段，如图 3-85(b)所示。

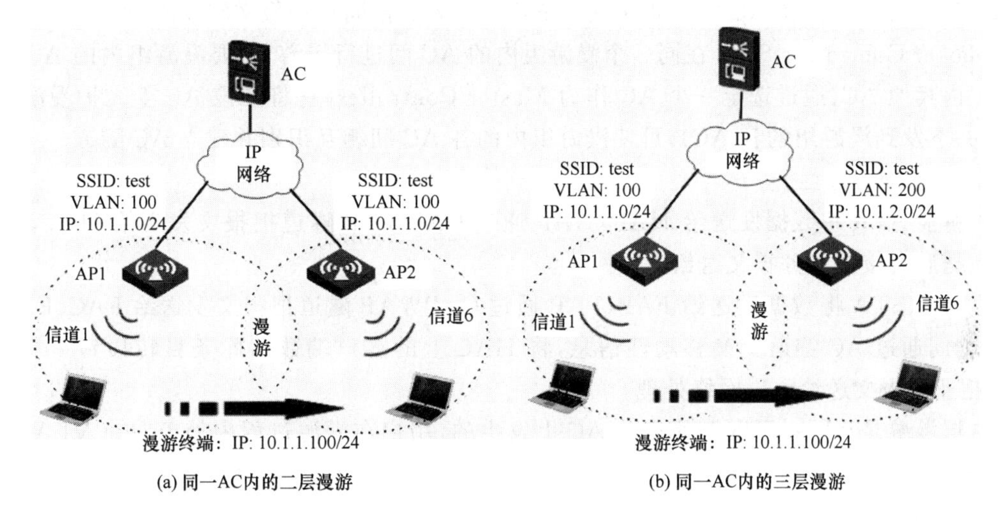

图 3-85　同一 AC 下的漫游

(3) AC 间漫游

终端在不同的 AC 之间进行漫游，有二层漫游和三层漫游之分，如图 3-86 所示。

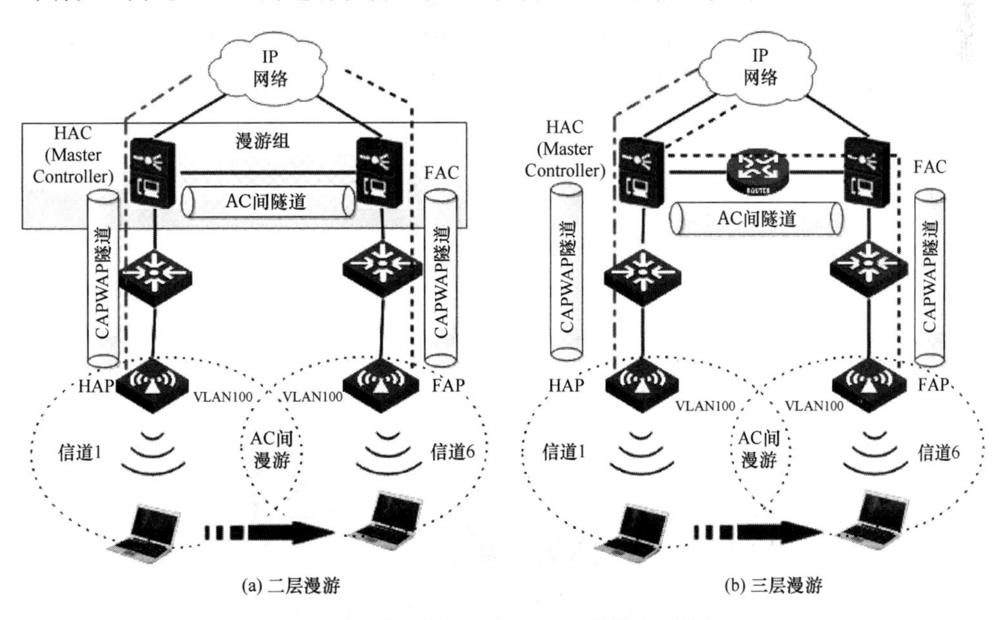

图 3-86　AC 间漫游

HAP(Home AP)：终端首次关联的漫游组内的某个 AP。

HAC(Home AC)：终端首次关联的漫游组内的某个 AC。

FAP(Foreign AP)：终端漫游后关联的 AP。

FAC(Foreign AC)：终端漫游后关联的 AC。

漫游组：在 WLAN 中，可以对不同的 AC 进行分组，STA 可以在同一个组的 AC 间进行漫游，这个组就称为漫游组。

AC 间隧道：为了支持 AC 间漫游，漫游组内的所有 AC 需要同步每个 AC 管理的 STA 和 AP 设备的信息，因此在 AC 间需要建立一条隧道作为数据同步和报文转发的通道。

Master Controller：STA 在同一个漫游组内的 AC 间进行漫游，需要漫游组内的 AC 能够识别组内其他 AC，通过选定一个 AC 作为 Master Controller(它将在该 AC 上维护漫游组成员表，并下发到漫游组的各 AC)，可使漫游组内的各 AC 间相互识别并建立 AC 隧道。

① 二层漫游过程

漫游前 STA 将数据发送给 HAP，HAP 通过 CAPWAP 隧道把报文发送给 HAC，HAC 收到数据后直接把业务报文送给上层网络。

漫游后 STA 将数据发送给 FAP，FAP 通过 CAPWAP 隧道把报文发送给 FAC，FAC 与 HAC 之间通过 AC 隧道交换移动性信息，将 HAC 上的客户端数据库条目转移到 FAC 上，FAC 把业务报文送给上层网络处理。

二层漫游是在同一子网上的多台 AC 上发生的，用户在漫游过程中处于同一 VLAN 下，IP 地址不会改变 。

② 三层漫游

漫游前 STA 将数据发送给 HAP，HAP 通过 CAPWAP 隧道把报文发送给 HAC，HAC 收到以后把报文送给上层设备，由上层设备处理转发。

漫游后 STA 将数据发送给 FAP，FAP 通过 CAPWAP 隧道将报文发送给 FAC，FAC 通过 AC 间隧道把报文发送给 HAC，HAC 把报文送往上层设备，由上层设备处理转发。

三层漫游不同于二层漫游的是，三层漫游是在不同子网上的多台 AC 上发生的，用户在漫游过程中处于不同的 VLAN 下，IP 地址不会改变。

任务实施

一、任务实施流程

对该企业的网络总需求进行分析，然后分别对总部和分部进行企业无线网络的建设。任务实施流程如图 3-87 所示。

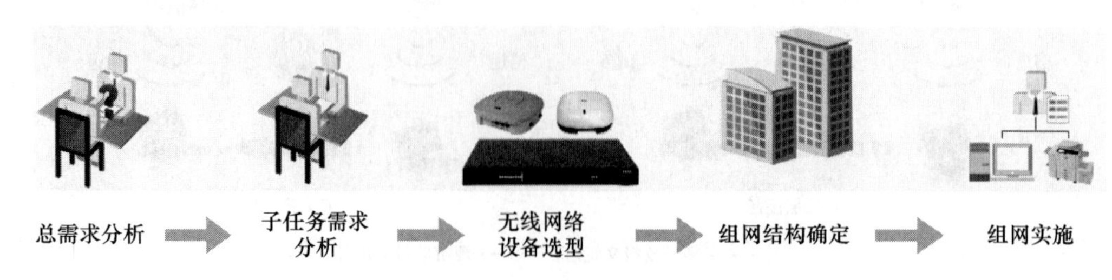

图 3-87　企业无线网络建设的实施流程

二、总需求分析

(1) 合理划分 IP 子网,保证网络的可扩展性、可汇总性和可控制性。

(2) 保证网络的冗余性,包括链路冗余和设备冗余。

(3) 保证网络的安全性,保护重要的企业重要部门(如财务部等)只能被特定人员访问。

(4) 增加企业的无线功能,要求实现验证功能,对于来宾访客可以不进行认证,但不能访问企业内部网络,只能访问企业提供的网页服务和 Internet 连接。

(5) 总部与分部之间、分部与财务部之间需要互访,必须保证安全性。

(6) 出差员工可以通过远程访问技术接入企业内部,实现访问特定资源。

(7) 设备实现管理,由单独的管理主机访问。

三、解决思路

(1) 使用子网划分对每一个部门进行规划,保证每一个部门为单独一个 24 位子网段,从而保证网络的连续性和汇总性。

(2) 利用“MSTP ＋VRRP”实现链路的冗余性和网关的热备份,核心交换机之间的链路启用链路聚合功能。

(3) 采用 ACL(访问控制列表)和端口隔离技术实现网络的安全性。

(4) 使用“AC＋FIT AP”二层旁挂组建总部无线网络,而采用 FAT AP 组建分部无线网络。

(5) 使用 IPSEC 技术实现总部与分部之间的互访,通过加密认证机制保证数据的安全性。

(6) 出差员工可以通过 L2TP over IPSEC 技术远程拨入内网,实现特定资源的访问。

(7) 开启 TELNET 或 SSH 功能,实现特定主机的远程管理。

四、企业分部无线网络实施

(一) 企业分部无线网络需求分析

企业分部因为部门和员工不多,故直接采用 FAT AP 的组网结构。

(二) 设备选型

(1) 出口路由器采用华三 RT-MSR2600-10 设备。

(2) 三层交换机采用华三 S3600V2-28TP-PWR-EI 设备。

(3) 二层交换机采用华三 S3110-10TP-PWR POE 设备。

(4) 无线接入设备采用数台华三 WA2620i 系列无线接入产品。它们作为 FAT AP 接入企业分部的有线网络,为无线客户端提供无线接入服务。

(三) 组网结构确定

该企业分部网络结构简化为图 3-88 所示。

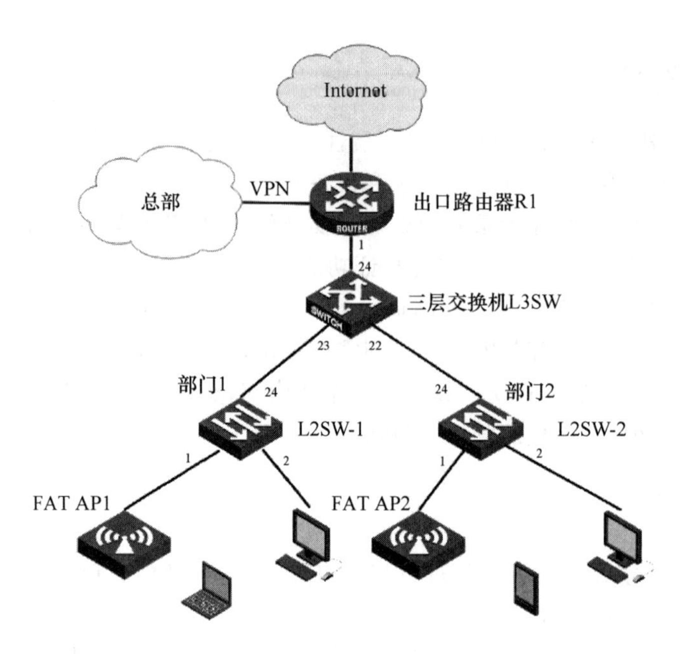

图 3-88　企业分部网络简化结构

(四) 组网实施

1. 数据规划

企业分部 IP 地址规划如表 3-5 所示。

表 3-5　企业分部 IP 地址规划

部门	VLAN	IP 地址	网关
部门 1	3	172.16.3.0/24	172.16.3.254
部门 2	4	172.16.4.0/24	172.16.4.254
内部无线客户	2	172.16.2.0/24	172.16.2.254
访客无线客户	5	172.16.5.0/24	172.16.5.254
管理	1	172.16.1.0/24	172.16.1.254

注：为了方便管理，所有设备的管理地址都为固定 IP。

2. WA2620i 无线接入设备认识

(1) WA2620i 特点

WA2620i 是高性能双频千兆无线局域网接入点设备，支持 FAT AP 和 FIT AP 两种工作模式。它外形小巧美观，安装方式灵活，适用于壁挂、桌面、吸顶三种安装方式，提供天线外置接口，可以外接 802.11n 专用天线。它内置 4dBi 的智能天线，支持 2.4 GHz 和 5.8 GHz 频段，支持 POE 供电，最大发射功率可达 23 dBm。

(2) WA2620i 接口

WA2620i 的接口如图 3-89 所示。图中❶❷为 2.4 GHz 天馈线连接口；❸❹为 5 GHz 天馈线连接口；❺为复位按钮孔，可以恢复出厂初始设置；❻为上行以太网接口；❼为配置 Console 接口；❽为本地 48 V 电源接口。WA2620i 除了提供上述这些物理接口之外，还提供两种二层虚拟接口：一种负责 AP 管理 VLAN1；另一种负责辅助射频工作 WLAN-BSS。

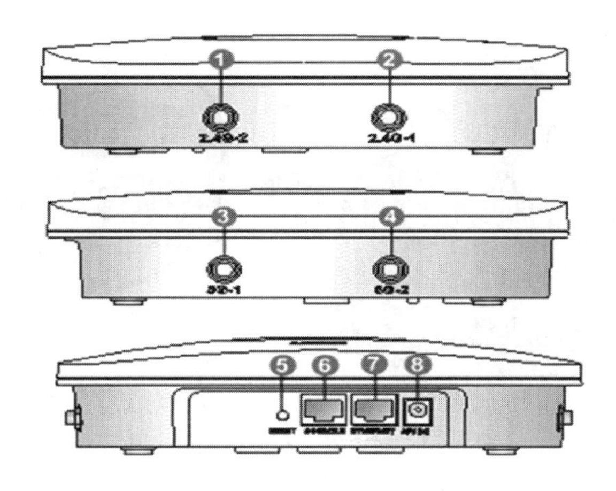

图 3-89　WA2620i 的接口

(3) WA2620i 指示灯

WA2620i 只有一个指示灯，指示灯通过颜色和闪烁快慢来表示设备的不同状态，如表 3-6 所示。

表 3-6　WA2620i 指示灯状态

指示灯颜色	指示灯状态	功能
绿蓝交替	1 Hz 闪烁	Blink 模式，表示 AP 关联 AC 成功
	呼吸状态	2.4 GHz 和 5 GHz 射频接口均有客户端在线
绿色	绿色 1 Hz 闪烁	设备上电启动中
	呼吸状态	2.4 GHz 有客户端在线
蓝色	0.25 Hz 闪烁	AP 已经启动完成，若是 FIT AP，则表示已经成功注册到 AC
	2 Hz 闪烁	AP 正在更新程序(AP 工作在 FIT AP 特有的)
	呼吸状态	5 GHz 有客户端在线
橙色	常亮	设备初始化异常
	1 Hz 闪烁	以太网接口或射频异常

3. WA2620i 室内安装

(1) 壁挂式安装步骤

① 将安装套件的内圈定位突起对准 AP 背面的定位孔，拧紧 M4X10 盘头螺钉，把安装套件内圈固定到 AP，如图 3-90 所示。

② 将安装套件的中圈和外圈贴在墙面，画出需要安装螺钉的孔位置标记。

③ 在标记处用冲击钻打三个直径为 5.0 mm 的孔，所钻的孔与安装套件上的安装孔成对应关系。

④ 在墙面上钻好的孔中插入膨胀螺管，用橡胶锤敲打膨胀螺管的一端，直到将膨胀螺管全部敲入墙面。

⑤ 把安装套件的中圈和外圈的安装孔对准膨胀螺管孔，并将螺钉从相应的安装孔穿过，调整安装套件的位置，将螺钉拧紧。

⑥ 将 AP 呈 45°对准安装套件，然后顺时针旋转至竖直位置，当听到“啪”的一声时，说明

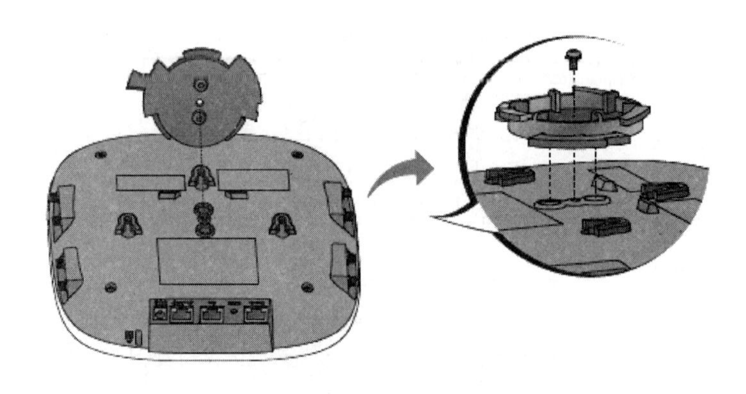

图 3-90　固定安装套件内圈到 AP

AP 已经卡紧，安装完后仔细检查 AP 设备是否被卡紧，以免没有卡紧造成设备跌落，如图 3-91 所示。

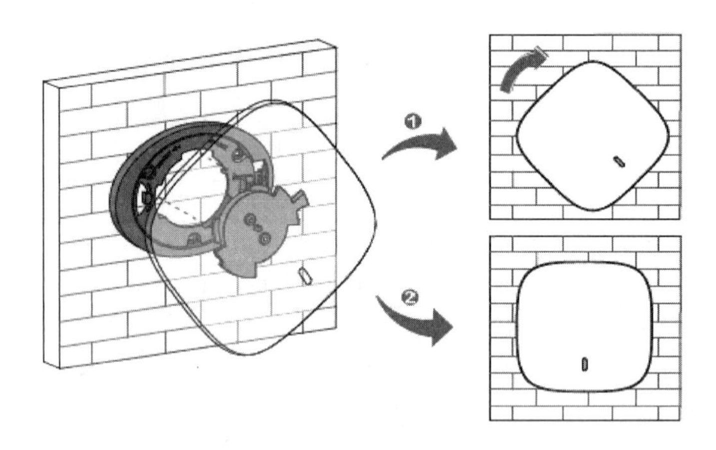

图 3-91　安装 AP 到墙面

（2）吸顶式安装

吸顶式安装步骤类似于壁挂式安装，此处不再累述。吸顶式安装 AP 需要注意如下事项。

① 吸顶式安装方式要求天花板的厚度必须小于 18 mm，且要求天花板至少可以承受 5 kg 的重量。

② 如果是石膏天花板等本身强度较弱的材料，不建议使用此安装方法；如果由于环境限制必须采用此种安装方式时，请在螺母下增加一层强度较好的板材，以确保设备安装牢固。

（3）室内安装 AP 注意事项

① 当 AP 安装在弱电井内时，应做好防尘、防水和防盗等安全措施，并保持良好通风。

② 当 AP 安装在大楼墙面时，必须做好防盗措施。

③ 当 AP 安装在天花板上时，必须用固定架固定住，不允许悬空放置或直接扔在天花板上面。

④ AP 的安装位置必须有足够的空间，以便于设备散热、调试和维护。

⑤ AP 的安装四周应尽量远离变压器、蓝牙设备和其他邻近无线频段的干扰源。

4. 设备配置

本书只演示与无线相关的配置，其他配置略。根据 IP 地址和 VLAN 规划进行配置。

(1) R1 配置

```
interface GigabitEthernet0/1.1          //管理 VLAN
    ip address 172.16.1.254 24
    vlan-type dot1q vid 1
interface GigabitEthernet0/1.2          //无线内部用户 VLAN
    ip address 172.16.2.254 24
    vlan-type dot1q vid 2
interface GigabitEthernet0/1.3          //部门 1 有线用户 VLAN
    ip address 172.16.3.254 24
    vlan-type dot1q vid 3
interface GigabitEthernet0/1.5          //无线外部访客 VLAN
    ip address 172.16.5.254 24
    vlan-type dot1q vid 5
dhcp enable
dhcp server ip-pool 2                   //无线内部用户地址池 2
    network 172.16.2.0 mask 255.255.255.0
    gateway-list 172.16.2.254
    dns-list 61.139.2.69
dhcp server ip-pool 3                   //有线内部用户地址池 3
    network 172.16.3.0 mask 255.255.255.0
    gateway-list 172.16.3.254
    dns-list 61.139.2.69
dhcp server ip-pool 5                   //无线外部用户地址池 5
    network 172.16.5.0 mask 255.255.255.0
    gateway-list 172.16.5.254
    dns-list 61.139.2.69
```

(2) L3SW 配置

```
Vlan 2
Vlan 3
Vlan 4
Vlan 5
interface Ethernet0/24
    port link-type trunk
    port trunk permit vlan all
interface Ethernet0/23
    port link-type trunk
    port trunk permit vlan all
int vlanif 1                            //管理 VLAN1
    ip address 172.16.1.1 24            //管理 IP 为 172.16.1.1
```

(3) L2SW-1 配置

```
Vlan 2
Vlan 3
interface Ethernet0/24
    port link-type trunk
    port trunk permit vlan all
interface Ethernet0/1                   //连接 FAT AP1
    port link-type trunk
    port trunk permit vlan all
    poe enable
interface Ethernet0/2                   //连接部门 1 的有线客户端,vlan3
    port link-type access
    port access vlan 3
int vlanif 1                            //管理 VLAN1
    ip address 172.16.1.2 24            ///管理 IP 为 172.16.1.2
```

(4) FAT AP 配置

```
Vlan 2
Valn 5
Port-security enable                    //开启端口安全功能
l2fw wlan-client-isolation enable       //开启无线用户隔离功能
int vlanif 1                            //管理 VLAN1
    ip address 172.16.1.3 24            ////管理 IP 为 172.16.1.3
interface GigabitEthernet1/0/1
    port link-type trunk
    port trunk permit vlan all
interface WLAN-BSS 1                    //创建 WLAN-BSS1 接口,链路类型为 ACCESS
    port link-type access
    port access vlan 2                  //内部用户 VLAN2
interface WLAN-BSS 2                    //创建 WLAN-BSS 接口,链路类型为 ACCESS
    port link-type access
    port access vlan 5                  //访客用户 VLAN5
    port-security port-mode psk         //端口安全为 PSK 方式
    port-security tx-key-type 11key     //使能 11key 类型的密钥协商功能
    port-security preshared-key pass-phrase simple 12345678   //设置密钥
wlan service-template 1 clear           //配置 WLAN 服务模板为 clear 模式,开放认证
    undo service-template enable
    ssid Guest                          //SSID 为 Guest
    authentication-method open-system   //链路为开放认证
    service-template enable             //使能服务模板
```

```
wlan service-template 2 crypto                   //配置 WLAN 服务模板为加密模式
    ssid Intranet                                //SSID 为 Intranet
    authentication-method open-system            //链路为开放认证
    cipher-suite ccmp                            //加密套件为 CCMP
    security-ie  rsn                             //安全要素为 RSN
    service-template enable                      //使能服务模板
interface WLAN-Radio 1/0/2                       //配置 2.4G 射频接口
    radio-type dot11gn                           //指定射频类型为 802.11gn
    channel 6                                    //指定信道为 6
    service-template 1 interface WLAN-BSS 1   //绑定服务模板 1 和 BSS 接口 1
interface WLAN-Radio 1/0/1                       //配置 5G 射频接口
    service-template 2 interface WLAN-BSS 2   //绑定服务模板 2 和 BSS 接口 2
```

(5) 检测结果

① 无线内部客户端可以成功关联 AP,上线后可以获取 172.16.2.0 网段的 IP 地址。

② 无线外部访客也可以成功关联 AP,上线后可以获取 172.16.5.0 网段的 IP 地址。

③ 使用“display wlan client verbose”命令查看上线的无线客户端。在该命令的显示信息中会显示无线客户端的信息。

五、企业总部无线网络实施

(一) 企业总部无线网络需求分析

公司总部涉及的工作部门较多,各部门员工数也较多,且对无线网络的速率、稳定性、可靠性以及无线漫游等都有较高的要求,所以需要较多的 AP 才能满足无线接入的需求。为了便于日后无线网络的管理和维护,总部采用“AC+FIT AP”的统一集中管理方式。

(二) 设备选型

(1) 防火墙采用华三设备 NS-SecPath F100-S-G 设备。

(2) 三层交换机采用华三 S3600V2-28TP-PWR-EI 设备。

(3) 二层交换机采用华三 S3110-10TP-PWR POE 设备。

(4) 无线控制器采用华三 WA3010E-POEP 设备。

(5) 无线接入设备采用数台华三 WA4620i-ACN 系列无线产品,它们作为 FIT AP 接入到企业总部的有线网络,为无线客户端提供无线接入服务。

(三) 组网结构确定

为了网络的安全可靠性,该企业网络在核心层交换机之间配置了链路聚合、VRRP 和 MSTP 等,这里暂不涉及这些网络配置,故将该企业总部网络结构简化,简化结构如图 3-92 所示。

(四) 组网实施

1. 数据规划

AC 采取二层旁挂组网、数据直接转发方式;核心交换机、防火墙采用 OSPF 路由。

设备管理为 VLAN 1,FIT AP 自动获取设备管理地址;部门 1 有线用户为 VLAN 2;内部

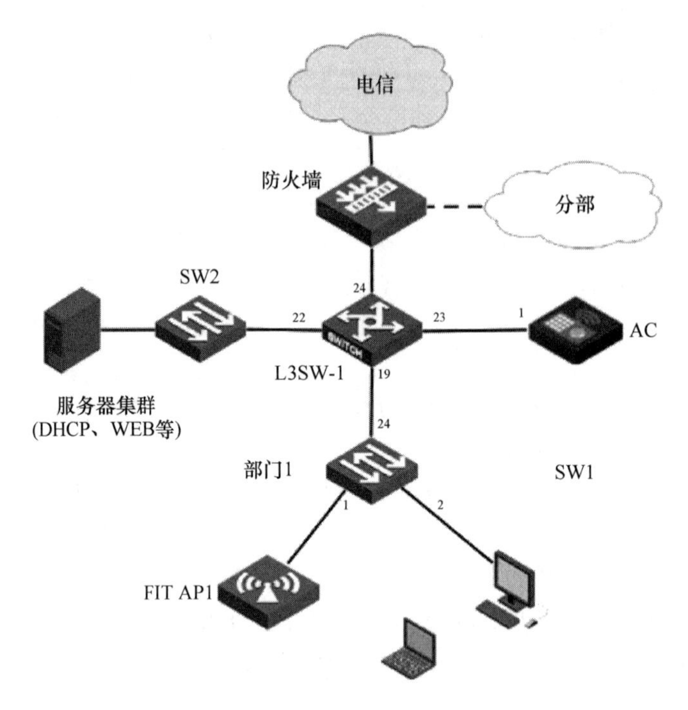

图 3-92　企业总部网络简化结构

无线用户为 VLAN 3,采取加密认证接入;外部无线用户为 VLAN 4,采取开放认证接入;DHCP 服务器处于服务群集群中,IP 地址为 192.168.88.251/24。该企业总部详细的 IP 地址及 VLAN 规划如表 3-7 所示。

表 3-7　企业总部详细的 IP 地址与 VLAN 规划

部门	VLAN	IP 地址	网关
部门 1	2	192.168.2.0/24	192.168.2.254
内部无线客户	3	192.168.3.0/24	192.168.3.254
访客无线客户	4	192.168.4.0/24	192.168.4.254
管理	1	192.168.1.0/24	192.168.1.254
服务器群	88	192.168.88.0/24	192.168.88.254
核心交换机与防火墙	100	192.168.100.253/24	

注:为了便于管理,除了 FIT AP 的设备 IP 会自动分配,其他设备的 IP 都是固定的。

2. WA3010E 无线控制器设备认识

(1) WA3010E 的特点

无线控制器是一个无线网络的核心,用来集中化控制无线接入设备。WA3010E 的无线控制引擎和交换引擎属于软件开放应用架构(OAA),交换引擎作为 OAP 软件模块集成在无线控制引擎上。在设备配置时需要分别针对交换配置文件和无线配置文件进行配置。登录设备时默认进入的是无线控制引擎,使用命令“oap connect slot 0”或者“telnet 192.168.0.101”切换到交换引擎,使用“Ctrl+K”退出交换引擎,返回至无线引擎。

(2) WA3010E 的接口

WA3010E 交换引擎的 10 个接口都安装在前面板上,具有 POE 供电功能,图 3-93 中的

❶～❽为以太网电接口；❾和❿为 Combo 光电混合接口，默认为光口；Console 接口为配置接口。交换引擎的 GE1/0/11 和 GE1/0/12 接口聚合成的逻辑接口 BAGG1，与无线控制引擎的 GE1/0/1 和 GE1/0/2 聚合成的逻辑接口 BAGG1 进行数据交互、状态交互以及控制交互，在实际配置过程中，内部接口建议配置为 Trunk 接口并允许所有的 VLAN 通过。

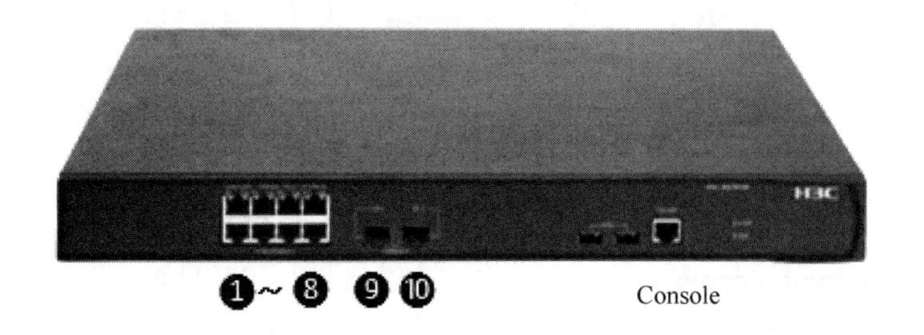

图 3-93　WA3010E 接口

3. WA4620i 无线接入设备认识

（1）WA4620i 的特点

WA4620i 为室内放装型无线接入设备，遵从 802.11ac 协议，可以作为 FIT AP，也可以作为 FAT AP，可根据网络规划需要灵活切换。它能提供 3 个空间流（MIMO 技术 3×3），整机最高传输速率可达1.75 Gbit/s，用户实际速率可达近千兆，这是相同环境下 802.11n 产品速率的 5 倍。WA4620i 安装灵活，适用于壁挂、吸顶等多种安装方式。它内置终端感知型硬件智能天线阵列，最高增益可达 7 dBi，支持 2.4 GHz 和 5 GHz 频段，最大发射功率为 25 dBm。

（2）WA4620i 的接口

在图 3-94 中，❶为 WA4620i 的 Console 配置接口；❷和❸为上行以太接口。WA4620i 上行链路采用双千兆以太网接口，突破了传统单以太网接口的限制，使有线接口不再成为无线接入的速率瓶颈，而且有双千兆以太网口的支持，还可以实现 AP POE 供电和上行链路传输的备份，有效降低规模部署中有线侧故障对无线网络运行带来的风险。

图 3-94　WA4620i 的接口

（3）WA4620i 指示灯

WA4620i 指示灯颜色及闪烁快慢代表设备的不同工作状态，WA4620i 指示灯的含义和 WA2620i 类似，此处不再累述。

4. WA4620i 室内安装

WA4620i 室内安装方式可壁挂，也可吸顶，安装步骤类同于 WA2620i，此处不再累述。

5. 设备配置

服务器集群中的DHCP服务器不在这里配置。

(1) L3SW-1核心交换机配置

```
Vlan 2
Vlan 3
Vlan 4
Vlan 88
Vlan 100
interface Ethernet0/24                //连接防火墙,VLAN100
    port link-type access
    port access vlan 100
interface Ethernet0/23                //连接 AC
    port link-type trunk
    port trunk permit vlan all
interface Ethernet0/22                //连接服务器集群交换机 SW2,vlan88
    port link-type access
    port access vlan 88
interface Ethernet0/19                //连接接入层交换机 SW1
    port link-type trunk
    port trunk permit vlan all

int vlan 1
    ip address 192.168.1.254 24       //管理 IP 为 192.168.1.254
int vlan 88
    ip address 192.168.88.254 24      //服务器集群网关 IP 为 192.168.88.254
int vlan 100
    ip address 192.168.100.254 24     //与防火墙连接 IP 为 192.168.100.254
int vlan 2
    ip address 192.168.2.254 24       //VLAN 2 用户的网关
int vlan 3
    ip address 192.168.3.254 24       //VLAN 3 用户的网关
int vlan 4
    ip address 192.168.4.254 24       //VLAN 4 用户的网关

dhcp enable                           //DHCP 中继配置
dhcp relay server-group 1 ip 192.168.88.251   //DHCP 服务器 .88.251
int vlan 1                            //AP 从 DHCP 服务器自动获取管理 IP
    dhcp select relay
    dhcp relay server-select 1
int vlan 2                            //部门 1 的有线客户从 DHCP 服务器自动获取业务 IP
```

```
    dhcp select relay
    dhcp relay server-select 1
int vlan 3                        //无线内部用户从 DHCP 服务器自动获取业务 IP
    dhcp select relay
    dhcp relay server-select 1
int vlan 4                        //无线外部用户从 DHCP 服务器自动获取业务 IP
    dhcp select relay
    dhcp relay server-select 1

ospf
    area 0
        network 192.168.100.0 0.0.0.255
        network 192.168.1.0 0.0.0.255
    area 1
        network 192.168.88.0 0.0.0.255
        network 192.168.2.0 0.0.0.255
        network 192.168.3.0 0.0.0.255
        network 192.168.4.0 0.0.0.255
```

(2) SW1 配置

```
Vlan 2
Vlan 3
Vlan 4
interface Ethernet0/24            //连接核心交换机 L3SW-1
    port link-type trunk
    port trunk permit vlan all
interface Ethernet0/1             //连接 FIT AP1,直接转发方式
    port link-type trunk
    port trunk permit vlan all
    poe enable
interface Ethernet0/2             //连接部门 1 的有线客户端,vlan2
    port link-type access
    port access vlan 2
int vlanif 1                      //管理 VLAN1
    ip address 192.168.1.252 24   //SW1 管理 IP 为 192.168.1.1
```

(3) AC 配置

① 进入无线引擎配置。

```
Vlan 3
Vlan 4
Port-security enable
int vlan 1
```

```
        ip address 192.168.1.253 24      //AC管理IP为192.168.1.1
    int bridge-aggregation 1
        port link-type trunk
        port trunk permit vlan all

    int wlan-ess 4
        port link-type access
        port access vlan 4;
    int wlan-ess 3
        port link-type access
        port access vlan 3
        port-security port-mode psk
        port-security tx-key-type 11key
        port-security preshared-key pass-phrase simple 12345678

    wlan service-template 3 crypto       //内部用户PSK加密无线服务,SSID:Intranet
        ssid Intranet
        authentication-method open-system
        bind WLAN-ESS 3
        security-ie rsn
        cipher-suite ccmp
        service-template enable
    wlan service-template 4 clear        //外部用户开放无线服务,SSID:Guest
        ssid Guest
        authentication-method open-system
        client-rate-limit direction inbound mode static cir 100 //访客限速
        bind WLAN-ESS 4
        service-template enable

    wlan ap ap1 model WA4620i-ACN
        serial-id XX-XX-XX-XX            //AP的MAC地址,见AP背面标签
        radio 1
            service-template 3
            service-template 4
            radio enable
        radio 2
            service-template 3
            service-template 4
            radio enable
```

② 切换到交换引擎配置。

在用户视图下使用命令“oap connect slot ”0 切换到交换引擎。

```
Vlan 3
Vlan 4
int bridge-aggregation 1
    port link-type trunk
    port trunk permit vlan all
interface GigabitEthernet1/0/1        //连接到 L3SW-1 交换机的端口
    port link-type trunk
    port trunk permit vlan all
```

(4) 检测结果

① 在核心交换机 L3SW-1 上通过“dhcp relay address-check enable”命令使能 DHCP 中继的地址匹配检查功能，然后通过“display dhcp relay security”命令显示通过 DHCP 中继获取 IP 地址的客户端信息。

② 在 AC 上通过命令“display wlan ap all”查看 AP 是否上线成功，如图 3-95 所示。

```
<main-ac>dis wlan ap all
 Total Number of APs configured          : 1
 Total Number of configured APs connected : 1
 Total Number of auto APs connected      : 0
 Total Number of APs connected           : 1
 Maximum AP capacity                     : 12
 Remaining AP capacity                   : 11
                                  AP Profiles
 State : I = Idle,    J = Join, JA = JoinAck,    IL = ImageLoad
         C = Config, R = Run,   KU = KeyUpdate, KC = KeyCfm
         M = Master, B = Backup
--------------------------------------------------------------------------
 AP Name                          State Model                Serial-ID
--------------------------------------------------------------------------
 ap1                              R/M   WA4620i-ACN          [illegible]
```

图 3-95　在 AC 上查看 AP 是否上线

③ 无线客户端成功关联 AP 后，可以使用“display wlan client verbose”命令查看上线的无线客户端，也可以使用“display port-security preshared-key user”命令查看上线的 PSK 无线客户端。

④ 在 AC 上通过“display wlan client-rate-limit service-template”命令可以查看用户限速的配置情况。

任务成果

(1) 完成中小型企业网络组建方案并实施，完成实施过程记录。

(2) 完成 FAT AP 无线网络组建方案并实施，完成实施过程记录。

(3) 完成“FIT AP＋AC”无线网络组建方案并实施，完成实施过程记录。

(4) 完成企业无线网络组建任务工单 2 份。

任务思考与习题

一、不定项选择题

1. 某 AP 的发射功率为 500 mW，则换算成相应的功率是（　　）。

A. 20 dBm　　B. 27 dBm　　C. 30 dBm　　D. 10 dBm

2. 下列哪个是 WLAN 最常用的上网认证方式（　　）。

A. WEP 认证　　B. SIM 认证　　C. WEB 认证　　D. PPPoE 认证

3. FIT AP 与 AC 在 WLAN 中组建的网络结构有（　　）。

A. 直接连接　　B. 旁挂　　C. 二层组网　　D. 三层组网

4. 以下哪些项属于 AC 的功能（　　）？

A. 接入控制　　B. 用户限速

C. 终端 IP 地址分配　　D. 发射无线射频信号

5. 属于无线 AP 的安全措施的是（　　）。

A. 隐藏 SSID　　B. 启用 WEP

C. 启用 DHCP 服务　　D. 启用 MAC 地址过滤

6. WLAN 业务的两种常见数据转发组网方式为（　　）。

A. 数据 AC 集中转发　　B. 数据 AC 本地转发

C. 数据 AP 集中转发　　D. 数据 AP 本地转发

7. 关于转发模式下列说法哪个是正确的（　　）。

A. 本地转发比集中转发通过 AC 的业务数据多

B. 本地转发比集中转发通过 AC 的业务数据少

C. 两种配置通过 AC 的业务数据一样多

D. 本地转发时业务数据不通过 AC

8. 热点 AP 在使用 POE 供电时，建议采用（　　）。

A. 3 类线　　B. 5 类线　　C. 6 类线　　D. 7 类线

9. WLAN 中有哪些覆盖方式（　　）？

A. 室内分布　　B. 室外分布　　C. 室内放装　　D. 室外叠放

10. 按照 802.1X 协议，无线局域网包括哪些基本组件（　　）？

A. STA　　B. AP　　C. AC　　D. 端口

11. WLAN 业务目前可以支持的数据加密服务有（　　）。

A. WEP 加密　　B. TKIP 加密　　C. WPA 加密　　D. CCMP 加密

二、简答题

1. 对于高密度人群场所，WLAN 覆盖需要注意些什么？采取什么样的措施能提高 WLAN 的质量？

2. WLAN 的安全存在不少问题，对于 AP 模式，入侵者只要接入非授权的假冒 AP，也可以进行登录，欺骗网络该 AP 为合法，如何解决这种安全隐患？

3. AC 与 FIT AP 之间主要的连接方式有哪些？

4. 现有个无线客户端需要接入到 SSID 为 test 的网络，网络接入采用 WPA2 加密方式，密码为 123456789。现采用 FIT AP 直接连接 AC 的组网结构，你如何配置 AC，实现无线用户的正常接入？

任务四　WLAN 维护

任务描述

某企业网络由总部网络和分部网络构成，总部无线网络采用“FIT AP＋AC”组网方式。总部无线网络中主 AC 旁挂于核心交换机下，所有的 AP 通过网络采用 OPTION43 三层注册方式注册到主 AC 上，且通过接入层交换机 POE 供电，数据转发方式为本地转发方式；另外，网络中还有一台备份 AC。总部的无线网络部署好之后，需要进行 WLAN 的日常维护，并针对网络出现的某些故障进行分析排除 。

任务分析

WLAN 的故障问题可能会涉及网络硬件、无线接入点的连接性、网络设备的配置、无线信号的强度、网络标识 SSID、加密机制的密钥等。解决 WLAN 故障问题需要系统的分析方法，首先分析故障现象，确定故障的范围，然后再通过故障分析方法解决问题。对于企业 WLAN 需要例行日常维护，然后针对本次网络中某些用户不能正常获取 IP 地址以及某些用户不能通过认证的故障进行具体的故障分析和排除。

任务目标

一、知识目标

(1) 掌握 WLAN 维护工作的内容和流程。
(2) 掌握 WLAN 维护常用工具的使用方法。
(3) 掌握 WLAN 常见故障分类。
(4) 掌握 WLAN 常见故障解决方法。

二、能力目标

(1) 能够完成 WLAN 的日常例行维护工作。
(2) 能够正确使用维护工具。
(3) 能够完成具体的 WLAN 故障分析与排除。

专业知识链接

一、无线射频信号强度

1. 无线射频信号强度表示

在无线网络中最常用的参考功率为 1 W 或 1 mW，通常我们采用 dBm 表示无线信号相对于 1W 的强度，采用 dBm 表示无线信号相对于 1 mW 的强度。

在 WLAN 中，AP 的发射功率通常为 100 mW，即 20 dBm，而最大发射功率通常不超过 500 mW，即 27 dBm。我们在实际 AP 设备中看到的发射功率标称指的是发射器的输出功率，没有考虑天线增益和电缆衰减，而 EIRP（等效全向辐射功率）则考虑了发射天线增益和电缆衰减，更能真实地反映 AP 的发射功率，其计算方法为 EIRP = 发射功率（dBm）+ 发射天线增益（dBi）- 电缆衰减（dB）。例如，若使用 5 dB 衰减的电缆将发射功率为 100 mW 的 AP 连接到增益为 15 dBi 的天线上，则该发射器的 EIRP＝20 dBm＋15 dBi－5 dB＝30 dBm。

2. 无线射频信号增益

无线射频信号增益主要指的是发射天线增益和接收天线增益。天线本身并不会增加信号的功率，天线增益指的是天线接收射频信号以及沿特定方向发射射频信号的能力，通常增益越高的天线能够将信号传输得更远。

3. 无线射频信号衰减

无线射频信号处于复杂的传播环境中，会因为各种外部因素影响而降低强度。影响 WLAN 信号质量的主要因素如下。

（1）电缆衰减（包括发射器和天线之间、接收器和天线之间）。

（2）空间传输无线信号的自由空间衰减。

（3）外部噪音和各种干扰（同频干扰、邻频干扰等）。

（4）外界的各种障碍物影响。

在较复杂的室内环境中，即使是最普通的建筑材料都会导致无线射频信号的衰减。表 3-8 给出了常见材料的衰减强度。

表 3-8　2.4 G 电磁波对于各种建筑材质的穿透损耗经验值

建筑材质	属性	衰减强度/dB
水泥墙体	厚度为 15～25 cm	10～12
红砖水泥墙体	厚度为 15～25 cm	13～18
空心砌砖墙体	厚度为 5～10 cm	4～6
木板墙	厚度为 5～10 cm	5～6
简易石膏板墙体	厚度为 2～5 cm	3～5
玻璃、玻璃窗	厚度为 3～6 cm	6～8
木门、木制家具	厚度为 3～ 5 cm	3～5
楼间各层楼板	厚度为 12～15 cm	30 以上
电梯		30 以上

二、WLAN 日常维护

为了保证 WLAN 网稳定可靠地运行，需要对网络采取有效的日常维护措施。按照维护实施方法，WLAN 日常维护分为正常维护和非正常维护。正常维护是通过正常维护手段对设备性能和网络运行情况进行观察、统计、测试和分析；非正常维护是人为制造一些特殊情况，检测网络性能是否下降，设备性能是否老化等。

WLAN 维护主要实行日常维护、月度巡检、现场测试、年度检查、故障处理等，下面具体介绍日常维护、月度巡检、现场测试。

1. 日常维护

日常维护工作内容包括 WLAN 设备维护、系统监控、性能分析等方面，具体日常维护工作内容如表 3-9 所示。

表 3-9　WLAN 日常维护工作

序号	日常维护范围	日常维护内容	维护周期
1	机房环境	机房供电系统、火警、防雷设施、温湿度等	日
2	平台日常监控	设备日志及告警信息监测，检查所有设备有无告警灯变化	日
3	AP 设备监控	AP 工作状态监控	日
4		AP 到 AC 连通性监控	日
5		AP 到网管连通性监控	日
6		AP 信号强度检测	日
7		AP 覆盖区域信噪比检测	日
8	AC 设备监控	AC 工作状态监控	日
9		AC 到网管连通性监控	日
10		AC 到认证服务器连通性监控	日
11		AC 工作进程的状态监控	日
12		AC 工作端口的状态监控	日
13	性能检查	设备或系统的 CPU、内存占用率等性能监测，磁盘阵列、存储空间检查	日
14	数据更新检查	数据备份及检查、系统病毒库升级、补丁升级	周

2. 月度巡检

每月需要对 WLAN 进行巡检，巡检内容主要如下。

(1) 检查机房接入设备的周围环境。

(2) 检查 AP 接入交换机和路由器运行情况。

(3) 检查交换机和 AP 间连接线缆指标。

(4) 检查 AP 运行情况。

(5) 检查天线连线情况，检查 AP 天馈线系统。

(6) 对设备进行清洁、除尘。

(7) 定期修改设备密码等。

(8) 检查核对资料。

3. 现场测试

(1) 信号强度测试。对所有 AP 进行信号覆盖场强和信噪比(SNR)测试，记录信号覆盖情况，通常要求 WLAN 信号覆盖强度大于－75 dBm，信噪比大于 25 dB。

(2) 干扰测试。对无线信号的同频干扰和邻频干扰进行测试，通常要求同频的第二强的无线信号应小于－80 dBm。

(3) 网络连通性测试：通过无线网卡 PING 本地网关的响应时间小于或等于 10 ms；对应外网地址 PING 包的丢包率不大于 3%，PING 包大小为 32 B。

(4) WEB认证接入测试:选择几个无线覆盖地点分别进行10次WEB接入,统计认证成功次数,记录接入时长;然后再进行下线,并统计下线成功的次数。

(5) 单AP下挂用户数测试:AP下挂用户数通常不应超过16,可以从接入POE交换机端口读出用户的MAC地址,进行用户数统计。

(6) 下载业务测试:成功接入WLAN后,使用FTP软件下载3 MB左右的文件5次,计算平均文件下载速率。

(7) 漫游业务测试:在不同的AP覆盖区之间进行无间断漫游切换测试。

三、WLAN故障维护

1. WLAN故障分类

WLAN故障主要为设备类故障和业务类故障。表3-10给出主要的故障分类,其中设备类故障主要为接入设备故障、核心设备故障、传输设备故障和终端设备故障。

表3-10 WLAN主要的故障分类

<table>
<tr><th colspan="2">故障分类</th><th>故障类型</th><th>具体故障</th><th>故障现象描述</th><th>故障简单处理过程</th></tr>
<tr><td rowspan="10">设备类故障</td><td rowspan="10">接入设备故障</td><td rowspan="3">AP类故障</td><td>AP吊死</td><td>AP的发射信号正常,但上不了网</td><td>重新启动AP或者复位AP后再进行配置</td></tr>
<tr><td>AP硬件故障</td><td>覆盖区域没有无线信号覆盖,无法正常上线</td><td>若重启复位AP且重新配置还是无法解决,则说明AP硬件出现故障,需要更换AP设备解决</td></tr>
<tr><td>AP的POE供电不正常</td><td>无线AP发射信号充足,用户端无线网卡可以正常地关联至AP,但无法获得DHCP分配的IP地址</td><td>在故障AP的接入交换机端口处通过网线连接测试电脑,如果能够快速获得IP地址,说明交换机上联链路正常,然后排查各处网线线序是否正确。网线线序会影响到AP的POE正常供电</td></tr>
<tr><td rowspan="3">交换机类故障</td><td>交换机端口故障</td><td>无法获取IP或者PING不通</td><td>通常需要进行有线侧和无线侧测试才能发现,较难发现</td></tr>
<tr><td>交换机VLAN故障</td><td>WLAN业务不能正常使用</td><td>通常需对数据业务中心提供的VLAN数据与接入交换机的VLAN设置进行核对</td></tr>
<tr><td>交换机软/硬件故障</td><td>在交换机接入网络中,网内所有网络设备无法PING通</td><td>恢复交换机出厂设置,然后在重新正确配置交换机后接入网络进行PING测试</td></tr>
<tr><td rowspan="2">干扰类故障</td><td>频繁掉线</td><td>本地认证方式的无线终端频繁掉线</td><td>用无线分析软件进行同频干扰和邻频干扰分析,重新进行信道规划,调节AP发射功率</td></tr>
<tr><td>用户上网不稳定</td><td>无线终端上网时断时续,易掉线</td><td>用无线分析软件测试分析周围无线信号强弱和信道,调整信道和AP发射功率</td></tr>
<tr><td rowspan="2">线路类故障</td><td>网线故障</td><td>AP覆盖的楼层无线上网不稳定</td><td>对AP无线侧和有线侧进行PING测试,分析丢包情况,确定故障位置</td></tr>
<tr><td>天馈系统故障</td><td>覆盖范围内没有无线信号,无法上网</td><td>以此排查AC、交换机、AP故障,若这些都无故障,则可定位为天馈系统故障</td></tr>
</table>

续 表

故障分类		故障类型	具体故障	故障现象描述	故障简单处理过程
设备类故障	核心设备故障	AC 类故障	AC 吊死	网管与 AC 不通，用户无法获取 IP	检查 AC CPU 利用率情况，可重启 AC 设备解决
			AC 地址池耗尽	AC 下用户无法获取 IP 地址，AC 能 PING 通	检查 AC 地址池使用情况，调整 IP 地址池大小，用户使用本地认证方式
	终端设备故障	设置类故障	IP 设置错误	用户网络连接正常，但是无法正常推送到 PORTAL 登录页面	使用"IPCONFIG-ALL"命令进行 IP 地址检测
		硬件类故障	硬件驱动异常	个别用户 WLAN 上线异常	重启操作系统，重装内置无线网卡驱动程序
业务类故障		认证类故障	认证账号异常	客户正常弹出登录页面，但输入账号提示密码出错	客户终端能弹出登录页面说明无线网络正常，提示密码出错通常是客户账号故障

2. WLAN 故障的一般处理流程

WLAN 故障处理需要先针对故障现象的描述进行故障初步判断，然后在故障处理之前通过相关测试对故障初步定位，最后确定故障解决方式。WLAN 故障处理流程如图 3-96 所示。

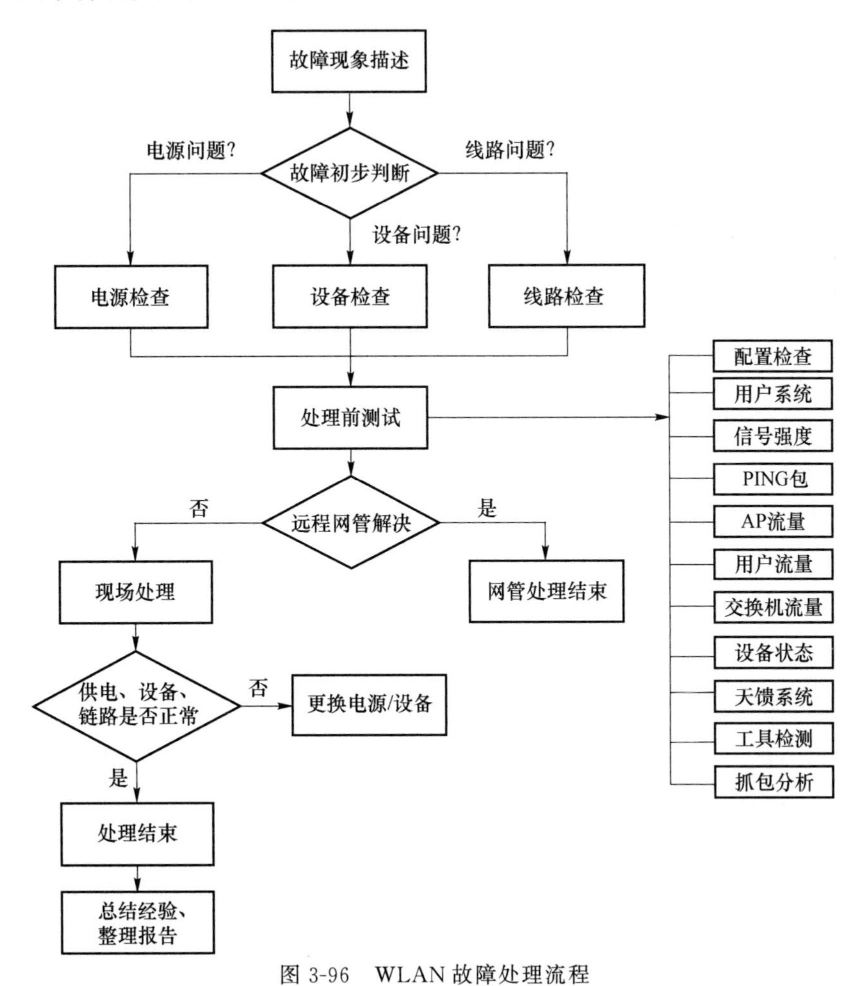

图 3-96　WLAN 故障处理流程

任务实施

一、任务实施流程

为了企业 WLAN 的正常运行，需要制订严谨的维护管理计划，并详细记录维护日志，对于网络出现的故障也需要详细记录，便于日后更快速地恢复网络。WLAN 维护实施流程如图 3-97 所示。

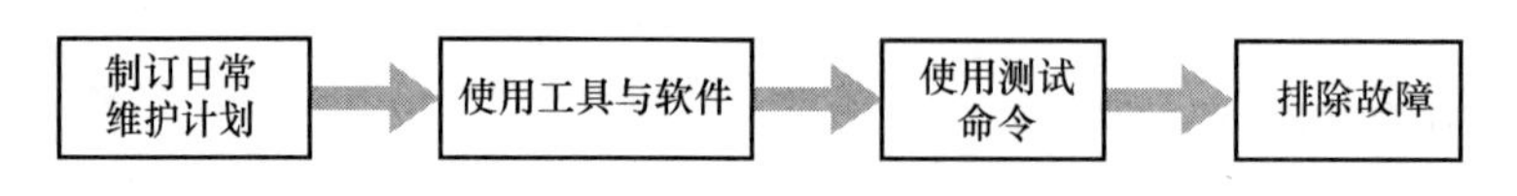

图 3-97　WLAN 维护实施流程

二、制订维护计划

根据 WLAN 日常维护内容、巡检内容、现场测试内容等制订日常维护计划记录表（如表 3-11 和表 3-12 所示）。

表 3-11　WLAN 巡检检查记录表

WiFi 热点名称：		年　　月
检查内容	检查情况	处理情况
检查机房设备运行环境，确认无腐蚀性和溶剂性气体，无扬尘，临近无强电磁场；确认接入设备（交换机、光接收机或协议转换器）运行正常，无告警		
现场交换机、路由器设备是否完好		
其他交直流设备（如供电器等）是否完好		
交换机和 AP 间网线指标是否正常		
AP 是否工作正常		
天线、馈线是否损坏变形		
天线固定装置是否脱落损坏		
电缆接头包扎是否老化开裂		
电缆接头是否接触良好		
检查人：　　　　　　检查时间： 其他说明的问题：		

表 3-12　WLAN 现场测试记录表

WiFi 热点名称：			测试时间：			测试人：			
接入测试点位置：			接入测试点 AP 编号：						
接入测试点信号强度：			接入测试点 AP 频点：						
（1）WEB 认证接入时长/s									
1 次	2 次	3 次	4 次	5 次	6 次	7 次	8 次	9 次	10 次

续 表

(2)WEB 认证下线成功情况									
1 次	2 次	3 次	4 次	5 次	6 次	7 次	8 次	9 次	10 次
(3)FTP 下载测试 3 MB									
实际下载数据量/MB		下载时间/s		FTP 下载尝试次数		FTP 下载成功次数		平均下载文件速率/kbit/s	
(4)网络连通性测试									
PING 网关(10 个 32 字节的包)					PING 外网 IP 假设 ping 的的外网地址是(10 个 32 字节的包)				
响应时间			丢包率		响应时间			丢包率	

三、WLAN 测试仪使用

WLAN 主要的测试参数为站点信号覆盖参数和网络性能参数。站点信号覆盖参数主要包括信号覆盖强度、同邻频干扰、信噪比、空口低速率占比、空口丢包率等;网络性能参数主要包括网络 PING 包、FTP 上传下载、WEB 认证等参数。

我们可以采用网络测试仪器对 WLAN 相关参数进行测试。这里使用 WLAN 测试仪器 LGHSTR ES2 进行测试。

1. LGHSTR ES2 测试仪的外观和主页面

LGHSTR ES2 测试仪遵循 IEEE 802.11a、IEEE 802.11b、IEEE 802.11g、IEEE 802.11n、IEEE 802.11ac 标准,支持多种速率,支持 2.4 GHz 和 5 GHz 频段,其外观和主页面如图 3-98 所示。

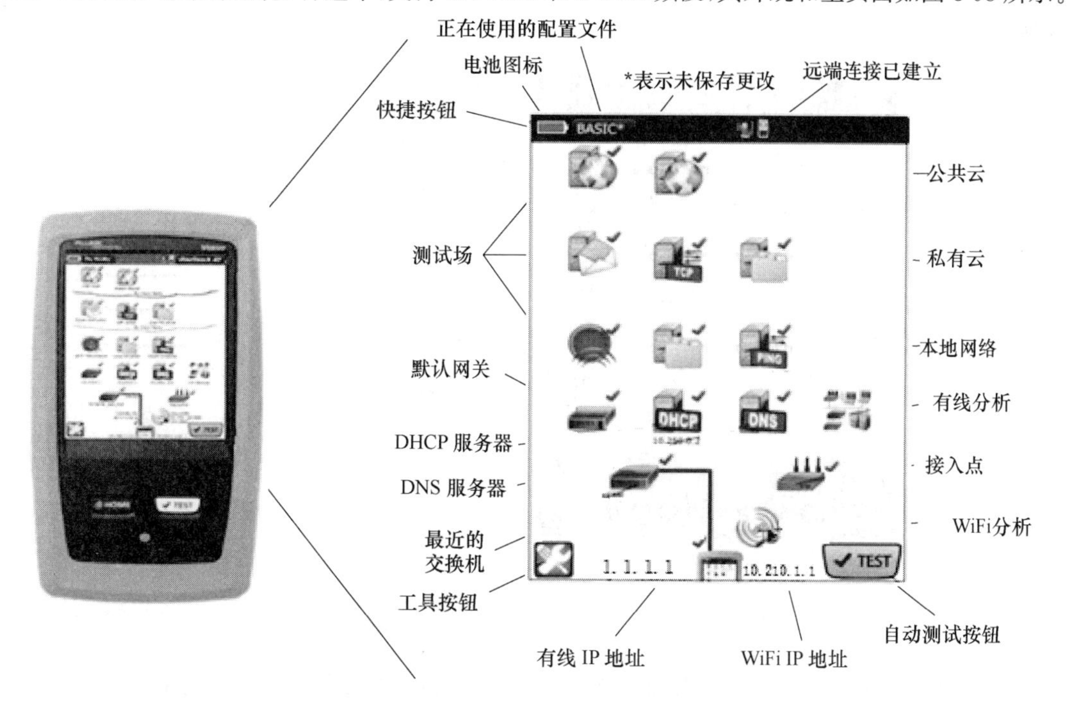

图 3-98　LGHSTR ES2 的外观和主页面

2. 启用 WiFi 功能

在 LGHSTR ES2 分析仪上启用 WiFi 功能。

(1) 在“主页(HOME)”屏幕上,触按“工具”

(2) 轻触 WiFi 按钮,确保“启用 WiFi(Enable WiFi)”已“打开(ON)”。

(3) 进行 WiFi 设置,设置选择频段、需要接入的 SSID、安全密钥、信号和底线噪声偏差电平等,如图 3-99 所示。

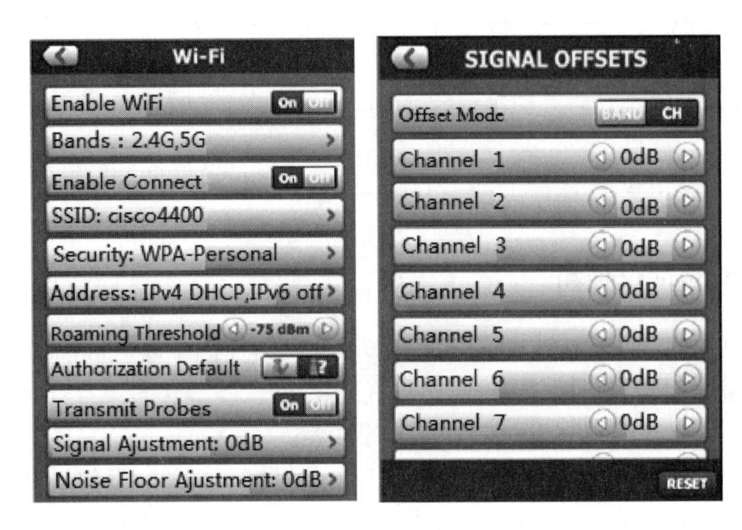

图 3-99 WiFi 设置

3. WLAN 分析

WLAN 分析选项卡上会提供所有已发现的 Wi-Fi 网络的可排序列表,且带有每个网络的摘要信息,如图 3-100 所示。

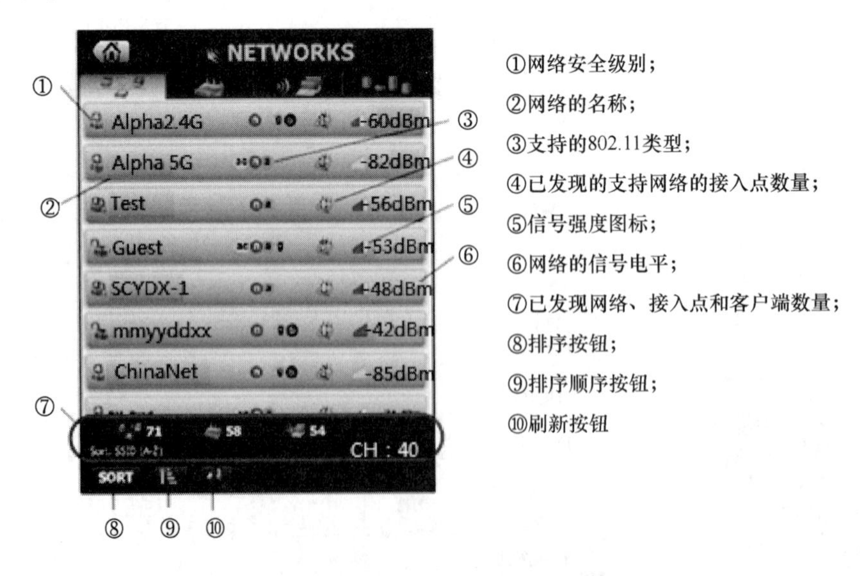

图 3-100 WLAN 网络分析选项

如果网络 SSID 为 SCYDX,则轻触该网络,以显示网络详情,如图 3-101 所示。

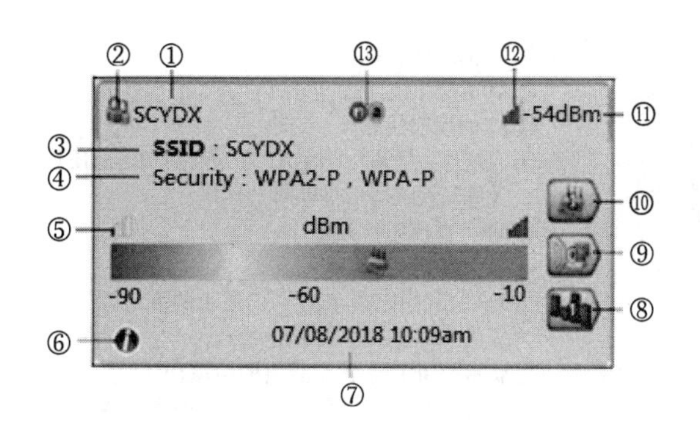

①网络名称；②网络安全级别；③SSID；
④网络安全类型；⑤AP信号强度刻度；
⑥信息提示按钮；⑦首次发现网络时间；
⑧信道过滤器按钮；⑨客户端过滤器按钮；
⑩AP过滤器按钮；⑪网络的信号电平；
⑫信号强度快速可视指示；⑬ 802.11类型

图 3-101 WLAN 网络详情

4. AP 分析

在 AP 分析选项卡上显示了已发现 AP 的可排序列表，且带有每个 AP 的摘要信息，如图 3-102 所示。轻触某一 AP 可以显示其详情，图 3-103 显示了一个在双信道上运行的 AP 的详细情况。

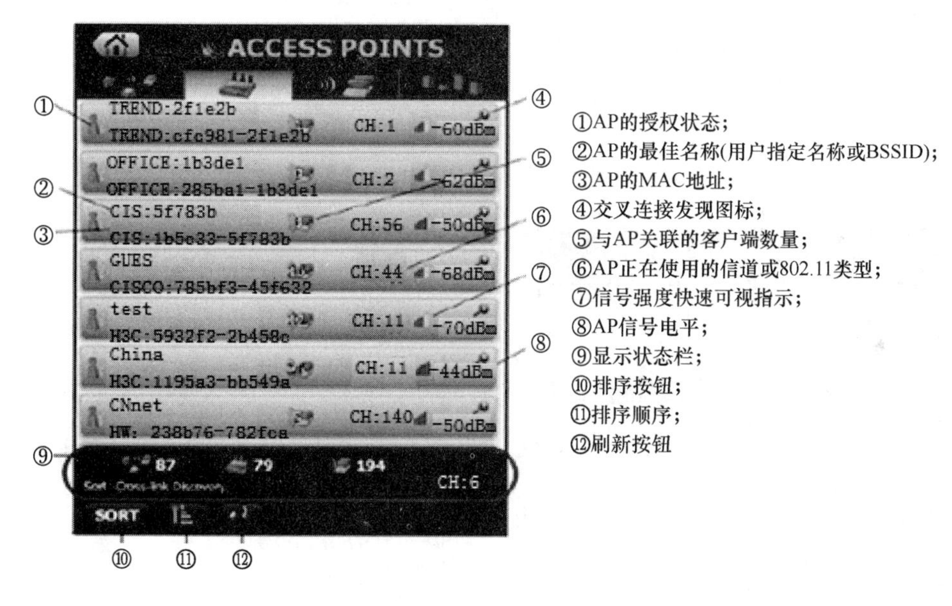

图 3-102 AP 分析选项

5. 客户端分析

客户端分析选项卡上提供了所有已发现客户端的可排序列表，并带有每个网络的摘要信息。如图 3-104 所示。轻触某一个客户端可以显示其详细情况，一次只能显示一个客户端详情，如图 3-105 所示。

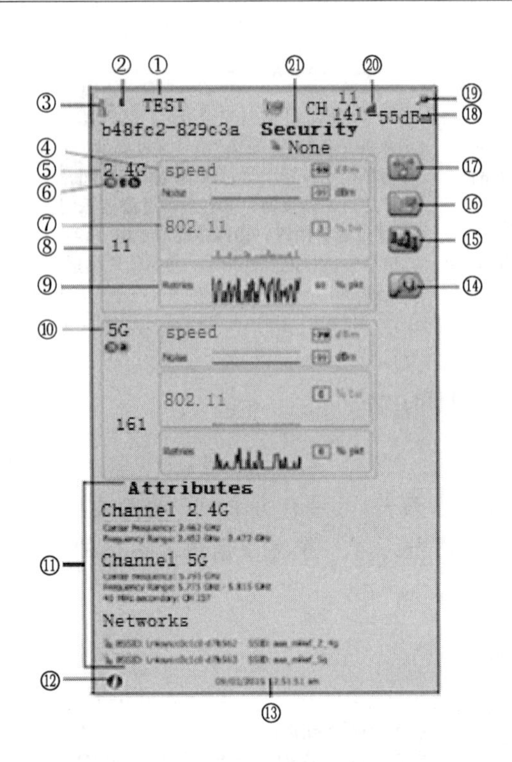

①AP的最佳名称；
②AP的MAC地址；
③AP的授权状态；
④"信号和噪声"指示AP覆盖范围和信号质量（黄框表示弱信号和嘈杂环境）；
⑤AP正在使用的频段；
⑥AP支持的802.11类型；
⑦802.11利用率表示AP在信道上的流量高利用率指示AP可能过载）；
⑧显示AP正用于特定频段的信道；
⑨重试次数图指示覆盖范围、拥塞和容量问题（高重试率指示有问题）；
⑩5GHz频段的数据；
⑪"属性"显示其他信道和网络信息；
⑫信息按钮；
⑬首次发现AP的时间；
⑭"有线发现"或"WiFi发现"按钮；
⑮信道过滤器按钮；
⑯客户端过滤器按钮；
⑰网络过滤器按钮；
⑱AP信号电平；
⑲是否存在有线分析；
⑳信号强度图；
㉑AP安全级别

图 3-103　AP 分析详情

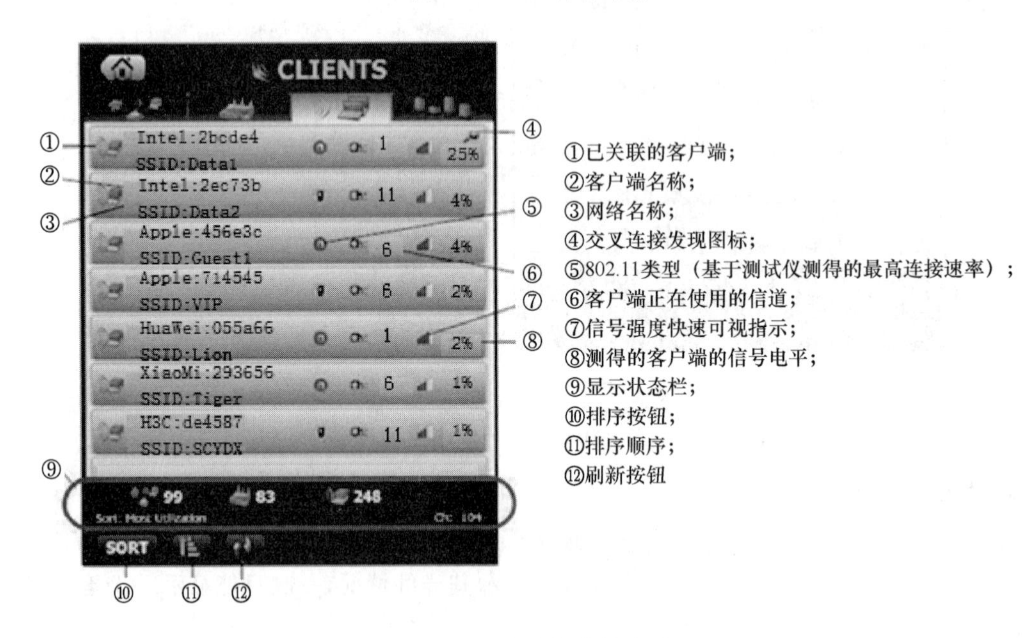

①已关联的客户端；
②客户端名称；
③网络名称；
④交叉连接发现图标；
⑤802.11类型（基于测试仪测得的最高连接速率）；
⑥客户端正在使用的信道；
⑦信号强度快速可视指示；
⑧测得的客户端的信号电平；
⑨显示状态栏；
⑩排序按钮；
⑪排序顺序；
⑫刷新按钮

图 3-104　客户端分析选项

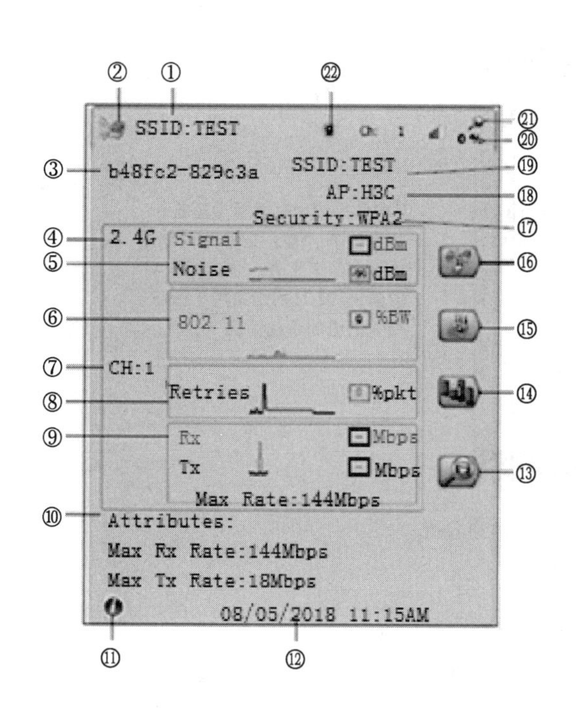

①客户端的制造商的MAC地址；
②已关联的客户端；
③客户端的MAC地址；
④客户端正在使用的频段；
⑤信号和噪音图像；
⑥802.11利用率图形；
⑦客户端正在使用的信道；
⑧重试次数图像；
⑨帧速率图显示接收(Rx)和传输(Tx)速率（低数据速率影响最终用户的响应时间）；
⑩“属性”部分；
⑪信息按钮；
⑫首次发现AP的时间；
⑬“有线发现”或“WiFi发现”按钮；
⑭信道过滤器按钮；
⑮AP过滤器按钮；
⑯网络过滤器按钮；
⑰AP安全级别；
⑱客户端关联的AP；
⑲客户端连接至的网络；
⑳信号强度图或客户端使用率；
㉑交叉连接发现图标；
㉒802.11媒体类型

图 3-105　客户端分析详情

6. 信道分析

信道分析选项卡提供所有信道的 802.11 和非 802.11 利用率以及在每个信道上发现的 AP 数量的概述，如图 3-106 所示。轻触“信道概况”按钮可获得所有信道上的接入点和 802.11 流量的图形摘要，如图 3-107 所示。轻触某一信道，可以显示该信道详情，如图 3-108 所示。

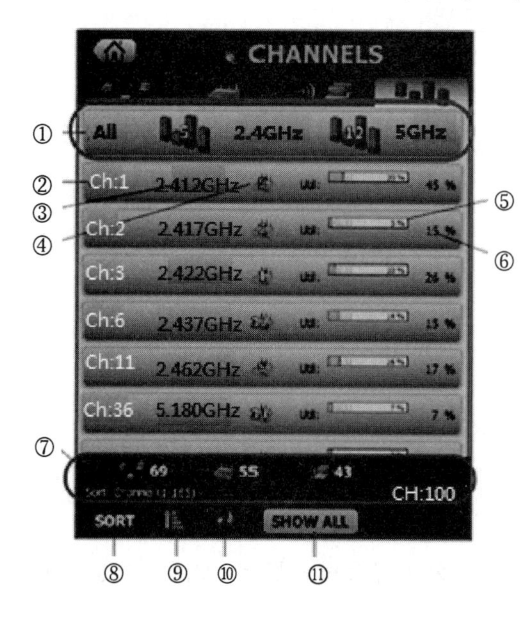

①“信道概况”概括列出信道，接入点和802.11流量；
②信道编号；
③信道的频段；
④正在使用该信道的接入点的数量；
⑤信道利用率图形；
⑥信道利用率的总百分比；
⑦显示状态栏；
⑧排序按钮；
⑨排序顺序；
⑩刷新按钮；
⑪“显示活动/显示全部”按钮

图 3-106　信道分析选项

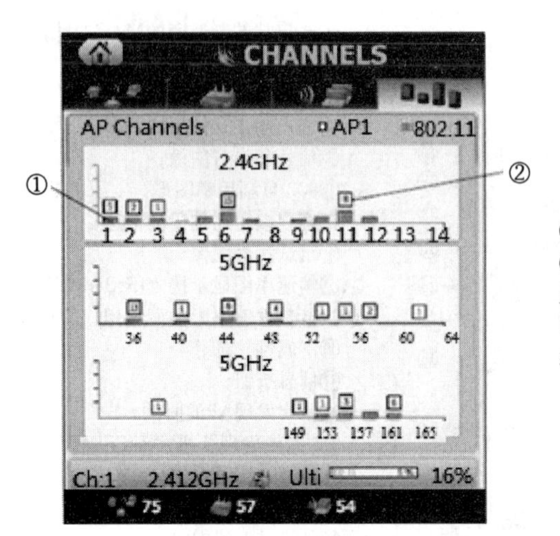

①802.11使用率显示为蓝色；
②在每个信道上发现的AP数量显示在信道上方。上方无数字的蓝色802.11指示条用于指示相邻信道的干扰情况

图 3-107　信道概况

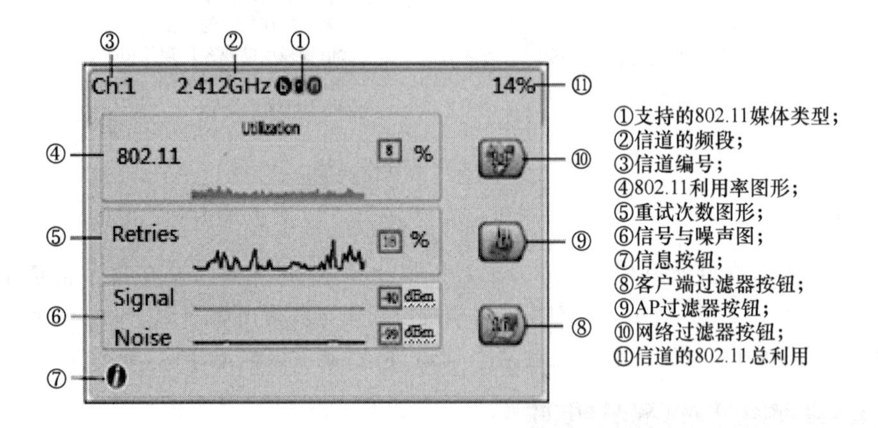

图 3-108　信道分析详情

四、WLAN 测试软件的使用

我们这里利用 WLAN 测试软件 EastDragonPRO 对无线射频信号、WLAN 性能进行测试分析。

1. 启动 EastDragonPRO 测试系统

双击桌面图标“EastDragon智能测试系统”，启动 EastDragonPRO 应用程序。

2. 设置测试 AP 列表

查看“AP 列表”，场强扫描阈值设置为－75 dBm，采用混合模式显示，如图 3-109 所示。

3. 测试参数设置

整个软件主要对 WLAN 进行四个方面的测试：无线信号检测、WEB 认证接入测试、WLAN 宽带上网测试、网络连通性测试。

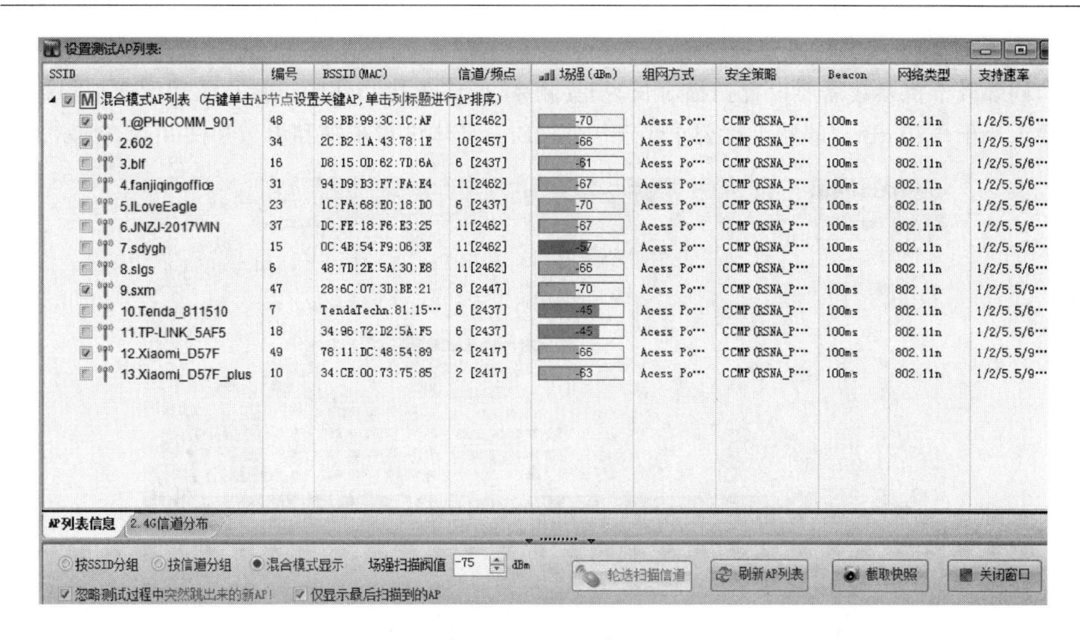

SSID	编号	BSSID (MAC)	信道/频点	场强(dBm)	组网方式	安全策略	Beacon	网络类型	支持速率
1.@PHICOMM_901	48	98:BB:99:3C:1C:AF	11[2462]	-70	Acess Po···	CCMP(RSNA_P···	100ms	802.11n	1/2/5.5/6···
2.602	34	2C:B2:1A:43:78:1E	10[2457]	-66	Acess Po···	CCMP(RSNA_P···	100ms	802.11n	1/2/5.5/9···
3.blf	16	D8:15:0D:62:7D:6A	6 [2437]	-61	Acess Po···	CCMP(RSNA_P···	100ms	802.11n	1/2/5.5/6···
4.fanjiqingoffice	31	94:D9:B3:F7:FA:E4	11[2462]	-67	Acess Po···	CCMP(RSNA_P···	100ms	802.11n	1/2/5.5/6···
5.ILoveEagle	23	1C:FA:68:E0:18:D0	6 [2437]	-70	Acess Po···	CCMP(RSNA_P···	100ms	802.11n	1/2/5.5/6···
6.JNZJ-2017WIN	37	DC:FE:18:F6:E3:25	11[2462]	-67	Acess Po···	CCMP(RSNA_P···	100ms	802.11n	1/2/5.5/6···
7.sdygh	15	0C:4B:54:F9:06:3E	11[2462]	-57	Acess Po···	CCMP(RSNA_P···	100ms	802.11n	1/2/5.5/6···
8.slgs	6	48:7D:2E:5A:30:E8	11[2462]	-66	Acess Po···	CCMP(RSNA_P···	100ms	802.11n	1/2/5.5/6···
9.sxm	47	28:6C:07:3D:BE:21	8 [2447]	-70	Acess Po···	CCMP(RSNA_P···	100ms	802.11n	1/2/5.5/9···
10.Tenda_811510	7	TendaTechn:81:15···	6 [2437]	-45	Acess Po···	CCMP(RSNA_P···	100ms	802.11n	1/2/5.5/6···
11.TP-LINK_5AF5	18	34:96:72:D2:5A:F5	6 [2437]	-45	Acess Po···	CCMP(RSNA_P···	100ms	802.11n	1/2/5.5/6···
12.Xiaomi_D57F	49	78:11:DC:48:54:89	2 [2417]	-66	Acess Po···	CCMP(RSNA_P···	100ms	802.11n	1/2/5.5/9···
13.Xiaomi_D57F_plus	10	34:CE:00:73:75:85	2 [2417]	-63	Acess Po···	CCMP(RSNA_P···	100ms	802.11n	1/2/5.5/9···

图 3-109　AP 列表

(1) 无线信号检测

① 场强信噪比参数设置

场强信噪比检测需要设置扫描时长、扫描频率、接收信号强度(RSSI)、信噪比参数,工程中通常 RSSI 要求大于－75 dBm,信噪比要求大于 20 dB,具体设置步骤和设置参数如图 3-110 所示。

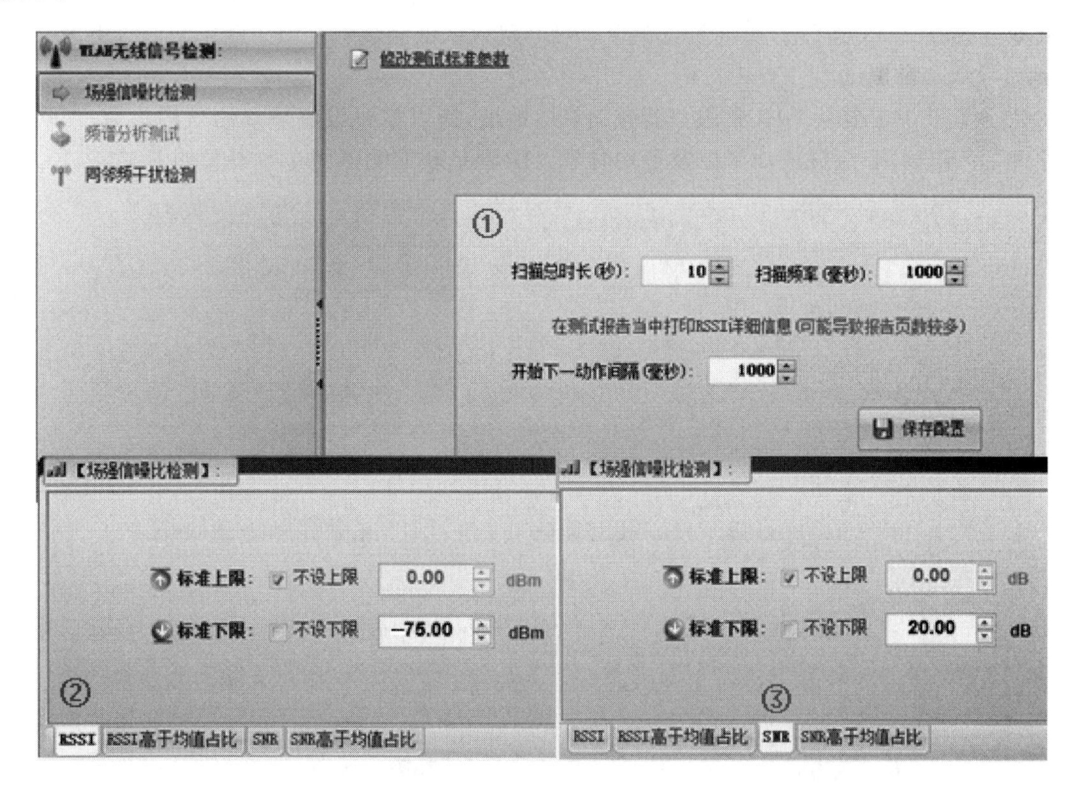

图 3-110　场强信噪比检测

② 同邻频干扰参数设置

同邻频干扰参数需要设置扫描时长、扫描频率、同频干扰和邻频干扰。工程中通常同频干扰要求小于－80 dBm，邻频干扰要求小于－70 dBm，具体设置步骤和参数如图 3-111 所示。

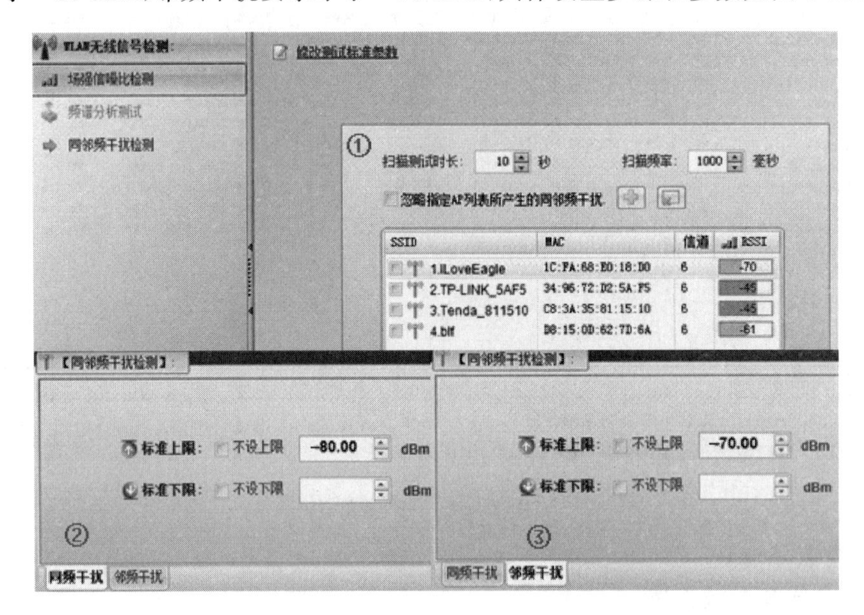

图 3-111　同邻频干扰参数设置

（2）WEB 认证接入测试

WEB 认证接入测试主要涉及 802.11 关联成功率测试、WiFi 关联 DHCP 获取测试、IP 地址获取参数测试、PORTAL 页面推送测试、WEB 接入认证测试和网络中断率测试。下面介绍 IP 地址获取参数测试。

IP 地址获取需要从 DHCP 服务器自动获取地址，所以需要设置重复测试的次数、两次测试之间的间隔时间、测试成功率以及平均时延。IP 地址获取测试的参数设置如图 3-112 所示。

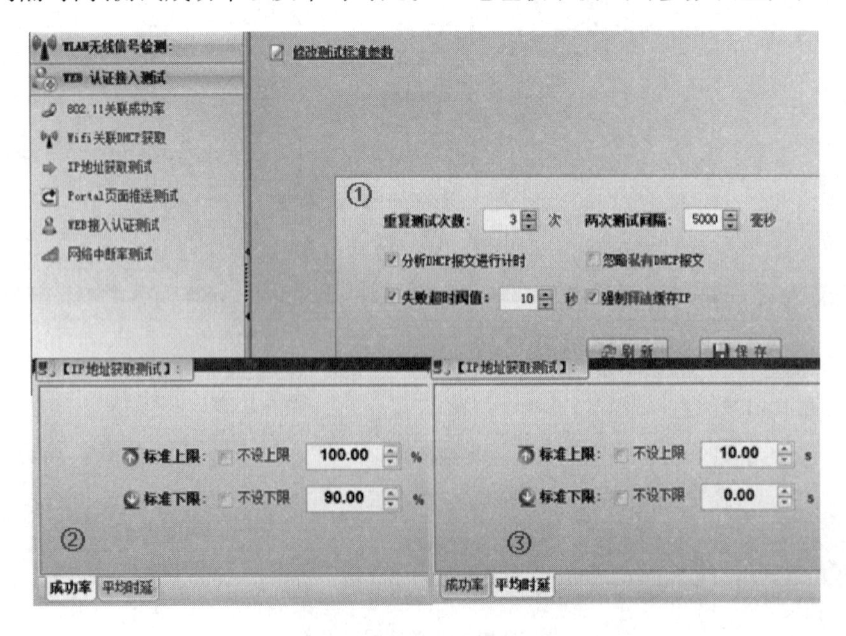

图 3-112　IP 地址获取测试

(3) WLAN 宽带上网测试

WLAN 宽带上网测试主要涉及 WLAN 业务测试,如 FTP 文件上传下载、网站访问、无线视频建立、E-mail 接收发送等方面。

其中,FTP 文件下载测试需要配置 FTP 服务器、用户名和密码、下载的文件名、下载到本地主机的目录、下载文件的成功率和下载速度,如图 3-113 所示。

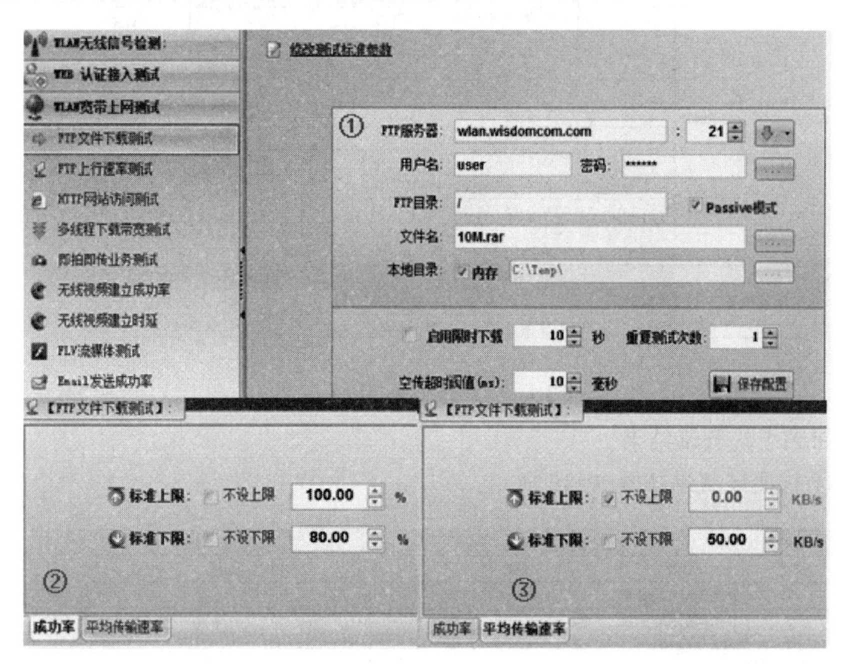

图 3-113　FTP 文件下载测试

(4) 网络连通性测试

网络连通性测试主要涉及多主机 PING 包测试、路由自动追踪测试和用户隔离效果测试。

其中多主机 PING 包测试需要设置多个主机地址(如网关地址、网管地址、外部服务器地址等),并需要关注 PING 丢包率,如图 3-114 所示。

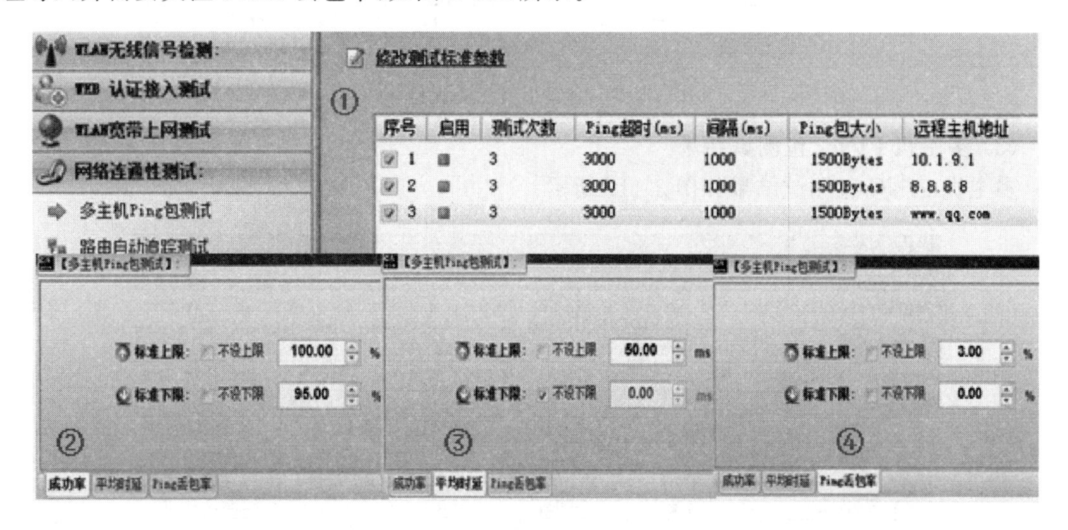

图 3-114　多主机 PING 包测试

4. 测试结果分析

（1）场强信噪比测试结果

场强信噪比测试结果如图 3-115 所示。

	序号	采样时间	场强RSSI(dbm)	信噪比SNR(db)
Homeinns]★	1	2018-08-24 01:48:20.835	-59	37
	2	2018-08-24 01:48:21.691	-59	33
	3	2018-08-24 01:48:22.634	-57	35
	4	2018-08-24 01:48:23.502	-59	35
	5	2018-08-24 01:48:24.482	-59	33
	6	2018-08-24 01:48:25.427	-45	47
	7	2018-08-24 01:48:26.385	-59	39
	8	2018-08-24 01:48:27.299	-57	35
	9	2018-08-24 01:48:28.229	-58	38
	10	2018-08-24 01:48:29.133	-59	39
	采样点数:10 个; 场强: Max:-45.00dbm, Min:-59.00dbm, Avg:-57.10dbm;			

	指标	测试次数	实测值	是否达标	标准参考值
测试结论	RSSI	10	-57.10dBm	✔	≧-75.00dBm
	SNR	10	37.10dB	✔	≧20.00dB

图 3-115　场强信噪比测试结果

（2）同邻频干扰测试结果

同邻频干扰测试结果如图 3-116 所示。

干扰情况信息:

序号	SSID	MAC	信道	场强峰值(dbm)	是否产生干扰
1	TP-LINK_E230F4	B8:08:D7:56:1E:C8	6	-70.00	产生同频干扰
2	TP-LINK_5AF5	34:96:72:D2:5A:F5	6	-58.00	产生同频干扰
3	Homeinns(*)	D8:15:0D:F8:F7:E8	6	-45.00	关键AP本身
4	JCG捷稀智能无线	04:5F:A7:46:47:19	6	-70.00	产生同频干扰
5	JiShuZhongXin	80:89:17:48:86:D6	6	-70.00	产生同频干扰
6	ILoveEagle	1C:FA:68:E0:18:D0	6	-69.00	产生同频干扰

	指标	测试次数	实测值	是否达标	标准参考值
测试结论	同频干扰	10	-70.00dBm, -58.00dBm, -70.00dBm, -70.00dBm, -69.00dBm	✖	≦-80.00dBm
	邻频干扰	10	--	✔	≦-70.00dBm

图 3-116　同邻频干扰测试结果

（3）多主机 PING 包测试结果

多主机 PING 包测试结果如图 3-117 所示。

测试结果数据:

Ping主机地址: 192.168.48.1

Ping统计: 测试总数:50, 成功:50, 失败:0, 成功率:100.00%; 最大时延:25ms, 最小:3ms, 平均:6ms.

Ping主机地址: www.qq.com

Ping统计: 测试总数:50, 成功:50, 失败:0, 成功率:100.00%; 最大时延:37ms, 最小:26ms, 平均:31ms.

测试结论:

指标	测试次数	成功数	成功率	是否达标	标准参考值
成功率	100	100	100%	✔	95.00%至100.00%
指标	最大时延	最小时延	平均值	是否达标	标准参考值
平均时延	37.00ms	3.00ms	18.57ms	✔	≦50.00ms

图 3-117　多主机 PING 包测试结果

(4) FTP 文件下载测试结果

FTP 文件下载测试结果如图 3-118 所示。

ftp://wlan.wisdomcom.com:21/10M.rar					
组别	用时(s)	传输数(Bytes)	速度(KBps)	最大速率(KBps)	是否成功
测试1	18	10485760	603.16	760.74	✔

测试结论:					
指标	测试次数	成功数	成功率	是否达标	标准参考值
成功率	1	1	100%	✔	80.00%至100.00%
指标	最大速率	最小速率	平均值	是否达标	标准参考值
平均传输速率	760.74KB/s	98.05KB/s	582.54KB/s	✔	≧50.00KB/s

图 3-118　FTP 文件下载测试结果

五、具体网络故障分析排查

(1) 用户端无法搜索到 WLAN 信号。

对于用户无法搜索到 WLAN 信号的故障,我们可以从两个方面去分析。

① 客户端原因

• 客户端的网卡。

检查客户端的网卡是否被禁用,如果被禁用,请在“网络连接”中选中无线网卡,将其启用。

• 客户端无线网卡的硬件启用开关状态。

检查客户端是否有无线网卡硬件启用开关或者是否有热键开启无线网卡功能,如果有此功能,请开启。

• 客户端的 WLAN AutoConfig 服务状态。

右键单击“计算机”→“管理”→“服务和应用程序”→“服务”,找到并选中“WLAN AutoConfig”,右键击单性“属性”,设置启动类型为“ 自动”,直到服务状态显示为“启动”即可。

② AP 侧原因

• AP 断电。

在网管上查看 AP 设备是否可达,有没有设备告警信息,并根据告警信息做出初步判断。

• AP 发出信号非常弱,从而导致用户无法搜索到无线信号。

检查 AP 的天线和馈线的接触是否良好,检查线路是否正常,进一步排除线路硬件故障问题。

• AP 数据配置问题。

需要核对 AP 标准数据脚本,主要注意以下配置命令是否正常。

```
service-template  enable                        //使能无线模板
service-template 1 interface WLAN-BSS 1     //无线模板和 BSS 接口的对应
```

• AP 自身硬件问题。

可用 AP 自带天线或其他测试正常的 AP 进行替换测试,正常情况替换后在附近无遮挡处一般信号强度在－20 dBm 至－40 dBm。

另外,我们可以通过命令“display ar5drv [1|2] statistics”关注 Beacon 统计是否增长、繁忙个数是否增加等来确定设备工作状态是否正常。

(2) 新增的一些 AP 分别配置到主备 AC 后,发现主 AC 上新增的 AP 陆续注册上线,但备份 AC 上的新增 AP 始终处于 Idle 状态,有线链路侧已经确认 AP 和备份 AC 是可达的。

① 对于 AP 注册到 AC 出现的问题,一般解决步骤如下。

- 检查 AP 是否自动获取 IP,判断 OPTION 43 是否正确。

```
<AP>display dhcp client verbose
```

- 检查 AP 与 AC 路由是否相通,以及 PING 大包是否互通。

```
<AC>ping - s 1500 - c 100 192.168.120.249
[AC-hidecmd] ap-link-tets 192.168.120.249
```

- 检查 AC 上配置的 AP 模板型号与序列号是否一致。

```
wlan ap ap100 model WA4620i-ACN id 100
serial-id   XXXXXXXXXXXXXXXXXXXX
```

- 在 AC 上查看 AP 的状态。

```
<AC>display wlan ap all
  AP Name        State      Model                   Serial-ID
  ------------------------------------------------------------
  ap100             R/M   WA4620i-ACN     XXXXXXXXXXXXXXXXXXXX
```

- 在 AC 上查看 AP 在线详细状态。

```
<AC>display wlan ap name ap100 verbose
    State                               : Run
    Up Time(hh:mm:ss)                   : 0 Days, 00:20:14
    Last Reboot Reason                  : Tunnel Initiated
    Latest IP Address                   : 192.168.120.249
     Tunnel Down Reason                 : Neighbor Dead Timer Expire
    (   AP Config Change          |     Tunnel Initiated        |    Reset AP )
    Connection Count                    : 15
```

- 在 AC 和 AP 上同时收集调试信息。

```
<H3C>debugging wlan lwapp event
<H3C>debugging wlan lwapp error
<H3C>debugging wlan lwapp packet control receive
<H3C>debugging wlan lwapp packet control send
 * Agu 18 16:40:51:610 2018 WX3010E-AC LWPS/7/Event:  Get AP by MAC Address 5866-ba5e-c6e0
 * Agu 18 16:40:51:620 2018 WX3010E-AC LWPS/7/Error:  AP not found for Serial-ID XXXXXXXXXXXXXXXXXXXX
//AC 配置的 AP 模板与序列号不一致
*************************************************************************
Agu 18 13:38:53:618 2018 75_AC LWPS/7/Error:  [ApId : 9] Unable to provide service. Reason : Resource depletion
//AC 上 license 不足
*************************************************************************
Agu 18 16:40:51:620 2018 WX3010E-AC LWPS/7/Error:  [APID: 1] Invalid
```

```
radio configuration
  //AP 射频丢失
```

② 现 AP 在主 AC 上成功注册上线，而在备份 AC 上无法注册，因此需要查看主备 AC 的配置及当前主备 AC 的状态。

• 查看主 AC 当前同步信息及设备信息。

```
[AC-MASTER]dis dhbk status
     DHBK State: Enable
    Backup Type: Symmetric path
    Current state: Synchronization
    VLAN ID: 4003
[AC-MASTER]dis hot-backup state
*********************************************************************
    Vlan ID                    : 4003
    Domain ID                  : 1
    Link State                 : Connect
    Peer Board MAC             : 80f6-2ece-4d40
    Peer Board State           : Normal
    Hello Interval             : 2000
[AC-MASTER]dis devi ma
    MAC_ADDRESS                : 80F62ECE4D18
    MANUFACTURING_DATE         : 2018-8-18
    VENDOR_NAME                : H3C
```

• 查看备 AC 当前同步信息及设备信息。

```
[AC-BACKUP]dis dhbk status
     DHBK State: Enable
    Backup Type: Symmetric path
    Current state: Synchronization
    VLAN ID: 4003
[AC-BACKUP]dis hot-backup state
*********************************************************************
    Vlan ID                    : 4003
    Domain ID                  : 1
    Link State                 : Connect
    Peer Board MAC             : 80f6-2ece-4d18
    Peer Board State           : Normal
    Hello Interval             : 2000
[AC-BACKUP]dis devi ma
    MAC_ADDRESS                : 80F62ECE4D40
    MANUFACTURING_DATE         : 2018-8-18
    VENDOR_NAME                : H3C
```

从以上查询结果可以看出,主备 AC 的配置无误,且主备状态等信息也正常。

③ 检查主备 AC 当前 AP 注册上线情况。

• 查看主 AC 当前 AP 注册在线情况。

```
[AC-MASTER]dis wlan ap all
    Total Number of APs configured                    : 667
    Total Number of configured APs connected          : 594
    Total Number of auto APs connected                : 0
```

• 查看备 AC 当前 AP 注册在线情况。

```
[AC-BACKUP]dis wlan ap all
    Total Number of APs configured                    : 666
    Total Number of configured APs connected          : 128
    Total Number of auto APs connected                : 0
```

从以上查询结果可以看出,主 AC 上当前注册在线的 AP 共有 594 台,而备份 AC 上只有 128 台注册在线 AP,而备份 AC 上已经添加过 License,完全足够管理当前所有 AP。

④ 备 AC 开启 debugging 调试信息,排查 AP 注册失败原因。

```
<AC-BACKUP>debug wlan lwapp all
<AC-BACKUP>t m
    Info: Current terminal monitor is on.
<AC-BACKUP>t d
    Info: Current terminal debugging is on.
    * Aug 18 15:42:51:709 2018 AC-BACKUP LWPS/7/Pkt_Rcvd:
    Received Join Request from 192.168.120.249 (Length: 117)
    //收到 AP 的注册请求
    …
    * Aug 18 15:42:51:709 2018 AC-BACKUP LWPS/7/Event: [APID: 443] LWAPP to WMAC
 : Check radio configuration compatibility
    * Aug 18 15:42:51:709 2018 AC-BACKUP LWPS/7/Event: [APID: 443] Radio
configuration with WMAC successful
    * Aug 18 15:42:51:709 2018 AC-BACKUP LWPS/7/Event: [APID: 443] Checking of
radio configuration with WMAC successful
    * Aug 18 15:42:51:710 2018 AC-BACKUP LWPS/7/Event: [AC App Module Process
VendorTLV] APId: 443; TLV ElementId: 1030; ResultCode: 1
    * Aug 18 15:42:51:710 2018 AC-BACKUP LWPS/7/Event: [APID: 443 State: Idle]
Join Request received
    * Aug 18 15:42:51:710 2018 AC-BACKUP LWPS/7/Error: [ApId : 443] Unable to
provide service. Reason : Resource depletion
    // 提示 Error 信息,无法提供服务:原因是资源受限
    …
    * Aug 18 15:42:52:414 2018 AC-BACKUP LWPS/7/Event:  Failed to connect to AP,
AP Join Rate exceed Threshold
```

*Aug 18 15:42:52:415 2018 AC-BACKUP LWPS/7/Error: Join Request is dropped due to Join process failed

// 提示 Error 信息，因为注册进程失败导致注册请求拒绝

通过 debugging 调试信息，得知无法注册的原因是资源受限，这应该是新添加的 License 没有生效导致的，很有可能是因为添加完 License 后并未重启设备而导致的。故障解决方法是重启备份 AC，使得 License 生效，新增 AP 即可正常注册上线。

任务成果

(1) 制订 WLAN 日常维护巡检计划，并完成日常维护巡检记录表。

(2) 完成 WLAN 现场测试记录表。

(3) 熟练使用网络测试仪器，对 WLAN 网络性能分析，并记录测试结果。

(4) 熟练使用网络测试软件，对 WLAN 网络性能分析，并记录分析结果。

(5) 完成故障维护任务工单 1 份。

任务思考与习题

一、不定项选择题

1. 决定天线性能优劣的两个重要技术指标是(　　)。

A. 发射功率　　B. 接收灵敏度

C. 增益　　D. 场型

2. 下面因素会造成 AP 吞吐量降低的有(　　)。

A. 频率干扰　　B. 距离增远

C. 用户数增多　　D. 以上都不是

3. 无线客户站搜索不到 WLAN 信号，有可能是什么原因(　　)。

A. 客户站无线网卡不支持 12、13 信道　　B. AP 无线模式为 11G

C. AP 启用 802.1Q VLAN　　D. AP 设置为桥接模式

4. 同频干扰发生的时候可以采用调整(　　)和功率来降低干扰。

A. 传输速率　　B. SSID

C. 信道　　D. 频率

5. 在实际应用中，WLAN 无线客户端要获得较好的上网效果，边缘场强最好为(　　)。

A. >−60 dBm　　B. >−75 dBm

C. >−80 dBm　　D. >−90 dBm

6. 信噪比测试中一般要求 SNR 大于(　　)dB。

A. 10　　B. 15　　C. 20　　D. 25

7. 室内 AP 常用的天线接头为(　　)。

A. SMA 接头　　B. N 型接头

C. DIN 型接头　　D. L9 型接头

二、简答题

1. 请思考企业 WLAN 的日常维护步骤。

2. WLAN 测试需要使用什么样的工具？

3. WLAN 无线热点功能指标参数测试包括哪些内容？

4. 无线信号覆盖强度的指标要求是什么？如何进行无线信号覆盖强度的测试？测试中需要注意些什么？

5. 无线信噪比的指标要求是什么？如何进行信噪比测试？

6. 什么是同频干扰？什么是邻频干扰？如何进行两种指标的测试？

项目四　其他接入技术

宽带接入技术目前主要以光纤接入和无线接入为主，随着 5G 网络的建设与发展，无线接入的速率将会比光纤到户的速率更快。不过在光纤和 5G 一统天下之前，还有一些不是主流的接入技术仍然在发挥着最后的余热，为大千网络世界的接入默默贡献着。

本项目主要内容是介绍广电接入技术和 5G 接入技术。

本项目的知识结构如图 4-1 所示。

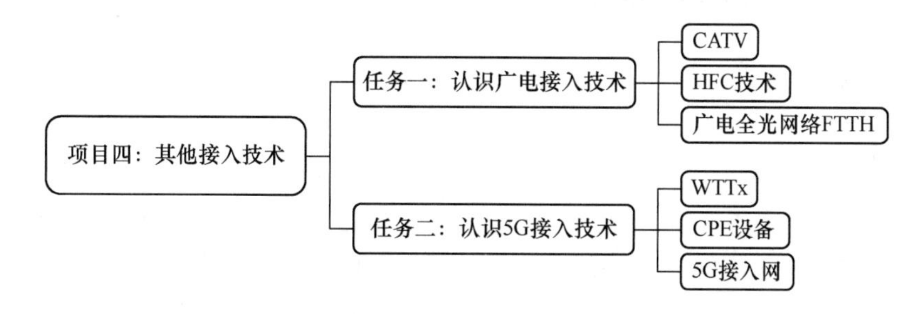

图 4-1　项目四的知识结构

(1) 认识广电接入技术

基础技能包括能正确连接数字电视终端操作、机顶盒操作、用户终端等设备。

专业技能包括能组建广电全光网络 FTTH。

(2) 认识 5G 接入技术

基础技能包括能理解 5G 接入技术，了解 CPE 设备，了解 5G 网络结构和应用。

专业技能包括能通过 CPE 设备为用户开通无线宽带到户的业务。

任务一　认识广电接入技术

任务描述

小王是广电网络工程设计师，最近需要对花溪小区的 10 栋多层住宅进行广电网络接入设计。要求小王对花溪小区进行现场勘查，根据勘查结果设计合理的入户网络方案。

任务分析

花溪小区的广电光缆入户属于新建工程，该小区共有 10 栋单元楼，每栋楼有 4 个单元，每个单元有 7 层，每层有 2 户。根据广电 FTTH 全光接入网建设要求，可以采取有线电视光信号和数据双向信号通过双纤三波方式接入用户,有线电视光信号波长为1 550 nm,数据上行光信号波长为1 310 nm,下行光信号波长为1 490 nm。

任务目标

一、知识目标

(1) 掌握CATV(Community Antenna Television,有线电视)网络的特点。

(2) 掌握HFC(Hybrid Fiber Coax,混合光纤同轴网)网络双向改造的方法。

(3) 掌握广电FTTH全光接入网的实现方式。

二、能力目标

(1) 能够完成广电接入网的勘查。

(2) 能够完成广电接入网的组网设计。

专业知识链接

一、CATV

CATV原指共用天线电视、闭路电视,现在通常指有线电视。CATV利用屏蔽同轴电缆向用户传送多路清晰的电视信号。在1990年以前,有线电视系统由同轴干线网和同轴分配网组成。CATV有线电视系统由四部分组成:信号源系统、前端系统、传输系统和用户分配系统,如图4-2所示。

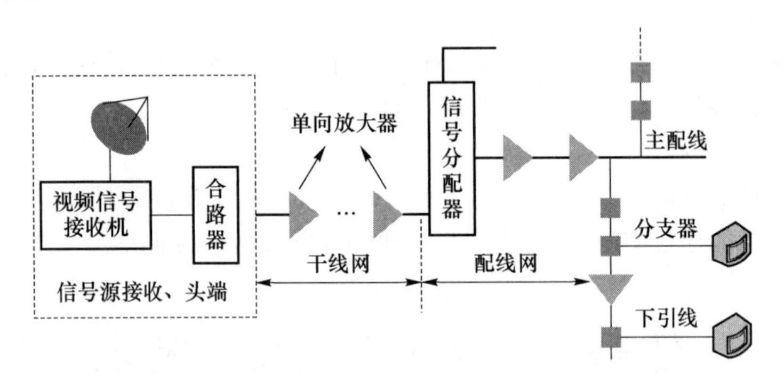

图4-2 CATV系统组成

1. 信号源系统

信号源是电视节目来源,主要有四类信号来源。

(1) 卫星传送的广播电视节目信号和数据广播信号。

(2) 经光缆、电缆或微波传送的广播电视节目信号和数据广播信号。

(3) 经天线开路收转的电视台或电台发射的地面射频广播电视节目信号。

(4) 由本地节目制作单位提供的自办广播电视节目信号。

2. 前端系统

前端系统是信号的接收与处理中心。完整的有线电视前端三个组成部分为模拟前端部分、数字前端部分和数据前端部分。

（1）模拟前端

模拟前端主要完成模拟广播电视各类信号源的接收，下行模拟电视信号和调频声音广播信号的加工、处理、组合和控制，并将各路信号混合成复合 RF 信号后发送给传输干线，提供用户所需要的模拟广播电视节目信号以及与系统正常运行相关的参考信号。

模拟前端主要设备包括调制器、信号处理器、射频混合器、解调器、卫星接收机、传输设备、自办节目播出设备等。

（2）数字前端

数字前端主要完成数字电视节目的接收、复用、加解扰、调制混频，各种多媒体数据信息的采编、制作和播出，准视频点播节目的调度、编排和播出，节目的接收、存储、管理、加密、播出以及对用户的授权、管理、计费等。

数字前端主要设备包括数字卫星接收机、编码器、视频服务器、适配器、复用加扰器、QAM 调制器电子节目指南（EPG）和条件接收系统（CAS）等。

（3）数据前端

数据前端主要完成交互信道中数据中心的功能，对各种数据信号的交换和处理，保障双向交互业务的开展。

数据前端主要设备包括交互信道中心双向数据交换和传输设备、Cable Modem 头端系统（CMTS）、各种对应的服务器、交换机和路由器等。

3. 传输系统

传输系统主要为干线传输系统和配线传输系统，负责连接前端和信号分配点之间的电缆与设备，传输方式主要为三种：光纤、微波、同轴电缆。

4. 用户分配系统

用户分配系统负责将干线传输系统送来的信号合理分配到各个用户。

二、HFC 技术

在 1990 年以后，有线电视系统由光纤干线网和同轴分配网组成，又称为 HFC 网络。

HFC 是在 CATV 网的基础上发展起来的，主要对单向的 CATV 网络进行了双向改造，并且除了提供原有业务外，还可以提供双向电话业务、高速数据业务、交互型业务等。

1. HFC 频率划分

有线电视经历了 300 MHz 系统、450 MHz 系统、550 MHz 系统，发展到 750 MHz 系统和 862 MHz 系统。HFC 网络对频率的规划如图 4-3 所示，分为上行通道和下行通道。

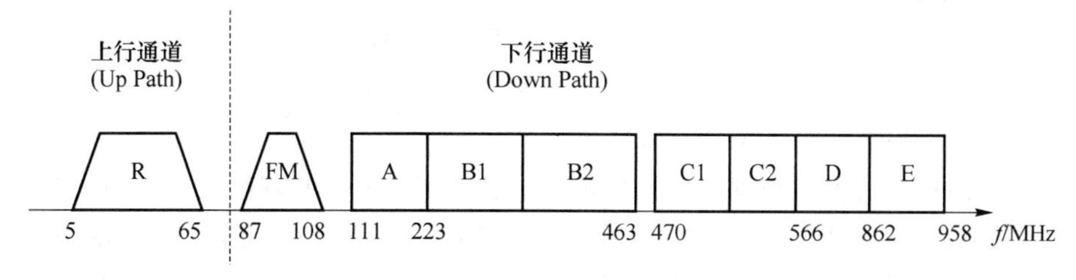

图 4-3　HFC 网络对频率的规划

(1) R 频段:上行业务通道。

Ra:5.0～20.2 MHz,用于上行窄带业务、上行网络管理。

Rb:20.2～58.6 MHz,用于上行宽带数据业务。

Rc:58.6～65 MHz,用于上行窄带数据业务、上行网络管理。

(2) FM 频段:下行业务通道。

87～108 MHz,用于调频、数字广播业务。

(3) A、B、C、D、E 频段:下行业务通道。

111～1 000 MHz 用于模拟电视、数字电视业务、下行网络管理、下行宽带数据业务。其中,111～550 MHz 通常用于模拟电视,而 550～862 MHz 通常用于下行数字电视、下行数据业务,允许传输附加的模拟电视信号、数字电视信号、双向交互型业务(如 VOD 等)。

为了适应三网融合的发展,一些广电运营商对频谱资源进行了进一步开拓,使得同轴电缆上的频谱范围从 5 MHz ～1 GHz 扩展到 5 MHz ～2.7 GHz。

2. 有线电视的频道

地面电视广播使用的标准频道分为 48.5～108 MHz、167～223 MHz、470～566 MHz、606～958 MHz四个频段,规划了 68 个电视频道,即 DS-1～DS-68,每个频道的带宽都是 8 MHz。

有线电视系统是一个独立的、封闭的系统,一般不会与通信系统互相干扰,可以开发利用地面电视四个频段之间的可用频道,以扩展节目的套数,即有线电视系统中的增补频道。在 111～167 MHz 范围,增加 Z-1～Z-7 增补频道,在 223～470MHz 范围,增加 Z-8～Z-37 增补频道;在 566～606 范围,增加 Z-38～Z-42 增补频道。这样共计 42 个增补频道。

因为 65～87 MHz 为过渡带,因此原来的 DS1～DS5 频道无法使用。750 MHz 邻频系统的频道容量为 79 个频道,即 37 个标准频道,42 个增补频道;862 MHz 邻频系统的频道容量为 93 个频道,即 51 个标准频道,42 个增补频道。

3. HFC 网络双向改造

(1)HFC 单向网络结构

HFC 网络起初主要针对干线传输网进行光纤改造,多数仍然为单向网络结构,用户没有返回信息的通道。HFC 网络一般为树形结构,利用同轴电缆做上行改造颇有难度。HFC 单向网络结构如图 4-4 所示,由前端系统、光纤干线传输网和同轴电缆分配网组成。

在图 4-4 中,总前端接入卫星电视、数字电视节目、本地节目、VOD 点播源等,总前端在一般情况下是通过环形光纤网到分前端,如果规模较不则直接通过星型网到分前端,波长可选择 1 310 nm 和 1 550 nm 两种;分前端混合来自总前端的电视节目及自办节目,采用星型网或者树型网到光节点,波长可选择 1 310 nm 和 1 550 nm 两种;光节点接收上面的节目,分配到用户家;光纤干线传输网以光纤为传输介质,提高传输质量;同轴电缆分配网负责下行信号分配并进行上行回传信号的传输,主要由分配器和分支器组成树型网络。

(2) HFC 双向改造方案(CMTS+CM)

基于 DOCSIS(有线电缆数据服务接口规范)的“CMTS+CM”网络结构如图 4-5 所示。

在图 4-5 中,CMTS 为电缆调制解调器的头端设备,CM 为用户端电缆调制解调设备。

CMTS 的功能:直接或通过网络与相关的服务器连接;通过 HFC 网与用户的 CM 设备连接;给每个 CM 授权、分配带宽,解决信道竞争,并根据不同需求提供不同的服务质量。

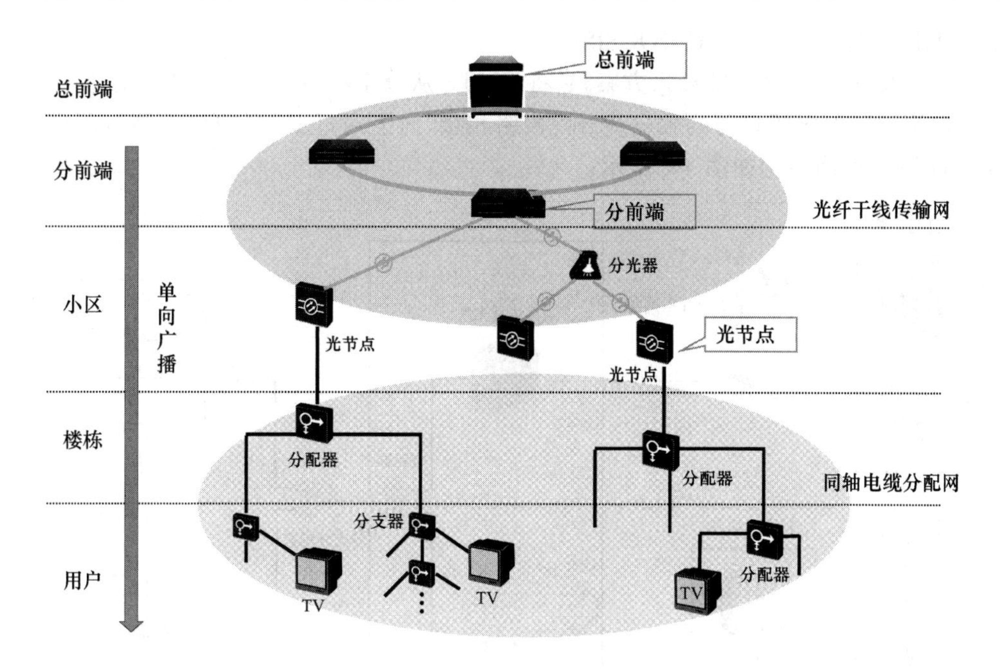

图 4-4　HFC 单向网络结构

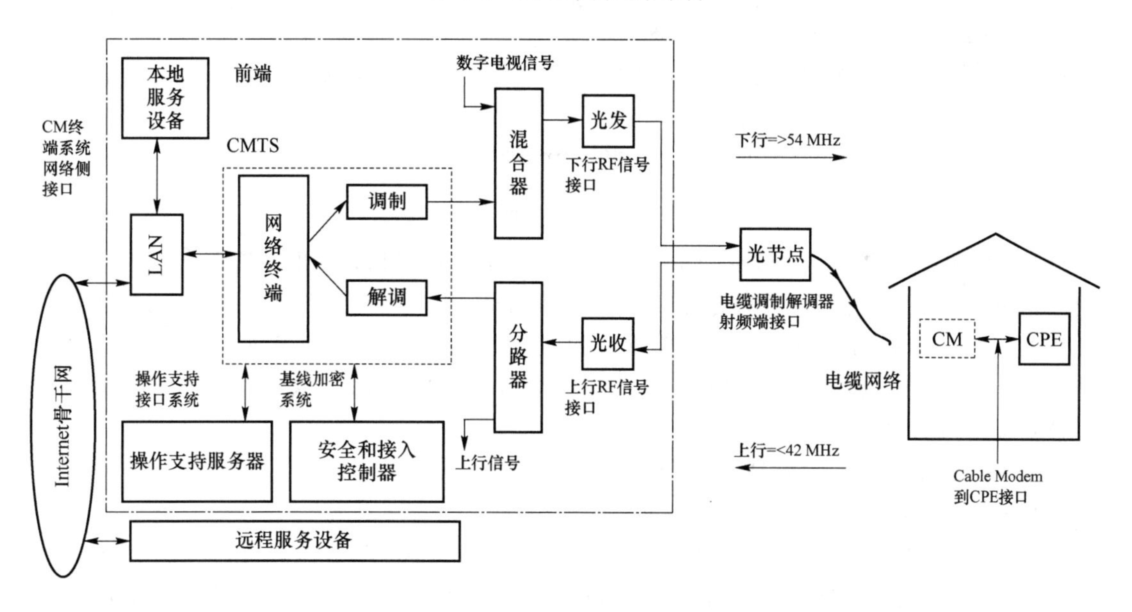

图 4-5　“CMTS+CM”网络结构

CM 的功能：通过 HFC 网与前端 CMTS 连接，接受 CMTS 授权，并根据 CMTS 传来的参数，实现对自身的配置；与用户设备（如计算机、HUB 等）或局域网连接；部分地完成网桥、路由器、网卡和集线器的功能。

在“CMTS+CM”改造方案中，CMTS 放在中心机房，光节点放在远端小区，上下行光路分开独立，下行传输有线电视信号，上行需要独立的回传光缆，这增加了接入网络的复杂度；一个 CMTS 头端的覆盖范围较大，设备价格昂贵，在双向改造过程中需要增加大量的光发射机和电双向放大器，投入成本高；CMTS 带宽有限，并且带宽严重不对称，不能满足用户日益增长的带宽需求，后续扩容成本较高；带宽共享会带来一定的安全性问题。

(3) HFC 双向改造方案(C-DOCSIS)

C-DOCSIS 称为边缘同轴接入方案,它将 CMTS 从分中心机房下移至有线电视光节点或楼道处,向下通过射频接口与同轴电缆分配网络相接,向上通过 PON 或以太网与汇聚网络相连。C-DOCSIS 网络结构如图 4-6 所示。

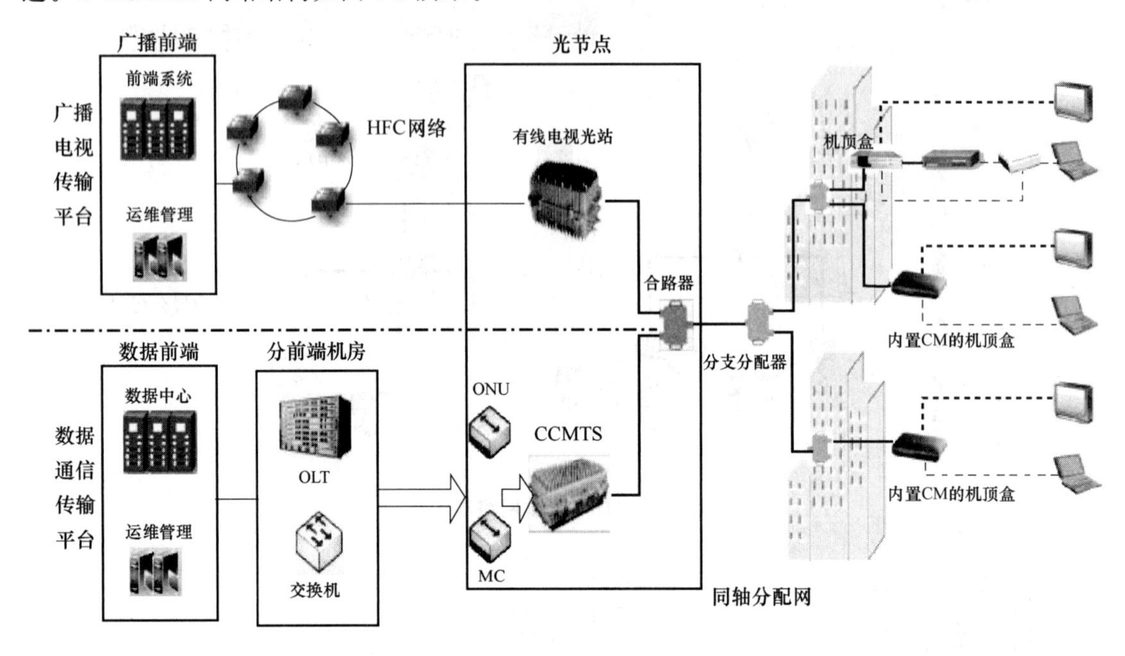

图 4-6 C-DOCSIS 网络结构

C-DOCSIS 改造方案全面兼容 DOCSIS 3.0 标准,边缘 CMTS 一般部署在光节点,用户数较少,故网络稳定性高;上行最高支持 4 通道,速率可达 160 Mbit/s,下行最多支持 16 通道,速率可达 800 Mbit/s;可以将下行的 16 通道配置成 8 通道用于 DOCSIS 3.0,下行带宽为 400 Mbit/s ,另外 8 通道用于 IPQAM,带宽也为 400 Mbit/s,IPQAM 适用于大规模开通 VOD 点播,特别是高清点播。

(4) HFC 双向改造方案(PON+EOC)

"PON + EOC"网络结构如图 4-7 所示。

在图 4-7 中,PON 为无源光纤接入网络,由 OLT、ODN 和 ONU 组成;EOC 将以太网数据信号与有线电视信号通过频分复用在一根同轴电缆里共缆传输,由 EOC 局端设备和 EOC 终端设备组成。

"PON+EOC"改造方案利用原有的同轴电缆资源,增加了 EOC 局端和用户端设备,初始投资较小,并且增加了 PON 相关设备,用于 IP 数据业务传输。"PON+EOC"方案业务承载能力强,带宽易升级,满足运营商的发展需要,可以平滑过渡到将来的光纤到户方案。

虽然"PON + EOC"具备多重优势,但是目前 EOC 标准众多,包括 HomePlugAV、HomePlugBPL、HomePNA、MoCA、WiFi 降频以及国家广播电视总局广科院研发的 HiNOC 等,这造成网络不统一,设备不兼容。

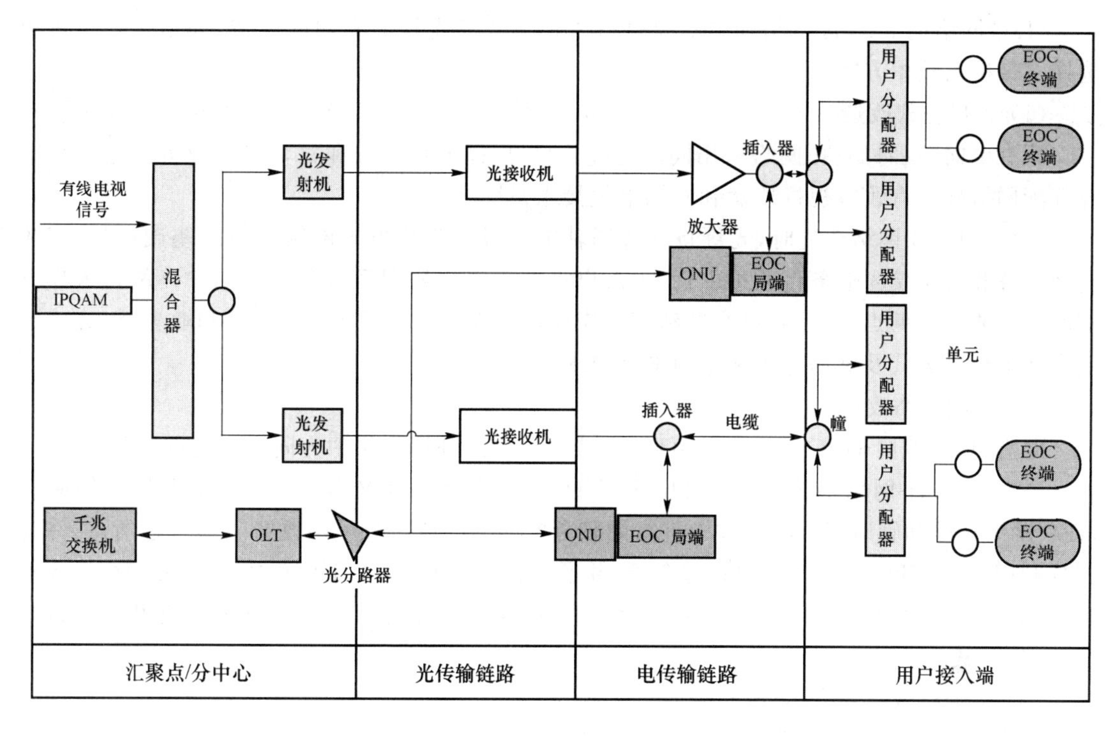

图 4-7　PON ＋ EOC

三、广电全光网络 FTTH

1. FTTH 与 HFC 的关系

FTTH 将 ONU 安装在用户住家或企业用户处，从而实现从运营商前端到用户终端之间的线路全部光纤化。

在原有 HFC 网络基础上进行 FTTH 网络建设需要考虑原有 HFC 网络光纤光缆资源和接入系统的利用，从而实现网络升级的平滑演进。FTTH 和有线电视单向/双向 HFC 网络的关系如图 4-8 所示。

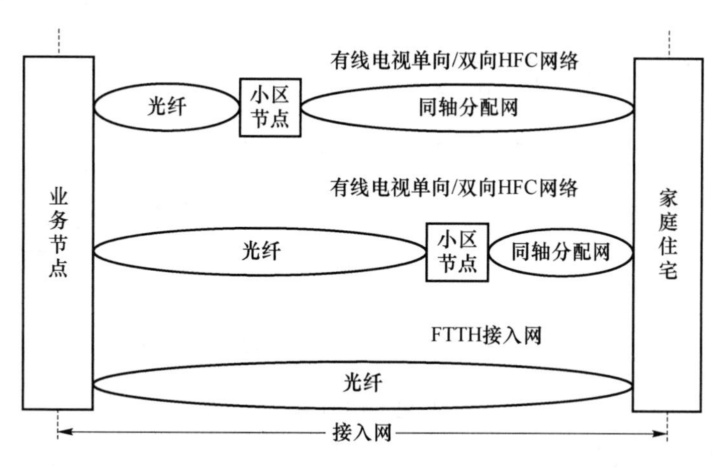

图 4-8　FTTH 与 HFC 的关系

HFC 网络向 FTTH 网络演进需要进行入户方式和光纤分配网的改造，并结合存量资源选择宽带接入技术方案。

（1）入户方式改造

原有单向/双向 HFC 网络采用同轴电缆入户，广播电视业务和宽带接入业务通过同轴电缆分配网络接入有线电视机顶盒和同轴电缆接入系统终端。

当向 FTTH 网络演进时，光纤将取代同轴电缆成为有线电视网络入户的基础设施，广播电视业务和宽带接入业务将通过 FTTH 入户终端接收并处理后再分发给用户终端。入户方式改造主要考虑两点：一是入户光纤和管道应保证独立；二是根据入户环境和业务需求，确定室内业务分发方式及其信息箱和室内网络要求。

（2）分配网络改造

原有单向/双向 HFC 网络中，小区节点或楼道节点到用户家中为同轴分配网。

当向 FTTH 网络演进时，应根据 FTTH 技术特点设计光分配网，并在充分利用原有 HFC 网络光纤和管道资源的条件下进行同轴分配网的改造。分配网改造主要考虑两点：一是充分利用原有 HFC 网络光纤和管道资源，并通过粗波分或 OLT 下沉的方式解决光纤资源不足的问题；二是可以采取同轴分配网和光纤分配网叠加的过渡方案，广播电视业务仍可通过同轴承载。

（3）宽带接入技术方案选择

原有单向/双向 HFC 网络向 FTTH 网络演进，应根据用户带宽需求配置，或者增加宽带接入系统。宽带接入方案的选择和部署主要考虑充分利用存量资源，在原有的 DOCSIS、“PON＋C-DOCSIS”“PON＋HINOC”“PON＋C-HPVA”基础上平滑演进。

2. 广电 FTTH 体系架构

广电 FTTH 体系结构基本可以划分为广播与宽带接入系统、ODN、网络管理系统和配置系统，如图 4-9 所示。

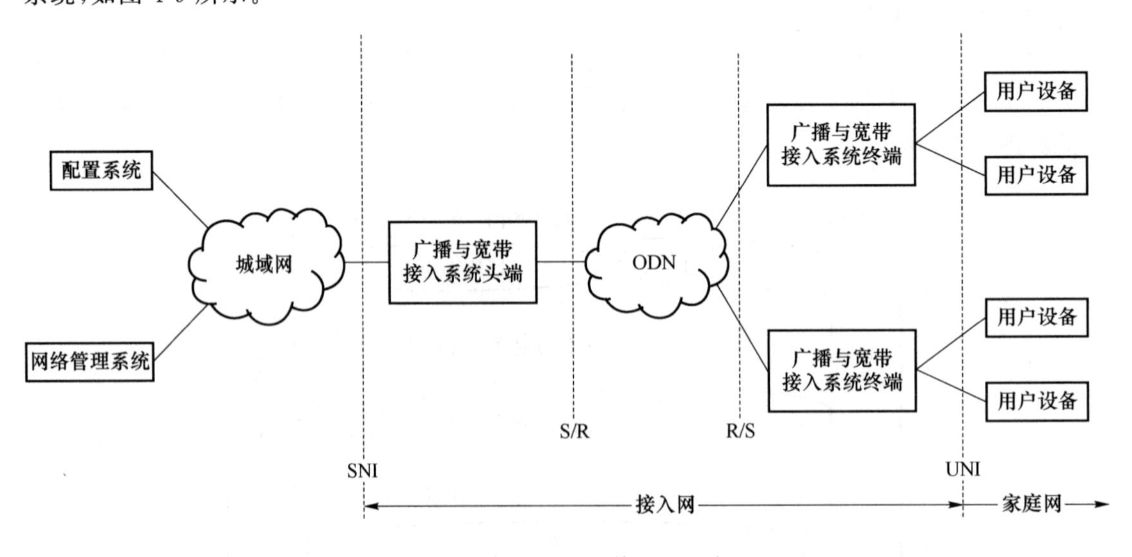

图 4-9　广电 FTTH 接入网组成

（1）广播与宽带接入系统

广播与宽带接入系统由头端和终端两部分组成。

接入系统头端和接入系统终端之间通过 ODN 连接。接入系统头端连接城域网交换节点和 ODN，负责它们之间的数据转发，并通过城域网接入运营商的网络管理及配置系统。

接入系统终端连接 ODN 和用户设备，负责它们之间的数据转发。用户设备包括机顶盒、家庭路由器、计算机、电视等。

不管采用何种技术形式，必须要保证接入系统头端和接入系统终端的互通性。

(2) ODN

ODN 位于接入系统头端和接入系统终端之间，提供物理通道。ODN 是由光纤、光分路器、光交接箱等无源器件组成的点到多点的网络。

(3) 网络管理系统和配置系统

网络管理系统和配置系统主要实现 FTTH 网络设备的管理和配置等功能。

3. 广电 FTTH 全光网技术实现

(1) 双平台实现 FTTH 全光网

有线电视网采用 A/B 平台实现 FTTH 全光网覆盖，A 平台选用 1 550 nm 广播传输技术，B 平台选用 EPON /GPON/10G EPON 技术。采用 A、B 平台的优势主要如下。

① 可以保证有线电视标清、高清等丰富的视音频节目的传送。

② 交互平台用 IP 以太网架构，可满足互联网业务及其他交互业务使用。

③ A/B 平台分别运行，安全可靠，又可优势互补。

(2) 入户光纤选择

① 入户光纤为单纤：需要用波分复用器，调试技术相对复杂，但可节省光纤资源。

② 入户光纤为双纤：分路器和光纤用得多一点，业务开展灵活，广播和交互业务各行其道，互不干扰，仅在家庭网关或数字机顶盒实现交互。

(3) 典型 FTTH 实现方式

典型的 FTTH 实现方式主要有三种。

① RF 混合技术

RF 混合技术是射频广播电视＋基带 PON 双平台叠加方式，其双向交互部分采用 PON 技术，广播通道采用射频广播技术。

② RFoG 技术

RFoG 技术是基于 DOCSIS 协议全射频传输方式，其光结构由原来的 HFC 网络的点到点结构演变为点到多点结构，传统的光站演变为单个家体用户使用或少量用户共用的微型光站 R-ONU。在 R-ONU 之后信号还原为传统的射频方式，可以为单个或多个家庭使用。RFoG 系统上所运行的数据系统采用 DOCSIS 技术，DOCSIS 3.0 标准通过 24 信道绑定可以支持高达 1 Gbit/s 的传输速率，而 DOCSIS 3.1 标准可以支持高达 10 Gbit/s 以上的传输速率。

③ I-PON 技术

I-PON 技术是基于以太网协议的全基带数字传输方式，其万兆 IP 广播技术将万兆以太网技术应用于单向广播网，双向交互部分采用 PON 技术。

三种 FTTH 实现方式都有双纤三波入户方式和单纤三波入户方式。图 4-10 为双纤三波入户示意图，图 4-11 为单纤三波入户示意图。

在双纤三波入户方式中，PON 数据光信号与 CATV 光信号分别在不同的纤芯中传输，各自经过不同的物理传输通道到达用户家庭。入户后 CATV 光信号经过 FTTH 入户型光接收机接收后转变为射频电信号，并发送到数字机顶盒，从而完成业务的呈现，而 PON 数据双向

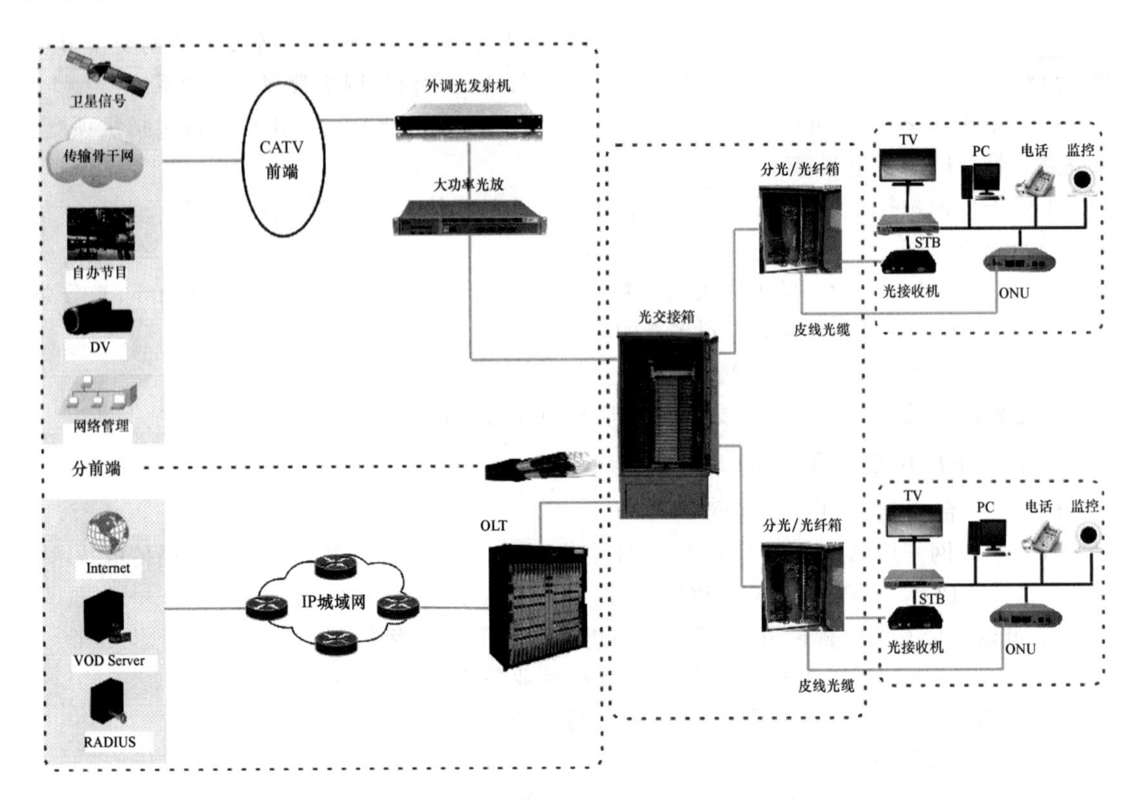

图 4-10　双纤三波入户示意图

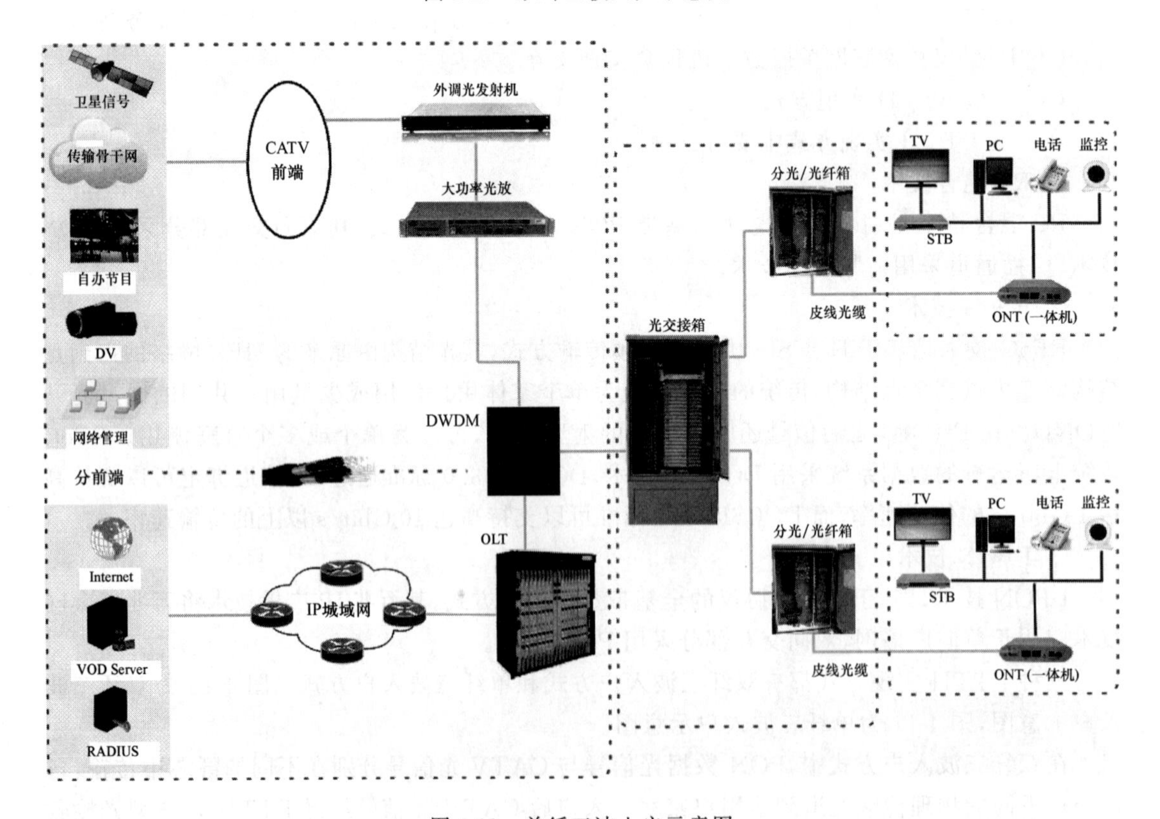

图 4-11　单纤三波入户示意图

信号(上行 1 310 nm,下行 1 490 nm)经过 FTTH 入户型 ONU 后转发到计算机等网络设备,从而实现业务的呈现。

在单纤三波入户方式中,1 550 nm 广播网光信号和 PON 设备发送的数据双向信号在分前端机房经过 DWDM 波分复用设备后,广播光信号和数据双向信号被合并到一条光纤物理通道,然后经过各级 ODN 设备的传输和分光后到达用户家庭。在用户家庭内部,广播电视信号和数据双向信号经过家庭网关式光网络终端 ONT 后被分离,然后被分别送到有线电视机顶盒和计算机等网络终端,从而实现业务的呈现。

(4) FTTH 全光网波长规划

对于 RF 混合组网或 I-PON 组网,射频广播或万兆广播采用 1 550 nm 波长传输;PON 上下行业务所用光波长根据 PON 技术确定。

① 若选择 EPON,下行数据信号用 1 490 nm 波长承载,上行数据信号用 1 310 nm 波长承载。

② 若选择 10G EPON,下行数据信号用 1 577 nm 波长承载,上行数据信号用 1 270 nm 波长承载。

③ 若选择 GPON,下行数据信号用 1 490 nm 波长承载,上行数据信号用 1 310 nm 波长承载。对于 RFoG 组网,下行可以采用 1 310 nm 或 1 550 nm 波长,而考虑可能叠加 PON 系统,上行采用 1 310 nm 或 1 610 nm 波长。

任务实施

一、任务实施流程

本次任务要求对花溪小区进行广电 FTTH 光纤接入,采用"薄覆盖"建设 ODN 网络,在集中施工阶段完成从分前端到楼栋分纤箱的线路施工,在业务开通阶段完成引入光缆的敷设。一般的工作流程如图 4-12 所示。

图 4-12 广电接入网工程设计流程

二、任务实施

(一) 现场勘查

1. 确定勘查内容

(1) 光交的位置。

(2) 进入小区的位置以及接入小区的敷设方式(走管道/走架空/墙壁吊线接入)。

(3) 小区楼栋分布及小区内管线资源情况。

(4) 小区的楼栋数、单元数、每单元用户总数。

(5) 小区分光分纤箱(又称楼道箱体)的位置选址。

(6) 小区光缆接头盒的位置选址。

2. 确定勘查工具与材料

(1) 人手孔开孔工具。

(2) 光交开箱钥匙。

(3) 皮尺或电子尺。

(4) 3 m 钢卷尺。

(5) 相机、纸、笔、证件。

(6) 勘查记录表。

3. 确定路由选址

路由选址是到达目标小区现场后,现场查看小区内外的环境状况、管道资源状况,根据技术性兼顾经济性的原则,科学合理地设计小区接入路由的走线方案的工作过程。

4. 施工测量

按照施工图要求完成小区内外的路由距离测量。

5. 绘制接入方案草图

在现场勘查的基础上,通过勘测图草绘确定园区光交的位置、小区接头的位置、分光分纤箱体的位置、路由走向置、入户通道的位置等。

(二) 组网方案设计

1. 组网分析

花溪小区共 10 栋楼,每栋有 4 个单元,每个单元有 7 层,每层有两户,一共有 560 户住户。

本次组网方案采用有线电视光信号和数据双向信号通过双纤三波接入用户。OLT 设备和光放大器放置在分前端机房,且分前端机房到小区的距离在 5 km 以内。OLT 的每个 PON 口采用 1∶64 的总分光比,以二级分光方式接入该小区用户;光放大器的输出光功率为 22 dBm,每个端口采用 1∶512 的总分光比,以三级分光方式接入用户。

2. 组网方案设计

花溪小区的最后组网方案如图 4-13 所示:

(三) 施工图绘制

1. 分路器分光图

花溪小区接入网的分光结构中广播通道采用三级分光,数据通道均采用三级分光。

(1) 广播通道总分光比为 1∶512。

首先在分前端机房采用 1∶4 分光,然后在小区光交接箱完成 1∶8 分光,最后在每个单元完成 1∶16 的用户分光后,通过皮线光缆接入用户家庭。

(2) 数据双向通道总分光比为 1∶64。

首先在小区光交接箱完成 1∶4 的分光,然后在用户光交接箱(分纤箱)完成 1∶16 的分光后,通过皮线光缆接入用户家庭。花溪小区具体的分光结构如图 4-14 所示。

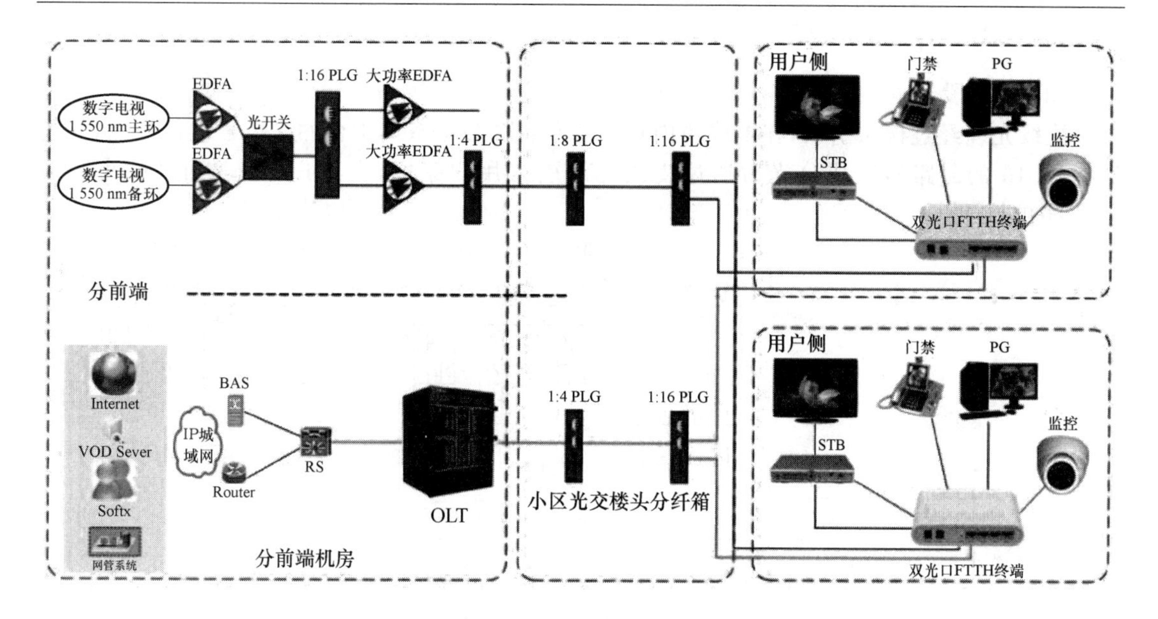

图 4-13　组网方案

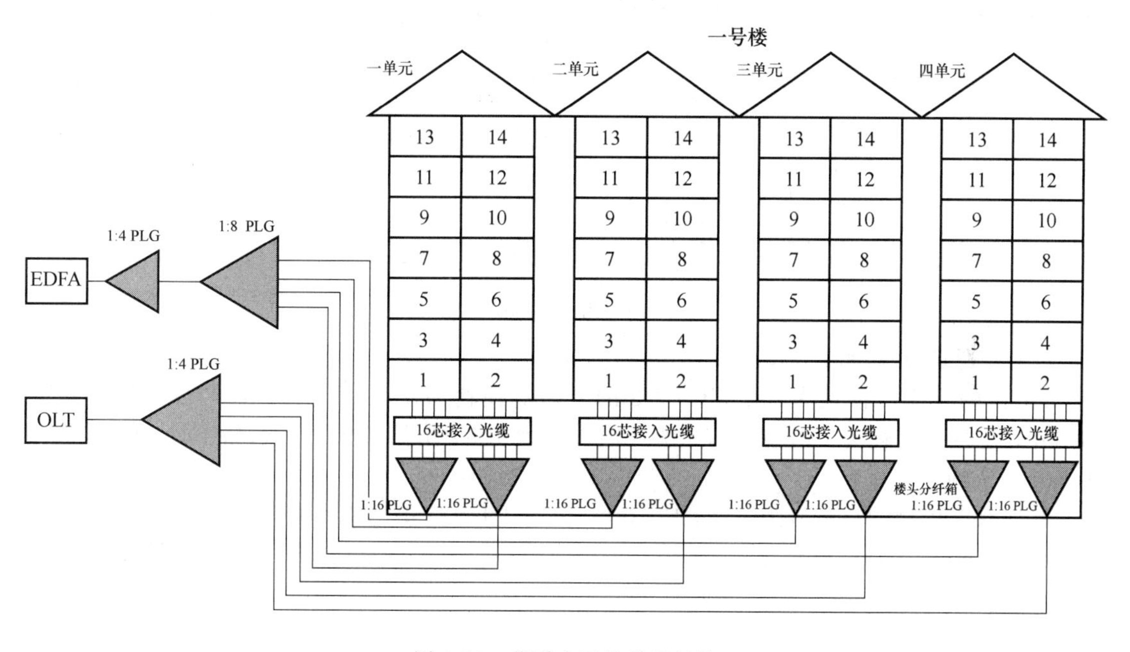

图 4-14　花溪小区的分光结构

2. ODN 配线图

(1) 光交接箱

根据纤芯使用情况，在小区安装一个 288 芯容量的光交接箱。

(2) 配纤情况

广播电视先在分前端机房完成 1∶4 分光。

从分前端引入的主干光纤布放 24 芯，实际使用 16 芯。广播电视 A 平台布放 5 芯，数据业务 B 平台 10 芯，分别经过小区交接箱内部分光器进行 1∶8 和 1∶4 的分光，最后从小区的机房引一根 4 芯的配线光缆到达各个单元楼(2 芯业务，2 芯备份)。花溪小区配线图如 4-15

所示。

(3) 入户段

配线光缆经过楼头引入，在配线箱内对广播平台和数据双向平台的光信号进行分光，采用2个1∶16的分路器完成分光后通过皮线光缆引入用户家庭，在用户家庭采用SC头完成FTTH的接入。

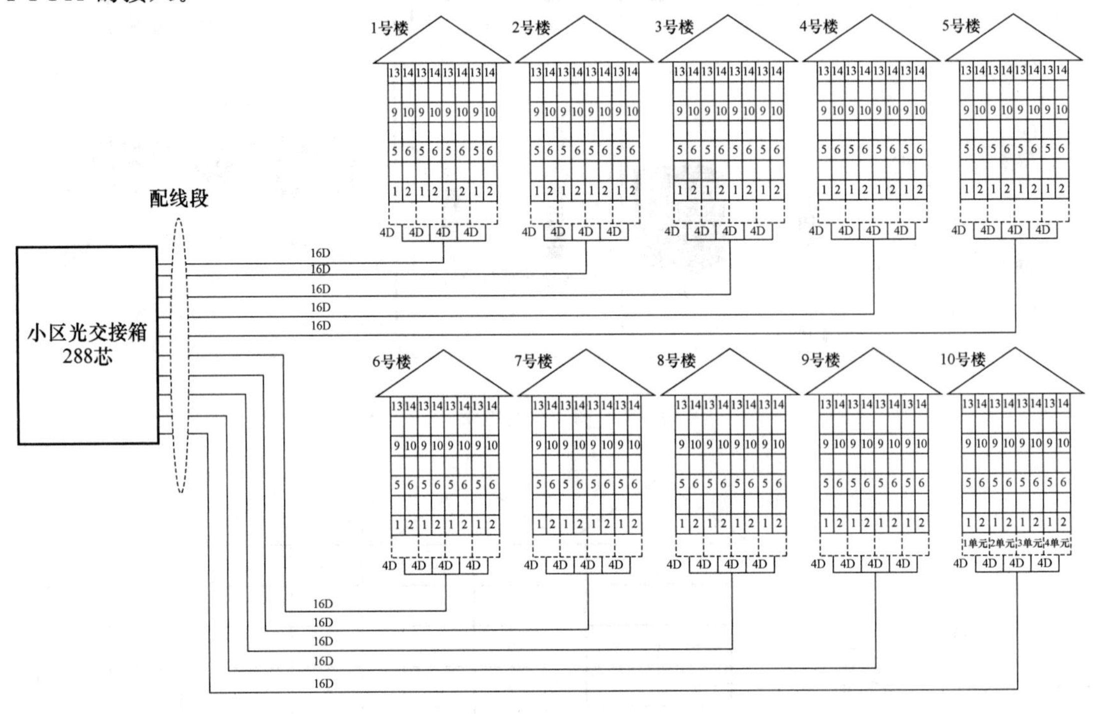

图 4-15　花溪小区配线图

(4) 光通道衰减预算

1∶4的分光器损耗为7.2 dB，1∶8的分路器损耗为10.3 dB，1∶16的分路器损耗为13.3 dB，总接头损耗为2 dB左右，光缆传输损耗为1.5 dB，熔接损耗可忽略不计，另外，需考虑1 dB工程裕量。

数据双向信号的总衰减为7.2＋13.3＋1.5＋2＋1＝25 dB，满足衰减要求。

有线广播平台的总衰减为7.2＋10.3＋13.3＋1.5＋2＋1＝35.3 dB，满足衰减要求。

任务成果

(1) 在对现场进行勘查前，设计好勘查记录表；在勘查完毕后，填写勘查记录表，绘制勘查草图。

(2) 结合勘查记录表和勘查草图，比较其他项目相关文件资料，完成组网方案的设计，绘制组网拓扑结构。

(3) 根据入户组网的方案，完成FTTH接入施工图纸绘制。

任务思考与习题

一、不定项选择题

1. CATV是有线电视网络，它的组成包括(　　)

A. 信号源接收系统　　B. 前端系统
C. 干线传输系统　　D. 用户分配系统

2. 属于 Cable Modem 使用的工作频段为(　　)
A. 10～66 GHz　　B. 5～65 MHz
C. 550～750 MHz　　D. 2.4 GHz

3. Cable Modem 业务是一种利用(　　)为传输介质，为用户提供高速数据传输的宽带接入业务。
A. 普通电话线　　B. 同轴电缆　　C. HFC　　D. 光纤

二、简答题

1. 思考不同场景(如高层接入、郊区接入、偏远农村接入等)进行 FTTH 接入网设计时，采取怎样的组网方案？

2. 思考如何编制花溪小区的广电 FTTH 接入工程的预算？

任务二　认识 5G 接入技术

任务描述

小唐是吉林省移动运营商的一名宽带装维工程师，在负责 WTTx 宽带用户的装维过程中，经常会给用户解释 CPE 的用途和操作。他逐渐意识到 WTTx 将随着无线技术的发展，成为和 Fiber、Copper、Cable 并列的主流家庭宽带接入方式之一。

任务分析

在宽带中国战略的推动下，FTTx 逐渐成为主流的接入方式。但出于投资回报考虑，FTTx 越往农村等边远地区发展，其部署就越困难，远落后于交通、水、电等基础设施在农村的普及程度。吉林省移动运营商采取 WTTx 无线宽带到户的接入方式，解决了边远农村的宽带覆盖问题。

小唐是吉林省某市移动运营商的宽带装维工程师，负责为某地的农村用户开通 WTTx 业务，解决农村用户的宽带入户难的问题。

任务目标

一、知识目标

(1) 掌握 WTTx 概念。
(2) 掌握无线宽带接入的主要设备 CPE 的功能。
(3) 理解 5G 接入网。

二、能力目标

(1) 能够识别 WTTx 的接入方式。

(2) 能够识别CPE。
(3) 能够使用CPE进行用户家庭组网。

专业知识链接

一、WTTx

无线宽带接入技术(如LMDS、MMDS等)曾经在电信界掀起热潮,但是出于种种原因,都没有大规模普及。随着4G网络的大规模部署,演进技术4.5G技术日趋成熟,需要高效、迅速、具有规模效应的无线宽带接入方案来适应市场发展和用户需求。

WTTx是一种提供类似于光纤FTTx体验的无线宽带接入解决方案。WTTx利用Massive MIMO(多入多出技术)和Massive Carrier Aggregation(多载波聚合)等4.5G技术,极大地提高了频谱效率,为用户提供高达1 Gbit/s的宽带速率体验。通过高增益的CPE终端(无线家庭网关),最终用户能享受到移动宽带带来的丰富业务。

1. WTTx与FTTx的关系

传统FTTx接入技术需要挖沟、立杆,光纤需要一直部署到用户家里,对于越是边远的地区,成本越大、耗时越长,而WTTx利用部署的4G基站,运营商不用上门安装,用户在营业厅自行领取CPE终端,回家上电后即可享受高速率的宽带接入服务,这极大降低了运维成本。

WTTx和FTTx形成优势互补。在偏远农村、山区、林区等FTTx不适合部署的地方,WTTx可以作为主打的家庭宽带接入方案;在经济相对发达、人口比较集中,但尚未部署FTTx的乡镇,可以在宽带业务发展初期优先采用WTTx,对用户数量发展起来的区域则重点投资FTTx,提高投资收益;在距离大城市较近的乡镇并已经有了FTTx的区域,运营商也可以提供基于WTTx的差异化产品,打造固定和移动互补的差异化竞争优势。

2. WTTx的特点

(1) 更好的网络容量

WTTx充分利用空闲的F频段10 MHz频谱和A频段15 MHz频谱技术,相比现网单载波20 MHz带宽提升网络容量125%,有效支撑了无线家庭宽带业务规模放号。随着技术不断创新,还可以在现有频谱资源基础上进一步提升网络容量,容纳更多的WTTx用户。

中国移动农村的4G设备都支持8通道,通过软件升级就可以把目前的2×2 MIMO升级到4×4 MIMO,不需要增加任何硬件投入,更不需要现场施工,这样单用户的峰值速率就可以翻倍,整网的网络容量可以提升40%。

(2) 更大的网络覆盖范围

为了提供更稳定可靠、媲美光纤的高速宽带业务,开始大规模使用室外CPE。在典型的情况下,室外CPE的体验速率能达到同点同网络条件下手机用户的2倍以上,即使使用3.5 GHz比较高的频谱,室外CPE的覆盖半径也可以达到15 km以上。

(3) 更高的无线速率

3G技术实现了几十兆比特每秒的理论最大下行速率,平均用户体验速率可达几兆比特每秒;到了4G时代,理论速率可达1 Gbit/s,而平均用户速率达到了几十兆比特每秒;5G将最大下行速率进一步提升到10 Gbit/s,商用网络下的平均用户体验预期速率将达在数百兆比特每秒以上。最早商用的5G终端就是应用于WTTx的CPE,业界已经推出首款具备4G LTE和

5G NR 双连接的 CPE 支持 6 GHz 以下频段，最大的下行速率将达到 2 Gbit/s。

（4）更多的业务

家庭用户业务需求日益增长，从宽带接入、语音业务，到现在更受欢迎的视频点播、在线电视，以及智能家庭业务。WTTx 在提供宽带接入的同时，还可以提供视频广播、VoIP、企业专网、4K IPTV、智慧家庭、虚拟现实电影和游戏等多种业务。

二、CPE 设备

CPE 被称为客户终端设备、客户前置设备。

1. CPE 的作用

当我们使用 WiFi 的时候，如果距离比较远或者房间比较多，就容易出现信号盲点。在这些盲点角落，手机或 ipad 无法收到 WiFi 的信号。我们可以采用无线中继的方式解决信号盲点问题，即把 WiFi 信号进行二次加强。从图 4-16 可以看出，次路由器收到主路由器信号后，再发出自己的 WiFi 信号。

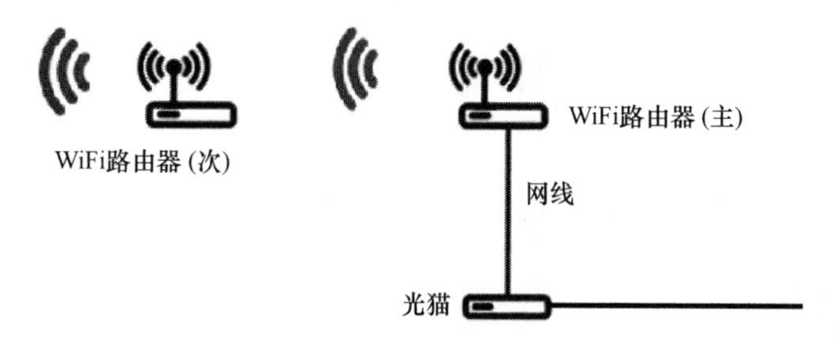

图 4-16　无线中继

CPE 可以把 WiFi 信号进行二次中继，延长 WiFi 的覆盖范围，但是它真正厉害的地方是可以对手机信号（如 4G 信号）进行二次中继，在中继后，再发出 WiFi 信号，如图 4-17 所示。

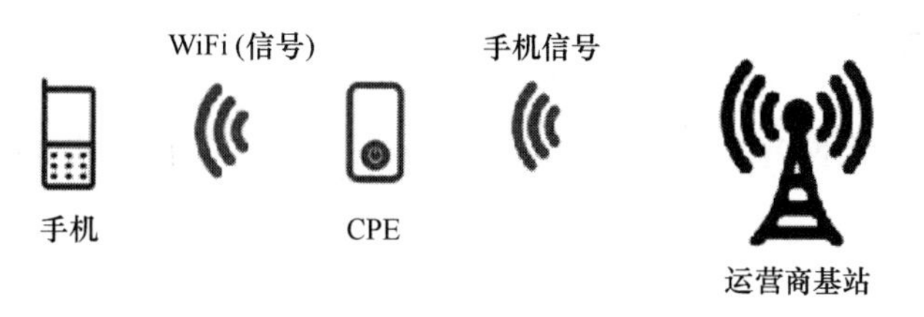

图 4-17　CPE 中继手机信号

图 4-17 中的 CPE 对于基站而言就是一台手机，它把接收到的移动信号变成 WiFi 信号，提供给身边的设备使用，就像某些时候你会用自己的手机作为热点，分享上网功能给身边的人一样。我们旅游经常会用的上网宝（MiFi），其实也是这个作用。为了完成移动信号的接收，CPE 通常需要插入 SIM 卡，如图 4-18 所示。

2. 采用 CPE 进行二次中继的优势

（1）CPE 天线增益更强，功率更高，它的信号收发能力比手机更为强大。所以，有些地方手机没有信号，它可能会有信号。

（2）CPE 可以把运营商网络信号变成 WiFi 信号，这样一来，你可以接入的设备就会更多。手机、ipad、笔记本计算机基本都有 WiFi 功能，都可以借助 CPE 进行上网。另外，CPE 还分为室内型 CPE（发射功率为 500～1 000 mW）和室外型 CPE（发射可达 2 000 mW），可以适应

图 4-18　插入 SIM 卡的 CPE

更为严苛的环境。图 4-19(a)为华为最新一代高性能室外 CPE 终端 B2368,它外观简约圆润,采用浮地防雷技术而无须接地,且安装灵活;图 4-19(b)和 4-19(c)都是华为室内型 CPE。

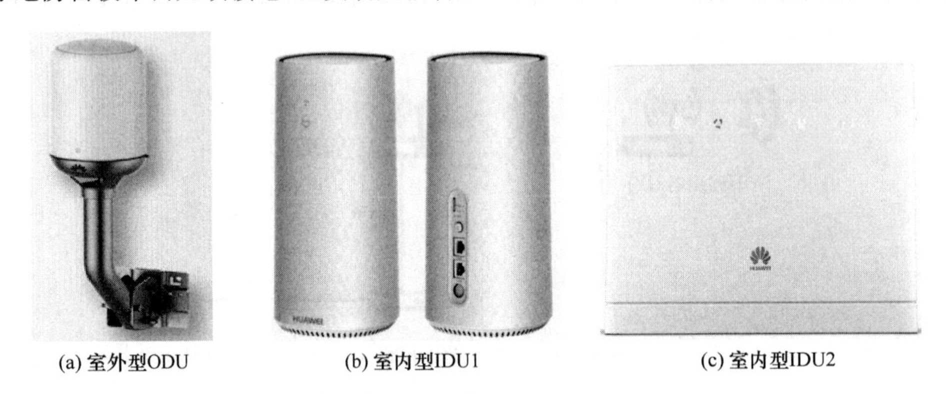

图 4-19　华为 CPE 设备

三、5G 接入网

在无线通信里,接入网就是无线接入网,即 RAN ,图 4-20 中的基站就是接入网。

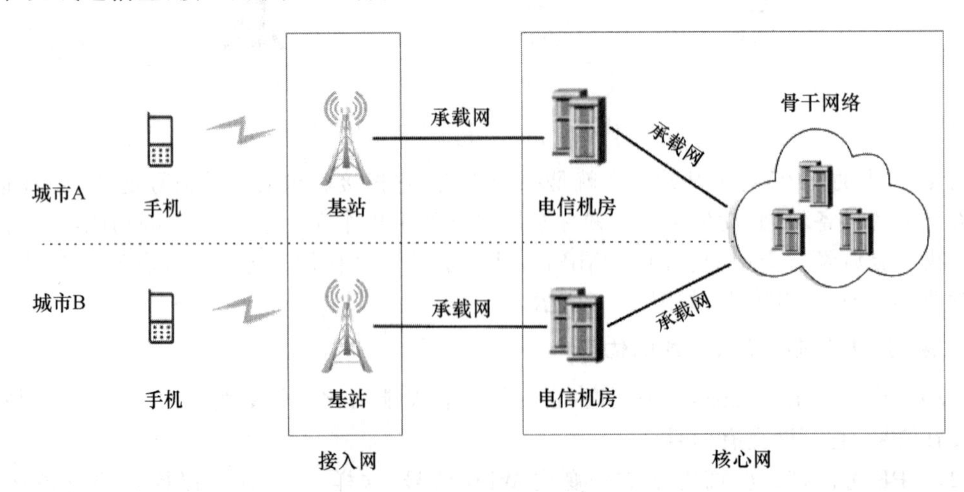

图 4-20　无线接入网

一个基站通常包括 BBU(负责信号调制)、RRU(主要负责射频处理)、馈线(连接 RRU 和天线)、天线(负责线缆上导行波和空气中空间波之间的转换),如图 4-21 所示。

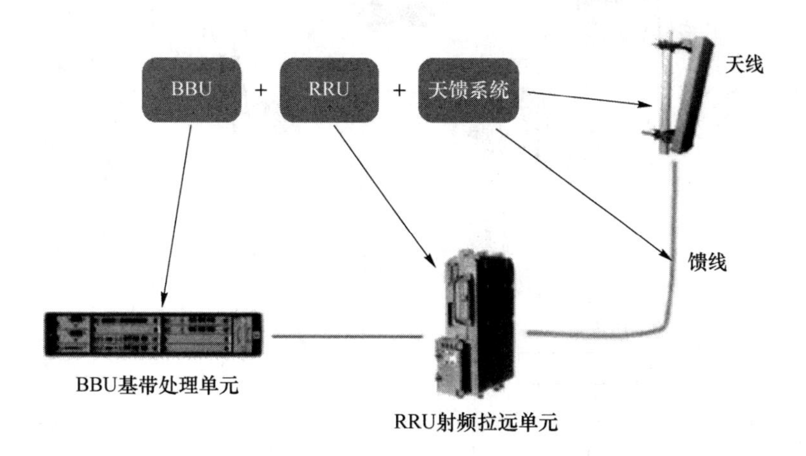

图 4-21　基站组成

在最早期的时候,BBU、RRU 和供电单元等设备是打包塞在一个柜子或一个机房里的,如图 4-22(a)所示。后来,慢慢开始发生变化,通信专家们把它们拆分了。首先,就是把 RRU 和 BBU 给拆分了,如图 4-22(b)所示;后来,RRU 不再放在室内,而是被搬到天线的身边,即"RRU 拉远",形成 D-RAN 分布式无线接入网,如图 4-22(c)所示。

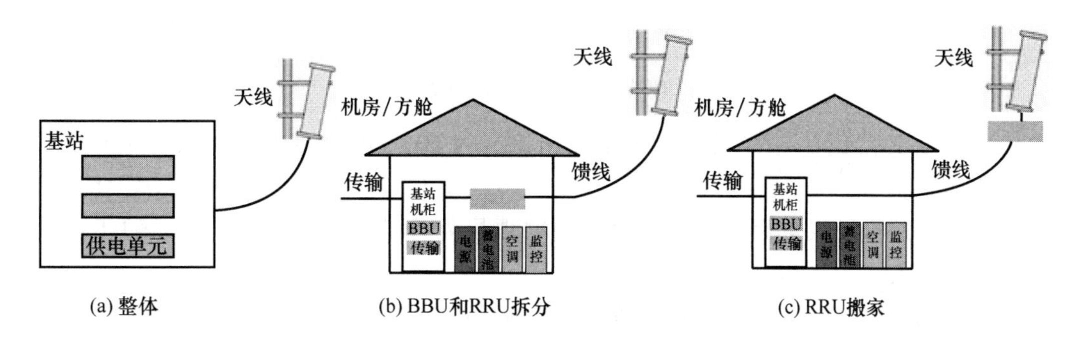

图 4-22　基站的变化

在 D-RAN 的架构下,运营商仍然要耗费非常巨大的成本。因为为了摆放 BBU 和相关的配套设备(电源、空调等),运营商还是需要租赁和建设很多的室内机房。为了减少基站机房数量,减少配套设备(特别是空调)的能耗,我们将 BBU 集中起来变成 BBU 基带池,把它们关在中心机房,对它们集中化管理,从而形成 5G 接入网,即 C-RAN,如图 4-23 所示。

在 C-RAN 网络结构下,基站实际上"不见了",所有的实体基站变成了虚拟基站。BBU 基带池都在中心机房,我们可以对它们进行虚拟化。以前的 BBU 是专门的硬件设备,非常昂贵,但是现在找个服务器,给它装上虚拟机(VM),运行具备 BBU 功能的软件后,这个服务器就能当 BBU 用了!

在 5G 网络中,接入网不再是由 BBU、RRU、天线这些东西组成了,其组成结构已经大变样了,如图 4-24 所示。

- CU(集中单元)。原 BBU 的非实时部分将分割出来,重新定义为 CU,CU 负责处理非实时协议和服务。

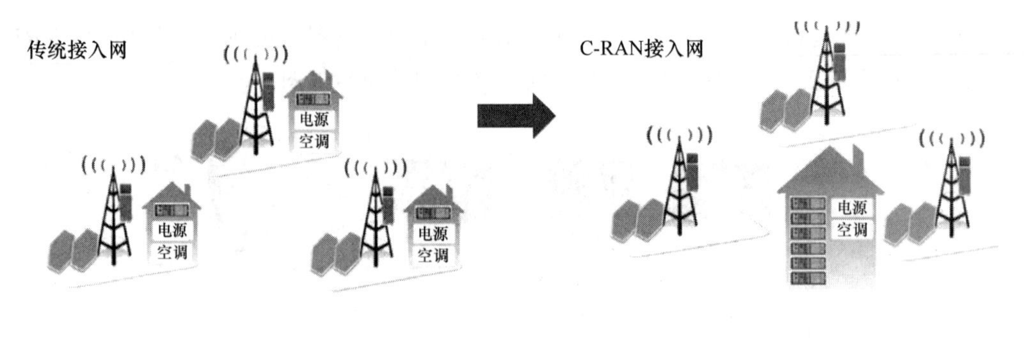

图 4-23　C-RAN

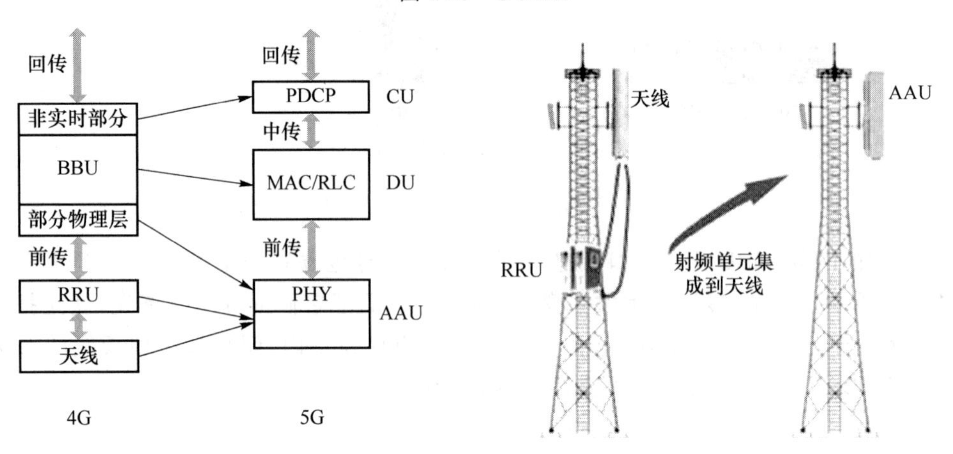

图 4-24　5G 接入网组成

- DU(分布单元)。BBU 的剩余功能重新定义为 DU,DU 负责处理物理层协议和实时服务。
- AAU(有源天线单元)。BBU 的部分物理层处理功能与原 RRU 及无源天线合并为 AAU。

5G 网络将 BBU 功能拆分、核心网部分下沉的根本原因是为了满足 5G 不同场景的需要,即更能灵活地应对 eMBB(增强型移动宽带)、mMTC(海量机器类通信)、uRLLC(超高可靠超低时延通信)的应用场景。

任务实施

一、任务实施流程

本次任务要求对吉林省某乡镇某村的农业用户进行移动 WTTH 无线宽带到户接入,为用户开通宽带上网、语音和视频业务。一般的工作流程如图 4-25 所示。

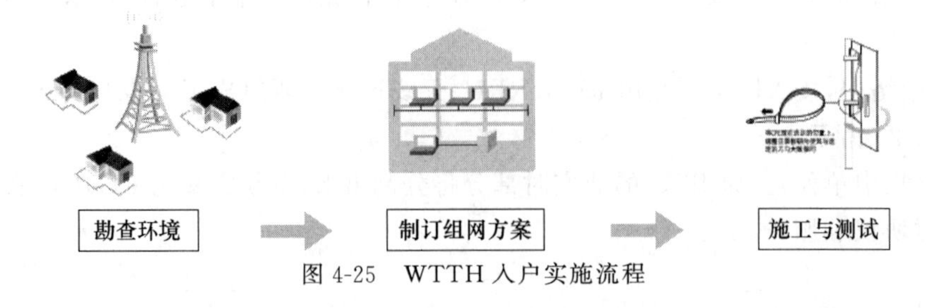

图 4-25　WTTH 入户实施流程

二、任务实施

（一）勘查环境

1. 确定勘查内容

（1）用户周围环境。

（2）基站位置。

（3）CPE 摆放的位置。

（4）天线绑定的位置（确保能获得最佳信号）。

2. 确定勘查工具与材料

（1）网线钳。

（2）老虎钳。

（3）十字螺丝刀。

（4）扳手。

（5）网线。

（6）其他辅助材料。

（二）制订组网方案

经过环境勘查得知，在本次任务中用户移动信号接收良好，小唐工程师决定使用传统的农村宽带 CPE 解决方案，即将 CPE 放置于室内，天线放置于室外抱杆上或放置于墙壁上或放置于屋顶（单独考虑防雷），通过馈线连接天线和 CPE，为用户进行家庭宽带组网和业务放装。CPE 组网方案如图 4-26 所示。

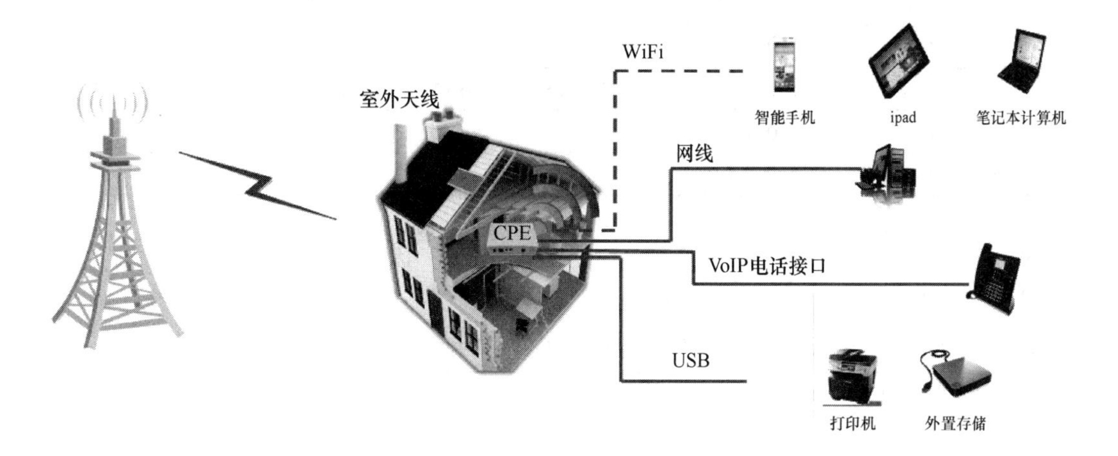

图 4-26　CPE 组网方案

（三）施工与测试

1. 华为单模 CPE-B593s 设备

（1）外观

CPE-B593s 设备如图 4-27 所示。

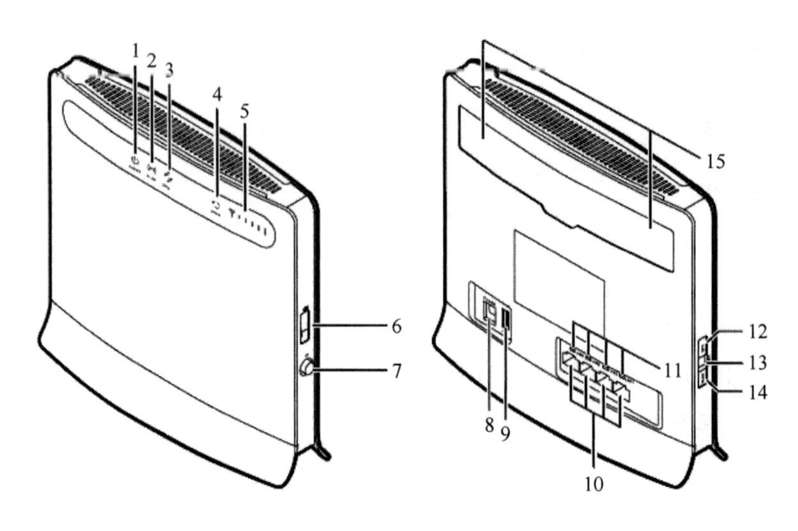

图 4-27　CPE-B593s 外观

(2) 接口及按钮

CPE-B593s 的接口和按钮如表 4-1 所示。

表 4-1　CPE-B593s 的接口及按钮

接口/按钮(图 4-27 中的数字)	描述
POWER(8)	电源接口
LAN1～LAN4(10)	连接局域网设备
RESET(13)	重启 CPE,按 2～5 s;恢复出厂设置,按 5 s 以上
WLAN(14)	启用/禁用 WLAN 功能,按 2～3 s;启用 WiFi 功能,按 3 s 以上
WPS(12)	WPS 功能开关键
SIM(6)	插入 SIM 卡
USB(9)	连接 USB 设备,但是不能和其他 USB 主设备连接
天线接口(15)	连接外接天线
电源按钮(7)	开关 CPE

(3) 指示灯

CPE-B593s 指示灯如表 4-2 所示。

表 4-2　CPE-B593s 指示灯

指示灯(图 4-27 中的数字)	描述
POWER (1)	长亮:CPE 接通电源。 灭:CPE 关闭电源
MODE(4)	蓝色长亮:接入 LTE 网络,无数据传输。 蓝色闪亮:接入 LTE 网络,有数据传输。(绿灯为 3G 网络,黄灯为 2G 网络。) 白色闪亮:正在接入无线网络。 红色长亮:接入无线网络失败。 红紫色长亮:未识别出 SIM 卡。 灭:无网络连接

续 表

指示灯(图 4-27 中的数字)	描述
LAN1～LAN4(11)	长亮：以太网设备已连接至相应端口。 闪亮：有数据。 灭：未连接
SIGNAL(5)	长亮：五格信号强度指示灯指示无线信号强度。 灭：无信号
WLAN(2)	长亮：启用 WLAN 功能。 闪亮：有数据。 灭：禁用 WLAN 功能
WPS(3)	正常闪亮：正进行 WPS 接入验证，闪烁时长不超过 2 分钟。 异常闪亮：有重要告警。 长亮：WPS 功能开启。 灭：WPS 功能关闭
所有灯一起	闪亮：表示 CPE 正在进行重要配置更新操作，此阶段不能断电

2. CPE 与家庭设备的连接

CPE 与家庭中的 LAN 设备连接方式如图 4-28 所示。

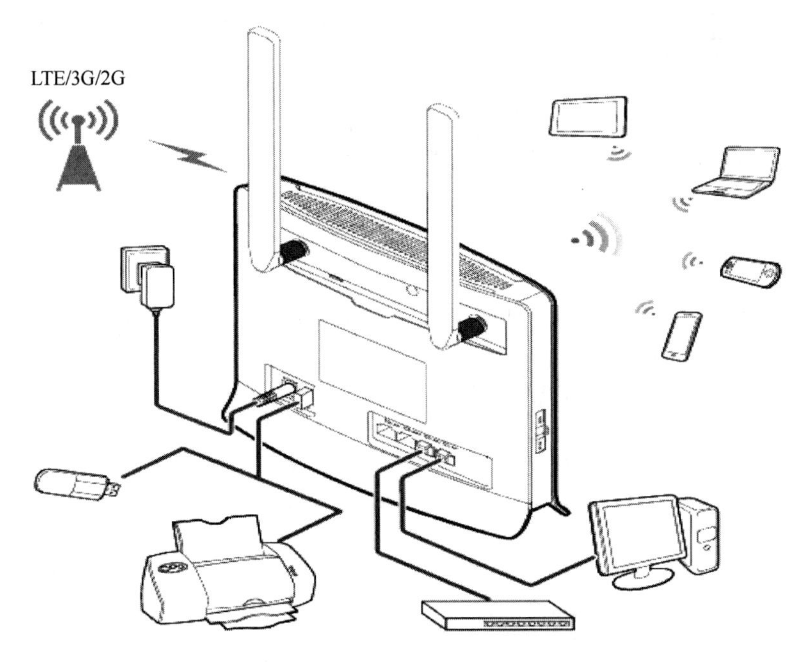

图 4-28　CPE 家庭组网

3. CPE 配置

(1) 网线直连 PC 与 CPE。

CPE 机身背后有管理 IP、SSID、WiFi 密码，将计算机与 CPE 直接用网线连接，计算机设置成自动获取 IP。

(2) 登录 CPE。

在浏览器地址栏输入 192.168.1.1,输入用户名和密码(都是 admin),随后单击"Setup"。

(3) 使用配置向导。

① 进入配置选项 PIN,如图 4-29 所示。

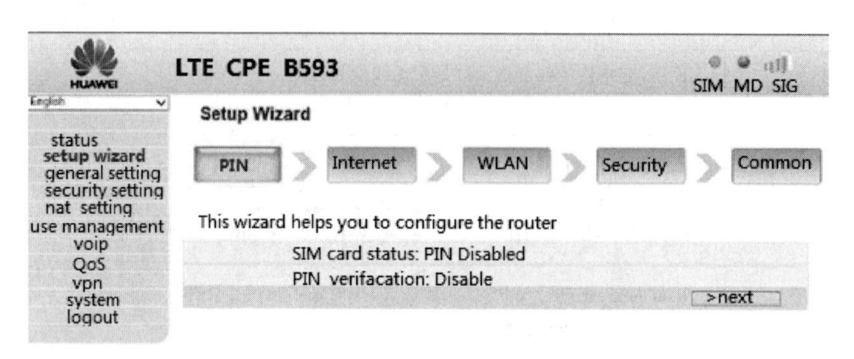

图 4-29 配置 PIN

② 进入选项 Internet,设置网络模式和连接模式,如图 4-30 所示。

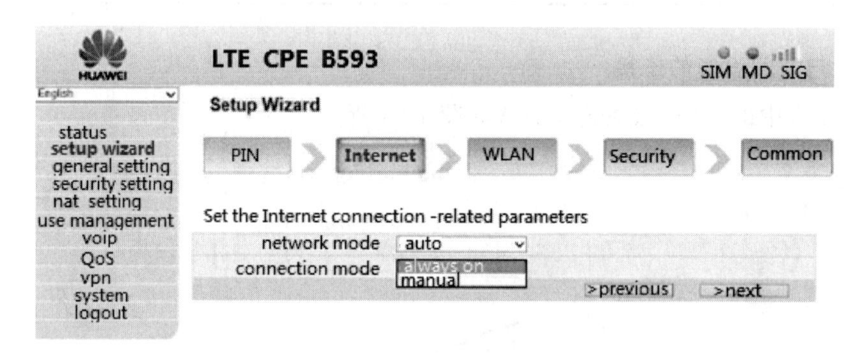

图 4-30 配置 Internet

正确设置了模式后,在 Internet 页面中可以看到获取的业务 IP 地址,如图 4-31 所示。

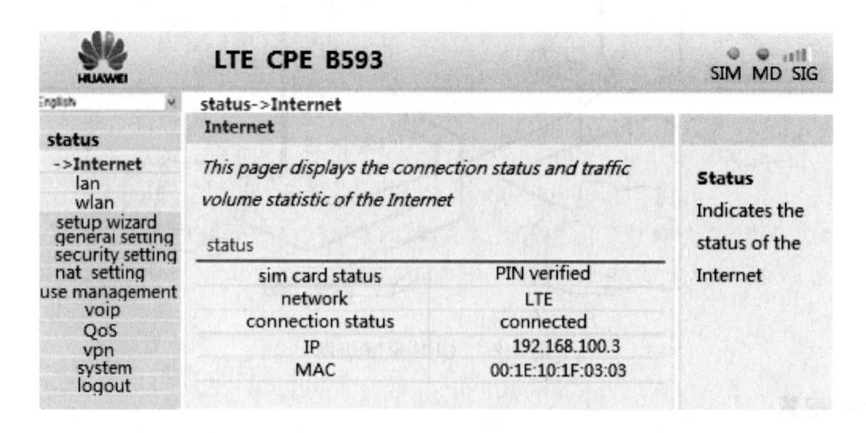

图 4-31 获取 IP 地址

③ 进入选项 WLAN 和 WLAN Security,设置 WLAN 参数 SSID 和密钥,如图 4-32 所示。

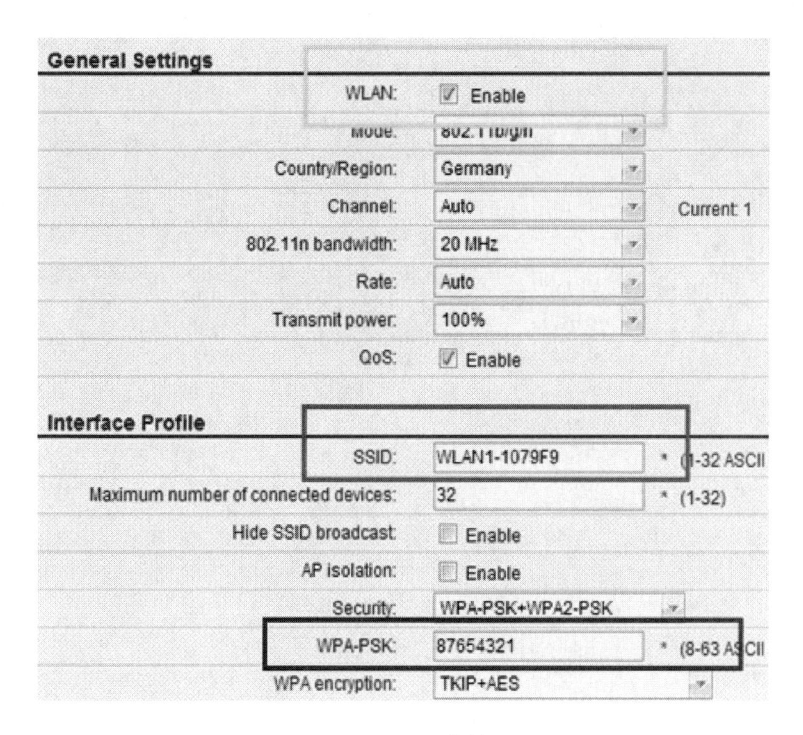

图 4-32 WLAN 参数设置

④ 在 Confirm 选项中确认参数即可。

4. 测试

开通用户数据业务，并进入“中国移动宽带测速网”进行网页测速。

任务成果

(1) 对用户房屋周边环境勘查，并对用户屋内接收手机信号强度进行测试，形成记录表。

(2) 根据勘查结果，制订用户组网方案，绘制用户组网结构图。

(3) 根据用户组网结构图进行设备安装和连接。

(4) 对主要设备进行配置，完成用户的业务开通和测试。

任务思考与习题

一、简答题

1. 如果我们采用室外高增益一体化 CPE，如华为 B2338(分为室外单元 ODU 和室内单元 IDU)，设备如何安装？如何利用 IDU 单元组建用户家庭网络？

2. LTE 上网卡、MiFi、CPE 之间有什么区别？